罗洛·梅文集
— 郭本禹 杨韶刚/主编 —

The Cry For Myth

祈望神话

[美]罗洛·梅（ROLLO MAY）/著
王辉 罗秋实 何博闻/译

中国人民大学出版社
·北京·

总 序 Preface

罗洛·梅（Rollo May，1909—1994）被称做“美国存在心理学之父”，也是人本主义心理学的杰出代表。20 世纪中叶，他把欧洲的存在主义哲学和心理学思想介绍到美国，开创了美国的存在分析学和存在心理治疗。他著述颇丰，其思想内涵带给现代人深刻的精神启示。

一、罗洛·梅的学术生平

罗洛·梅于 1909 年 4 月 21 日出生在俄亥俄州的艾达镇。此后不久，他随全家迁至密歇根州的麦里恩市。罗洛·梅幼时的家庭生活很不幸，父母都没有受过良好的教育，而且关系不和，经常争吵，两人后来分居，最终离婚。他的母亲经常离家出走，不照顾孩子，根据罗洛·梅的回忆，母亲是“到处咬人的疯狗”。他的父亲同样忽视子女的成长，甚至将女儿患心理疾病的原因归于受教育太多。由于父亲是基督教青年会的秘书，因而全家总是搬来搬去，罗洛·梅称自己总是“圈子中的新成员”。作为家中的长子，罗洛·梅很早就承担起家庭的重担。他幼年时最美好的记忆是离家不远的圣克莱尔河，他称这条河是自己“纯洁的、深切的、超凡的和美丽的朋友”。在这里，他夏天游泳，冬天滑冰，或是坐在岸边，看顺流而下运矿石的大船。不幸的早年生活激发了罗洛·梅日后对心理学和心理咨询的兴趣。

罗洛·梅很早就对文学和艺术产生了兴趣。他在密歇根州立学院读书时，最感兴趣的是英美文学，由于他主编的一份激进的文学刊物惹恼了校方，转学到俄亥俄州的奥柏林学院。在此他投身于艺术课程，学习绘画，深受古希腊艺术和文学的影响。1930年获得该校文学学士学位后，他随一个艺术团体到欧洲游历，学习各国的绘画和艺术。他在由美国人在希腊开办的阿纳托利亚学院教了三年英文，这期间他对古希腊文明有了更深刻的体认。罗洛·梅终生保持着对文学和艺术的兴趣，这在他的著作中也充分体现出来。

1932年夏，罗洛·梅参加了阿德勒（Alfred Adler）在维也纳山区一个避暑胜地举办的暑期研讨班，有幸结识了这位著名的精神分析学家。阿德勒是弗洛伊德（Sigmund Freud）的弟子，但与弗洛伊德强调性本能的作用不同，阿德勒强调人的社会性。罗洛·梅在研讨班中与阿德勒进行了热烈的交流和探讨。他非常赞赏阿德勒的观点，并从阿德勒那里接受了许多关于人的本性和行为等方面的心理学思想。可以说，阿德勒为罗洛·梅开启了心理学的大门。

1933年，罗洛·梅回到美国。1934—1936年，他在密歇根州立学院担任学生心理咨询员，并编辑一本学生杂志。但他不安心于这份工作，希望得到进一步的深造。罗洛·梅原本希望到哥伦比亚大学学习心理学，但他发现那里所讲授的全是行为主义的观点，与自己的兴趣不合。最终，他进入纽约联合神学院学习神学，并于1938年获得神学学士学位。罗洛·梅在这里做了一个迂回。他先学习神学，之后又转回心理学。这个迂回对罗洛·梅至关重要。他在这里学习到有关人的存在的知识，接触到焦虑、爱、恨、悲剧等主题，这些主题在他日后的著作中都得到了阐释。

在联合神学院，罗洛·梅还结识了被他称为“朋友、导师、精神之父和老师”的保罗·蒂利希（Paul Tillich），他对罗洛·梅学术生涯的发展产生了至关重要的影响。蒂利希是流亡美国的德裔存在主义哲学家，罗洛·梅常去听蒂利希的课，并与他结为终生好友。从蒂利希那里，罗洛·梅第一次系统地学习了存在主义哲学，了解到存在主义鼻祖克尔凯郭尔（Soren Kierkegaard）和存在主义大师海德格尔（Martin Heidegger）的思想。罗洛·梅思想中的许多关键概念，如生命力、意向性、勇气、无意义的焦虑等，都可以看到蒂利希的影子。为纪念这位良师诤友，罗洛·梅曾出版了三本关于蒂利希的著作。此外，罗洛·梅还受到德国心理学家戈德斯坦（Kurt Goldstein）的影响，接受了他关于自我实现、焦虑和恐惧的观点。

在纽约联合神学院毕业后，罗洛·梅被任命为公理会牧师，在新泽西州的蒙特克莱尔做了两年牧师。他对这个职业并不感兴趣，最终还是回到了心理学领域。在这期间，罗洛·梅出版了自己的第一本著作《咨询的艺术：如何给予和获得心理健康》（*The Art of Counseling: How to Give and Gain Mental Health*, 1939）。20 世纪 40 年代初，罗洛·梅到纽约城市学院担任心理咨询员。同时，他进入纽约著名的怀特精神病学、心理学和精神分析研究院学习精神分析。他在怀特研究院受到精神分析社会文化学派的影响。当时该学派的成员沙利文（Harry Stack Sullivan）为该院基金会主席，另一位成员弗洛姆（Erich Fromm）也在该院任教。社会文化学派与阿德勒一样，也不赞同弗洛伊德的性本能观点，而是重视社会文化对人格的影响。该学派拓展了罗洛·

梅的学术视野，并进一步确立了他对存在的探究。

通过在怀特研究院的学习，罗洛·梅于1946年成为一名开业心理治疗师。在此之前，他已进入哥伦比亚大学攻读博士学位。但1942年，他感染了肺结核，差点死去。这是他人生的一大难关。肺结核在当时被视做不治之症，罗洛·梅在疗养院住院三年，经常感受到死亡的威胁，除了漫长的等待之外别无他法。但难关同时也是一种契机，他在面临死亡时，得以切身体验自身的存在，并以自己的理论加以观照。罗洛·梅选择了焦虑这个主题为突破点。结合深刻的焦虑体验，他仔细阅读了弗洛伊德的《焦虑的问题》（*The Problem of Anxiety*）、克尔凯郭尔的《焦虑的概念》（*The Concept of Anxiety*）以及叔本华（Arthur Schopenhauer）、尼采（Friedrich Wilhelm Nietzsche）等人的著作。他认为，在当时的疾病状况下，克尔凯郭尔的话更能打动他的心，因为它触及了焦虑的最深层结构，即人类存在的本体论问题。从疾病中康复之后，罗洛·梅在蒂利希的指导下，以其亲身体验和内心感悟写出博士学位论文《焦虑的意义》（*The Meaning of Anxiety*）。1949年，他以优异成绩获得哥伦比亚大学授予的第一个临床心理学博士学位。博士学位论文的完成，标志着罗洛·梅思想的形成。此时，他已届不惑之年。

自20世纪50年代起，罗洛·梅的学术成就突飞猛进。他陆续出版多种著作，将存在心理学拓展到爱、意志、权力、创造、梦、命运、神话等诸多主题。同时，他也参与到心理学的历史进程中。这一方面表现在他对发展美国存在心理学的贡献上。1958年，他与安吉尔（Ernest Angel）和艾伦伯格（Henri Ellenberger）合作主编了《存在：精神病学与心理学的新方向》（*Existence：A New Dimension in Psychiatry and Psychology*），向美国的读者介绍欧洲的存在心理学和存在心理治疗思想，此书标志着美国存在心理学本土化的完成。1958—1959年，罗洛·梅组织了两次关于存在心理学的专题讨论会。第一次专题讨论会后形成了美国心理治疗家学院；第二次是1959年在美国心理学会辛辛那提年会上举行的存在心理学特别专题讨论会，这是存在心理学第一次出现在美国心理学会官方议事日程上。这次会议的论文集由罗洛·梅主编，并以《存在心理学》（*Existential Psychology*，1960）为名出版，该书推动了美国存在心理学的进一步发展。1959年，他开始主编油印的《存在探究》杂志，该杂志后改为《存在心理学与精神病学评论》，成为存在心理学和精神病学会的官方杂志。正是由于这些工作，罗洛·梅被誉为“美国存在心理学之父”。另一方面，罗洛·梅积极参与人本主义心理学的活动，推动了人本主义心理学的发展。1963年，他参加了在费城召开的美国人本主义心理学会成立大会，此次会议标志着人本主义心理学的诞生。1964年，他参加了在康涅狄格州塞布鲁克召开的人本主义心理学大会，此次会议标志着人本主义心理学为美国心理学界所承认。他曾对行为主义者斯金纳（Burrhus Frederic Skinner）的环境决定论和机械决定论提出过严厉的批评，也不赞成弗洛伊德精神分析的本能决定论和泛性论观点，将精神分析改造为存在分析。他还通过与其他人本主义心理学家争论，推动了人本主义心理学的健康发展。其中最有名的是他与罗杰斯（Karl Rogers）的著名论辩，他反对罗杰斯的性善论，提倡善恶兼而有之的观点。

20世纪50年代中期，罗洛·梅积极参与纽约州立法，反对美国医学会试图把心理治疗作为医学的一个专业，只有医学会的会员才能具有从业资格的做法。在60年代后期和70年代早期，罗洛·梅投身反对越南战争、反核战争、反种族歧视运动以及妇女自由运动，批评美国文化中欺骗性的自由与权力观点。到了70年代后期和80年代，罗洛·梅承认自己成为一名更加温和的存在主义者，反对极端的主观性和否定任何客观性。他坚持人性中具有恶的一面，但对人的潜能运动和会心团体持朴素的乐观主义态度。

1948年，罗洛·梅成为怀特研究院的一名成员；1952年，升为研究员；1958年，担任该研究院的院长；1959年，成为该研究院的督导和培训分析师，并一直工作到1974年退休。罗洛·梅曾长期担任纽约市的社会研究新学院主讲教师（1955—1976），他还先后做过哈佛大学（1964）、普林斯顿大学（1967）、耶鲁大学（1972）、布鲁克林学院（1974—1975）的访问教授，以及纽约大学的资深学者（1971）和加利福尼亚大学雷根特学院的教授（1973）。此外，他还曾担任过纽约心理学会和美国精神分析学会主席等多种学术职务。

1975年，罗洛·梅移居加利福尼亚，继续他的私人临床实践，并为人本主义心理学大本营塞布鲁克研究院和加利福尼亚职业心理学学院工作。

罗洛·梅与弗洛伦斯·德弗里斯（Florence DeFrees）于1938年结婚。他们在一起度过了30年的岁月后离婚。两人生有一子两女，儿子罗伯特·罗洛（Robert Rollo）曾任阿默斯特学院的心理咨询主任，女儿卡罗林·简（Carolyn Jane）和阿莱格拉·安妮（Allegra Anne）是双胞胎，前者是社会工作者治疗师和画家，后者是纪录片创作者。罗洛·梅的第二任妻子是英格里德·肖勒（Ingrid Scholl），他们于1971年结婚，10年后分手。1988年，他与第三任妻子乔治亚·米勒·约翰逊（Georgia Miller Johnson）走到一起。乔治亚是一位荣格学派的分析心理学治疗师，她是罗洛·梅的知心伴侣，陪伴他走过了最后的岁月。1994年10月22日，罗洛·梅因多种疾病在加利福尼亚的家中逝世。

罗洛·梅曾先后获得十多个名誉博士学位和多种奖励，他尤为得意的是两次获得克里斯托弗奖章，以及美国心理学会颁发的临床心理学科学和职业杰出贡献奖和美国心理学基金会颁发的心理学终身成就奖章。

1987年，塞布鲁克研究院建立了罗洛·梅中心。该中心由一个图书馆和一个研究项目组成，鼓励研究者以罗洛·梅的精神进行研究和出版作品。1996年，美国心理学会人本主义心理学分会设立了罗洛·梅奖。这表明罗洛·梅在今天依然产生着影响。

二、罗洛·梅的基本著作

罗洛·梅一生著述丰富，出版了20余部著作，发表了许多论文。他在80岁高龄时，仍然坚持每天写作四个小时。我们按他思想发展的历程来介绍其主要作品。

罗洛·梅的两部早期著作是《咨询的艺术：如何给予和获得心理健康》(1939)和《创造性生命的源泉：人性与神的研究》(*The Springs of Creative Living*: *A Study of Human Nature and God*, 1940)。《咨询的艺术：如何给予和获得心理健康》一书是罗洛·梅于1937年和1938年在教会举行的“咨询与人格适应”研讨会上的讲稿。该书是美国出版的第一部心理咨询著作，具有重要的学术意义。该书再版多次，到1989年已印刷15万册。在这部著作中，罗洛·梅提倡在理解人格的基础上进行咨询实践。他认为，人格是生活过程的实现，它围绕生活的终极意义或终极结构展开。咨询师通过共情和理解，调整患者人格内部的紧张，使其人格发生转变。该书虽然明显有精神分析和神学的痕迹，但已经在一定程度上表现出罗洛·梅的后期思想。《创造性生命的源泉：人性与神的研究》一书与前一部著作并无大的差异，只是更明确地表述了健康人格和宗教信念。在与里夫斯（Clement Reeves）的通信中，罗洛·梅表示拒绝该书再版。这一时期出版的著作还有《咨询服务》（*The Ministry of Counseling*，1943）一书。

罗洛·梅思想形成的标志是《焦虑的意义》（1950）一书的问世。该书是在他的博士学位论文基础上修改而成的。在这部著作中，罗洛·梅对焦虑进行了系统研究。他在考察哲学、生物学、心理学和文化学的焦虑观基础上，通过借鉴克尔凯郭尔的观点，结合临床案例，提出了自己的观点。他将焦虑置于人的存在的本体论层面，视做人的存在受到威胁时的反应，并对其进行了详细的描述。通过焦虑研究，罗洛·梅逐渐形成了以人的存在为核心的思想。在这种意义上，该书为罗洛·梅此后的著作奠定了框架基础。

1953年，罗洛·梅出版了《人的自我寻求》（*Man's Search for Himself*），这是他早期最畅销的一本书。他用自己的思想对现代社会进行了整体分析。他以人格为中心，探究了在孤独、焦虑、异化和冷漠的时代自我的丧失和重建，分析了现代社会危机的心理学根源，指出自我的重新发现和自我实现是其根本的出路。该书涉及自由、爱、创造性、勇气和价值等一系列重要主题，这些主题是罗洛·梅此后逐一探讨的问题。可以说，该书是罗洛·梅思想全面展开的标志。

在思想形成的同时，罗洛·梅还积极推进美国存在心理学的发展。这首先反映在他与安吉尔和艾伦伯格合作主编的《存在：

精神病学与心理学的新方向》(1958)中。该书是一部译文集，收录了欧洲存在心理学家宾斯万格(Ludwig Binswanger)、明可夫斯基(Eugene Minkowski)、范·盖布萨特尔(V. E. von Gebsattel)、斯特劳斯(Erwin W. Straus)、库恩(Roland Kuhn)等人的论文。罗洛·梅撰写了两篇长篇导言:《心理学中存在主义运动的起源和意义》和《存在心理治疗的贡献》。这两篇导言清晰明快地介绍了存在心理学的思想，其价值不亚于后面欧洲存在心理学家的论文。该书被誉为美国存在心理学的"圣经"。罗洛·梅对美国存在心理学发展的推进还反映在他主编的《存在心理学》中。书中收入了罗洛·梅的两篇论文:《存在心理学的产生》和《心理治疗的存在基础》。

1967年，罗洛·梅出版了《存在心理治疗》(*Existential Psychotherapy*)，该书由罗洛·梅为加拿大广播公司系列节目"观念"所做的六篇广播讲话结集而成。该书简明扼要地阐述了罗洛·梅的许多核心观点，其中许多主题在罗洛·梅以后的著作中以扩展的形式出现。次年，他与利奥波德·卡利格(Leopold Caligor)合作出版了《梦与象征:人的潜意识语言》(*Dreams and Symbols*: *Man's Unconscious Language*)。他们在书中通过分析一位女病人的梦，阐发了关于梦和象征的观点。在他们看来，梦反映了人更深层的关注，它能够使人超越现实的局限，达到经验的统一。同时，梦能够使人体验到象征，象征则是将各种分裂整合起来的自我意识的语言。罗洛·梅关于象征的观点还见于他主编的《宗教与文学中的象征》(*Symbolism in Religion and Literature*，1960)一书，该书收入了他的《象征的意义》一文，该文还收录在《存在心理治疗》中。

1969年，罗洛·梅出版了《爱与意志》(*Love and Will*)。该

书是罗洛·梅最富原创性和建设性的著作，一经面世，便成为美国最受欢迎的畅销书之一，曾荣获“爱默生”奖。写作该书时，罗洛·梅与第一任妻子的婚姻正走向尽头。因此，该书既是他对自己生活的反思，也是对现代社会的深刻洞察。该书阐述了他对爱与意志的心理学意义的看法，分析了爱与意志、愿望、选择和决策的关系，以及它们在心理治疗中的应用。罗洛·梅将这些主题置于现代社会情境下，揭示了人们日趋恶化的生存困境，并呼吁通过正视自身、勇于担当来成长和发展。

从20世纪70年代起，罗洛·梅开始将自己的思想拓展到诸多领域。1972年，他出版了《权力与无知：寻求暴力的根源》(*Power and Innocence*：*A Search for the Sources of Violence*)。正如其副标题所示，该书目的在于探讨美国社会和个人的暴力问题，阐述了在焦虑时代人的困境与权力的关系。罗洛·梅从社会中的无力感出发，认为当无力感导致冷漠，而人的意义感受到压抑时，就会爆发不可控制的攻击。因此，暴力是人确定自我进而发展自我的一种途径，当然这并非整合性的途径。围绕自我的发展，罗洛·梅又陆续出版了《创造的勇气》(*The Courage to Create*，1975）和《自由与命运》(*Freedom and Destiny*，1981)。在《创造的勇气》中，罗洛·梅探讨了创造性的本质、局限以及创造性与潜意识和死亡等的关系。他认为，只有通过需要勇气的创造性活动，人才能表现和确定自己的存在。在《自由与命运》中，罗洛·梅将自由与命运视做矛盾的两端。人是自由的，但要受到命运的限制；反过来，只有在自由中，命运才有意义。在二者间的挣扎和奋斗中，突现出人自身以及人的存在。在《祈望神话》(*The Cry for Myth*，1991）中，罗洛·梅将主题拓展到神话上。这是他生前最后一部重要的著作。罗洛·梅认为，神话能够展现出人类经验的原型，能够使人意识到自身的存在。在现代社会中，人们遗忘了神话，与此同时也意识不到自身的存在，由此导致人的迷失。

罗洛·梅还先后出版过两部文集，分别是《心理学与人类困境》（*Psychology and the Human Dilemma*，1967）和《存在之发现》（*The Discovery of Being*，1983）。《心理学与人类困境》收录了罗洛·梅20世纪五六十年代发表的论文。如书名所示，该书探讨了在焦虑时代生命的困境，阐明了自我认同客观现实世界的危险，指出自我的觉醒需要发现内在的核心性。从这种意义上，该书是对《人的自我寻求》中主题的进一步深化。罗洛·梅将现代人的困境追溯到人生存的种种矛盾上，如理性与非理性、主观性与客观性等。他对当时的心理学尤其是行为主义对该问题的忽视提出严厉批评。《存在之发现》以他在《存在：精神病学与心理学的新方向》中的导言为主题，较全面地展现了他的存在心理学和存在治疗思想。该书是存在心理学和存在心理治疗最简明、最权威的导论性著作。

罗洛·梅深受存在哲学家蒂利希的影响，先后出版了三本关于回忆保罗·蒂利希的书，它们分别是《保卢斯：友谊的回忆》（*Paulus: Reminiscences of a Friendship*，1973）、《作为精神导师的保卢斯·蒂利希》（*Paulus Tillich as Spiritual Teacher*，1988）和《保卢斯：导师的特征》（*Paulus: The Dimensions of a Teacher*，1988）。

罗洛·梅积极参与人本主义心理学运动，他与罗杰斯和格林（Thomas C. Greening）合著了《美国政治与人本主义心理学》（*American Politics and Humanistic Psychology*，1984），还与罗杰斯、马斯洛（Abraham Maslow）合著了《政治与纯真：人本主义的争论》(*Politics and Innocence*: *A Humanistic Debate*, 1986)。

1985年，罗洛·梅出版了自传《我对美的追求》(*My Quest for Beauty*, 1985)。作为一个学者，他在回顾自己的一生时，以自己的理论对美进行了审视。贯穿全书的是他早年就印刻在内心的古希腊艺术精神。在他对生活的叙述中，不断涉及爱、创造性、价值、象征等主题。

罗洛·梅的最后一部著作是与他晚年的朋友和追随者施奈德合著的《存在心理学：一种整合的临床观》(*The Psychology of Existence*: *An Integrative*, *Clinical Perspective*, 1995)。该书是为新一代心理治疗实践者所写的教科书，可视做《存在：精神病学与心理学的新方向》的延伸。在该书中，罗洛·梅提出了整合、折中的存在心理学观点，并把他的人生体验用于心理治疗，对自己的思想作了最后的总结。

此外，罗洛·梅还经常发表电视和广播讲话，留下了许多录像带和录音带，如《意志、愿望和意向性》(*Will*, *Wish and Intentionally*, 1965)、《意识的维度》(*Dimensions of Consciousness*, 1966)、《创造性和原始生命力》(*Creativity and the Diamonic*, 1968)、《暴力和原始生命力》(*Violence and the Diamonic*, 1970)、《发展你的内部潜源》(*Developing Your Inner Resources*, 1980)等。

三、罗洛·梅的主要理论

罗洛·梅的思想围绕人的存在展开，我们从以下四方面阐述他的主要理论观点。

(一) 存在分析观

在人类思想史上，存在问题一直是令人困扰的谜团。古希腊哲学家亚里士多德说过："存在之为存在，这个永远令人迷惑的问题，自古以来就被追问，今日还在追问，将来还会永远追问下去。"有时，我们也会产生如古人一样令人惊讶的困惑：自己居然活在这个世上。但对这个困惑的深入思考，主要是存在主义哲学进行的。丹麦哲学家克尔凯郭尔是存在主义的先驱，他在反对哲学家黑格尔（G. W. F. Hegel）的纯粹思辨的形而上学的基础上，提出关注现实的人的存在，如人的焦虑、烦闷和绝望等。德国哲学家海德格尔第一个真正地将存在作为问题提了出来。他从区分存在与存在者入手，认为存在只能通过存在者而存在。在诸种存在者中，只有人的存在最为独特。这是因为，只有人的存在才能将存在的意义彰显出来。与海德格尔同时代的萨特（Jean-Paul Sartre）、梅洛-庞蒂（Maurice Merleau-Ponty）、雅斯贝尔斯（Karl Jaspers）和蒂利希等人都对存在主义进行了阐发，并对罗洛·梅产生了重要影响。当然，罗洛·梅着重于人的存在的心理层面，不同于哲学家们的思辨探讨，具有自身独特的风格。

1. 存在的核心

罗洛·梅关于人的存在的观点最为核心的是存在感。所谓存在感，就是指人对自身存在的经验。他认为，人不同于动物之处，就在于他具有自我存在的意识，能够意识到自身的存在，这就是存在感。存在感和我们日常较为熟悉的自我意识是较为接近的，但他指出，自我意识并非纯知性的意识，如知道我当前的工作计划。自我意识是对自身的体验，如感受到自己沉浸到自然万物之中。

罗洛·梅认为，人在意识到自身的存在时，能够超越各种分离，实现自我整合。只有人的自我存在意识才能够使人的各种经验得以连贯和统整，将身与心、人与自然、人与社会等联为一体。在这种意义上，存在感是通向人的内心世界的核心线索。看待一个人，尤其是其心理健康状况如何，应当视其对自身的感受而定。存在感越强、越深刻，个人自由选择的范围就越广，人的意志和决定就越具有创造性和责任感，人对自己命运的控制能力就越强。反之，当一个人丧失了存在感，意识不到自我的存在价值，就会听命于他人，不能自由地选择和决定自己的未来，就会导致心理疾病。

2. 存在的本质

当人通过存在感体验到自己的存在时，他首先会发现，自己是活在这个世界之中的。存在的本质就是存在于世（being-in-the-world）。人存在于世界之中，与世界密不可分，共同构成一个整体，在生成变化中展现自己的丰富面貌。中国俗语“人生在世”就说明了这一点。人的存在于世意味着：(1) 人与世界是不可分的整体。世界并非外在于人的存在，并非如行为主义所说的，是客观成分（如引起人的反应的刺激）的总和。事实上，人在世界之中，与事物存在独特的意义关联。比如人看到一块石头，石头并非客观的刺激，它对人有着独特的意义，人的内心也许会浮起久远的往事，继而欢笑或悲伤。(2) 人的存在始终是现实的、个别的和变化的。人一生下来，就存在于世界之中，与具体的人或物打交道。换句话说，人是被抛（thrownness）到这个世界上的，人要现实地接受世界中的一切，也就是接受自己的命运。而且，人的存在始终在生成变化之中，人要在过去的基础上，朝向未来发展。人在变化中展现出不同于他人的自己独特的经验。(3) 人的存在又是自己选择的。人在世界中并非被动地承受一切，而是通过自己的自由选择，并勇于承担由此带来的责任，发展自己，实现自己的可能性。

3. 存在的方式

人存在于世表现为三种存在方式。(1) 存在于周围世界 (Umwelt) 之中。周围世界是指人的自然世界或物质世界，它是宇宙间自然万物的总和。人和动物都拥有这个世界，目的在于维持生物性的生存并获得满足。对人来说，除了自然环境外，还有人的先天遗传因素、生物性的需要、驱力和本能等。(2) 存在于人际世界 (Mitwelt) 之中。人际世界是指人的人际关系世界，它是人所特有的世界。人在周围世界中存在的目的在于适应，而在人际世界中存在的目的在于真正地与他人交往。在交往中，双方增进了解并相互影响。在这种方式中，人不仅仅适应社会，而且更主动地参与到社会的发展中去。(3) 存在于自我世界 (Eigenwelt) 之中。自我世界是指人自己的世界，是人类所特有的自我意识世界。它是人真正看待世界并把握世界意义的基础，它告诉人，客体对自己来说具有怎样的意义。要把握客体的意义，就需要自我意识。因此，自我世界需要人的自我意识作为前提，现代人之所以失去精神活力，就在于放弃了自我世界，缺乏明确而坚强的自我意识，由此导致人际世界的表面化和虚伪化。人可以同时处于这三种方式的关系中，例如，人在进晚餐时 (周围世界) 与他人在一起 (人际世界)，并且感到身心愉悦 (自我世界)。

4. 存在的特征

罗洛·梅认为，人的存在具有如下六种基本特征：(1) 自我核心，指人以其独特的自我为核心。罗洛·梅坚持认为，每个人都是一个与众不同的独立存在，每个人都是独一无二的，没有人可以占有其他人的自我，心理健康的首要条件就在于接受自我的这种独特性。在他看来，神经症并非对环境的适应不良。事实上，它是一种逃避，是人为了保持自己的独特性，企图逃避实际的或幻想的外在环境的威胁，其目的依然在于保持自我核心性。(2) 自我肯定，指人保持自我核心的勇气。罗洛·梅认为，人的自我核心不会自然发展和成长，人必须不断地鼓励自己、督促自己，使自我的核心性趋于成熟。他把这种督促和鼓励称为自我肯定，这是一种勇气的肯定。自我肯定是一种生存的勇气，没有它，人就无法确立自己的自我，更不能实现自己的自我。(3) 参与，指在保持自我核心的基础上参与到世界中去。罗洛·梅认为，个体必须保持独立，才能维护自我的核心性。但是，人又必须生活于世界之中，通过与他人分享和沟通，共享这一世界。人的独立性和参与性必须适得其所，平衡发展。一方面，过分的参与必然导致远离自我核心，现代人之所以感到空虚、无聊，在很大程度上就是由于顺从、依赖和参与过多，脱离了自我核心。另一方面，过分的独立会将自己束缚在狭小的自我世界内，缺乏正常的交往，必然损害人的正常发展。(4) 觉知，指人与世界接触时所具有的直接感受。觉知是自我核心的主观方面，人通过觉知可以发现外在的威胁或危险。动物身上的觉知即警觉。罗洛·梅认为，觉知一旦形成习惯，往往变成自动化的行为，会在不知不觉中进行，因此它是比自我意识更直接的经验。觉知是自我意识的基础，人必须经过觉知，才能形成自我意识。(5) 自我意识，指人特有的觉知现象，是人能够跳出来反省自己的能力。它是人类最显著的本质特征，也是人不同于其他动物的标志。它使得人能够超越具体的世界，生活在“可能”的世界之中。此外，它还使得人拥有抽象观念，能用言语和象征符号与他人沟通。正是有了自我意识，人才能在面对自己、他人或世界时，从多种可能性中进行选择。(6) 焦虑，指人的存在面临威胁时所产生的痛苦的情绪体验。罗洛·梅认为，每个人都不可避免地会产生焦虑体验。这是因为，人有自由选择的能力，并需要为选择的结果承担责任。潜能的衰弱或压抑会导致焦虑。在现实世界中，人常常感觉到无法完美地实现自己的潜能，这种不愉快的经验会给人类带来无限的烦恼和焦虑。此外，人对自我存在的有限性即死亡的认识也会引起极度的焦虑。

(二) 存在人格观

在罗洛·梅看来，人格所指的是人的整体存在，是有血有肉、有思想有意志的人。他强调要将人的内在经验视做心理学研究的首要对象，而不应仅仅专注于外显的行为和抽象的理论解释。他曾指出，要想正确地认识人的真相，揭示人的存在的本质特征，必须重新回到生活的直接经验世界，将人的内在经验如实描述出来。

1. 人格结构

罗洛·梅在《咨询的艺术：如何给予和获得心理健康》一书中阐释了人格的本质结构。他认为，人的存在的四种因素，即自由、个体性、社会整合和宗教紧张感构成人格结构的基本成分。(1) 自由。自由是人格的基本条件，是人整个存在的基础。罗洛·梅认为，人的行为并非如弗洛伊德所认为的那样，是盲目的，也非如行为主义所认为的那样，是环境决定的。人的行为是在自由选择的过程中进行的。他深信，自由选择的可能性不仅是心理治疗的先决条件，同时也是使病人重获责任感，重新决定自己生活的唯一基础。当然，自由并不是无限的，它受到时空、遗传、种族、社会地位等方面的限制。人恰恰是在利用现实限制的基础上进行自由选择，实现自己的独特性。(2) 个体性。个体性是自我区别于他人的独特性，它是自我的前提。罗洛·梅强调，每一个自由的个体都是独立自主，与众不同的，而且在形成他独特的生活模式之前，人必须首先接受他的自我。人格障碍的主要原因之一就是自我无法个体化，丧失了自我的独特性。(3) 社会整合。社会整合是指个人在保持自我独立性的同时，参与社会活动，进行人际交往，以个人的影响力作用于社会。社会整合是完整存在的条件。罗洛·梅在这里使用“整合”而非“适应”，目的在于表明人与社会的相互作用。他反对将社会适应良好作为心理健康的最佳标准。他认为，正常的人能够接受社会，进行自由选择，发掘社会的积极因素，充实和实现自我。(4) 宗教紧张感。宗教紧张感是存在于人格发展中的一种紧张或不平衡状态，是人格发展的动力。罗洛·梅认为，人从宗教中能够获得人生的最高价值和生命的意义。宗教能够提升人的自由意志，发展人的道德意识，鼓励人负起自己的责任，勇敢地迈向自我实现。宗教紧张感的明显证明是人不断体验到的罪疚感。当人不可能实现自己的理想时，就会体验到罪疚感。这种体验能够使人不断产生心理紧张，由此推动人格发展。

2. 人格发展

罗洛·梅以自我意识为线索，通过人摆脱依赖、逐渐分化的程度，勾勒出人格发展的四个阶段。

第一阶段为纯真阶段，主要指两三岁之前的婴儿时期。此时人的自我尚未形成，处于前自我时期。人的自我意识也处于萌芽状态，甚至可以称处于前自我意识时期。婴儿在本能的驱动下，做自己必须做的事情以满足自己的需要。婴儿虽然割断了脐带，从生理上脱离了母体，甚至具有了一定程度的意志力，如可以通过哭喊来表明其需要，但他在很大程度上受缚于外界尤其是自己的母亲，并未在心理上“割断脐带”。婴儿在这一阶段形成了依赖性，并为此后的发展奠定基础。

第二阶段为反抗阶段，主要指两三岁至青少年时期。此时的人主要通过与世界相对抗来发展自我和自我意识。他竭力去获得自由，以确立一些属于自己的内在力量。这种对抗甚至夹杂着挑战和敌意，但他并未完全理解与自由相伴随的责任。此时的人处于冲突之中。一方面，他想按自己的方式行事，另一方面，他又无法完全摆脱对世界特别是父母的依赖，希望父母能给他们一定支持。因此，如何恰当地处理好独立与依赖之间的矛盾，是这一阶段人格发展的重要问题。

第三阶段为平常阶段，这一阶段与上一阶段在时间上有所交叉，主要指青少年之后的时期。此时的人能够在一定程度上认识到自己的错误，原谅自己的偏见，能够在选择中承担责任。他能够产生内疚感和焦虑以承担责任。现实社会中的大多数人都处于这一阶段，但这并非真正成熟的阶段。由于伴随着责任的重担，此时的人往往采取逃避的方式，依从传统的价值观。所以，社会生活中的很多心理问题都是这一阶段的反映。

第四阶段为创造阶段，主要指成人时期。此时的人能够接受命运，以勇气面对人生的挑战。他能够超越自我，达到自我实现。他的自我意识是创造性的，能够超越日常的局限，达到人类存在最完善的状态。这是人格发展的最高阶段。真正达到这一阶段的人是很少的。只有那些宗教与世俗中的圣人以及伟大的创造性人物才能达到这一阶段。不过，常人有时在特殊时刻也能够体验到这一状态，如听音乐或体验到爱或友谊时，但这是可遇而不可求的。

（三）存在主题观

罗洛·梅研究了人的存在的诸多方面，涉及大量的主题。我们以原始生命力、爱、焦虑、勇气和神话五个主题，来展现罗洛·梅丰富的理论观点。

1. 原始生命力

原始生命力（the diamonic）是一种爱的驱动力量，是一个完整的动机系统，在不同的个体身上表现出不同的驱动力量。例如，在愤怒中，人怒气冲天，完全失去了理智，完全为一种力量所掌控，这就是原始生命力。在罗洛·梅看来，原始生命力是人类经验中的基本原型功能，是一种能够推动生命肯定自身、确证自身、维护自身、发展自身的内在动力。例如，爱能够推动人与他人真正地交往，并在这种交往中实现自身的价值。

原始生命力具有如下的特征：(1) 统摄性。原始生命力是掌握整个人的一种自然力量或功能。例如，人们在生活中表现出强烈的性与爱的力量，人们在生气时的怒发冲冠，在激动时的慷慨激昂，人们对权力的强烈渴望等，都是原始生命力的表现。实际上，这就是指人在激情状态下不受意识控制的心理活动。(2) 驱动性。原始生命力是使每一个存在肯定自身、维护自身、使自身永生和增强自身的一种内在驱力。在罗洛·梅看来，原始生命力可以使个体借助于爱的形式来增强自身生命的价值，是用来创造和产生文明的一种内驱力。(3) 整合性。原始生命力的最初表现形态是以生物学为基础的“非人性的力量”，因此，要使原始生命力在人类身上发挥积极的作用，就必须用意识来加以整合，把原始生命力与健康的人类之爱融合为一体。只有运用意识的力量坦然地接受它、消化它，与它建立联系，并把它与人类的自我融为一体，才能加强自我的力量，克服分裂和自我的矛盾状态，抛弃自我的伪装和冷漠的疏离感，使人更加人性化。(4) 两重性。原始生命力既具有创造性也具有破坏性。如果个体能够很好地使用原始生命力，其魔力般的力量便可在创造性中表现出来，帮助个体实现自我；若原始生命力占据了整个自我，就会使个体充满了破坏性。因此，人并非善的，也并非恶的，而是善恶兼而有之。(5) 被引导性。由于原始生命力具有双重性，就需要人们有意识地对它加以指引和开导。在心理治疗中，治疗师的作用就是帮助来访者学会对自己的原始生命力进行正确的引导。

罗洛·梅的原始生命力概念隐含着弗洛伊德的本能的痕迹。原始生命力如同本能一样，具有强大的力量，能够将人控制起来。不过，罗洛·梅做出了重大的改进。原始生命力不再像本能那样是趋乐避苦的，它具有积极和消极两重性，而且，通过人的主动作用，能够融入到人自身中。由此也可以看出罗洛·梅对精神分析学说的扬弃。

2. 爱

爱是一种独特的原始生命力，它推动人与所爱的人或物相联系，结为一体。爱具有善和恶的两面，它既能创造和谐的关系，也能造成人际间的仇恨和冲突。

罗洛·梅关于爱的观点经历了一个发展过程。早期，他对爱进行了描述性研究，指出爱具有如下特征：爱以人的自由为前提；爱是实现人的存在价值的一种由衷的喜悦；爱是一种设身处地的移情；爱需要勇气；最完满的爱的相互依赖要以“成为一个自行其是的人”的最完满的创造性能力为基础；爱与存在于世的三种方式都有联系，爱可以表现为自然世界中的生命活力、人际世界中的社会倾向、自我世界中的自我力量；爱把时间看做是定性的，是可以直接体验到的，是具有未来倾向的。

后来，罗洛·梅在《爱与意志》中，将爱置于人的存在层面，把它视做人存在于世的一种结构。爱指向统一，包括人与自己潜能的统一，与世界中重要他人的统一。在这种统一中，人敞开自己，展现自己真正的面貌，同时人能够更深刻地感受到自己的存在，更肯定自己的价值。这里体现出前述存在的特征：人在参与过程中，保持自我的核心性。罗洛·梅还进一步区分出四种类型的爱：(1) 性爱，指生理性的爱，它通过性活动或其他释放方式得到满足；(2) 厄洛斯 (Eros)，指爱欲，是与对象相结合的心理的爱，在结合中，能够产生繁殖和创造；(3) 菲利亚 (Philia)，指兄弟般的爱或友情之爱；(4) 博爱，指尊重他人、关心他人的幸福而不希望从中得到任何回报的爱。在罗洛·梅看来，完满的爱是这四种爱的结合。但不幸的是，现代社会倾向于将爱等同于性爱，现代人将性成功地分离出来并加以技术化，从而出现性的放纵。在性的泛滥的背后，爱却被压抑了，由此人忽视了与他人的联系，忽视了自身的存在，出现冷漠和非人化。

3. 焦虑

在罗洛·梅看来，个体作为人的存在的最根本价值受到威胁，自身安全受到威胁，由此引起的担忧便是焦虑。焦虑和恐惧与价值有着密切的关系。恐惧是对自身一部分受到威胁时的反应，当然恐惧存在特定的对象，而焦虑没有。如前所述，焦虑是存在的特征之一。在这种意义上，罗洛·梅将焦虑视做自我成熟的积极标志。但是，在现代社会中，由于文化的作用，焦虑逐渐加剧。罗洛·梅特别指出，西方社会过分崇拜个人主义，过于强调竞争和成就，导致了从众、孤独和疏离等心理现象，使人的焦虑增加。当人通过竞争与奋斗试图克服焦虑时，焦虑反而又加剧了。20世纪文化的动荡，使得个人依赖的价值观和道德标准受到削弱，也造成焦虑的加剧。

罗洛·梅区分出两种焦虑：正常焦虑和神经症焦虑。正常焦虑是人成长的一部分。当人意识到生老病死不可避免时，就会产生焦虑。此时重要的是直面焦虑和焦虑背后的威胁，从而更好地过当下的生活。神经症焦虑是对客观威胁作出的不适当的反应。人使用防御机制应对焦虑，并在内心冲突中出现退行。罗洛·梅曾指出，病态的强迫性症状实际是保护脆弱的自我免受焦虑。为了建设性地应对焦虑，罗洛·梅建议使用以下几种方法：用自尊感受到自己能够胜任；将整个自我投身于训练和发展技能上；在极端的情境中，相信领导者能够胜任；最后通过个人的宗教信仰来发展自身，直面存在的困境。

4. 勇气

在存在的特征中，自我肯定是指人保持自我核心的勇气。因此，勇气也与人的存在有着密切的关联。罗洛·梅指出，勇气并非面对外在威胁时的勇气，它是一种内在的素质，是将自我与可能性联系起来的方式和渠道。换句话说，勇气能够使得人面向可能的未来。它是一种难得的美德。罗洛·梅认为，勇气的对立面并非怯懦，而是缺乏勇气。现代社会中的一个严峻的问题是，人并非禁锢自己的潜能，而是人由于害怕被孤立，从而置自己的潜能于不顾，去顺从他人。

罗洛·梅区分出四种勇气：(1) 身体勇气，指与身体有关的勇气，它在美国西部开发时代的英雄人物身上体现得最为明显。他们能够忍受恶劣的环境，顽强地生存下来。但在现代社会中，身体勇气已退化成为残忍和暴力。(2) 道德勇气，指感受他人苦难处境的勇气。具有较强道德勇气的人，能够非常敏感地体验到他人的内心世界。(3) 社会勇气，指与他人建立联系的勇气，它与冷漠相对立。罗洛·梅认为，现代人害怕人际的亲密，缺乏社会勇气，结果反而更加空虚和孤独。(4) 创造勇气，这是最重要的勇气，它能够用于创造新的形式和新的象征，并在此基础上推进新社会的建立。

5. 神话

神话是罗洛·梅晚年思考的一个重要主题。他认为，20世纪的一个重大问题是价值观的丧失。价值观的丧失使得个人的存在感面临严峻的威胁。当人发现自己所信赖的价值观念忽然灰飞烟灭时，他的自身价值感将受到极大的挑战，他的自我肯定和自我核心等都会出现严重的问题。在这种情境下，现代人面临如何重建价值观的问题。在这方面，神话提供了一条可行的途径。罗洛·梅认为，神话是传达生活意义的主要媒介。它类似分析心理学家荣格（Carl Gustav Jung）所说的原型，但它既可以是集体的，也可以是个人的，既可以是潜意识的，也可以是意识的。如《圣经》就是现代西方人面对的最大的神话。

神话通过故事和意象，能够给人提供看待世界的方式，能够使人表述关于自身与世界的经验，使人体验自身的存在。《圣经》通过其所展现的意义世界，能够为人的生活指引道路。正是在这种意义上，罗洛·梅认为，神话是给予我们的存在以意义的叙事模式，能够在无意义的世界中让人获得意义。他指出，神话的功能是，能够提供认同感、团体感，支持我们的道德价值观，并提供看待创造奥秘的方法。因此，重建价值观的一项重要的工作，就是通过好的神话来引领现代人前进。罗洛·梅尤其提倡鼓励人们运用加强人际关系的神话，以这类神话替代美国流传已久的分离性的个体神话，能够推动人们走到一起，重建社会。

（四）存在治疗观

1. 治疗的目标

罗洛·梅认为，心理治疗的首要目的并不在于症状的消除，而是使患者重新发现并体认自己的存在。心理治疗师不需要帮助病人认清现实，采取与现实相适应的行动，而是需要加强病人的自我意识，与病人一起，发掘病人的世界，认清其自我存在的结构与意义，由此揭示病人为什么选择目前的生活方式。因此，心理治疗师肩负双重的任务，一方面要了解病人的症状，另一方面要进一步认清病人的世界，认识到他存在的境况。后一方面比前一方面更难，也更容易为一般的心理治疗师所忽视。

具体来说，存在心理治疗一般强调两点。首先，患者通过提高觉知水平，增进对自身存在境况的把握，从而作出改变。心理治疗师要提供途径，使病人检查、直面、澄清并重新进入他们对生活的理解，进入他们生活中遇到的问题。其次，心理咨询师使病人提高自由选择的能力并承担责任，使病人能够充分觉知到自己的潜能，并在此基础上变得更敢于采取行动。

2. 治疗的原则和方法

罗洛·梅将心理治疗的基本原则归纳为四点：(1) 理解性原则，指治疗师理解病人的世界，只有在此基础上，才能够使用技术。(2) 体验性原则，指治疗师要促进患者对自己存在的体验，这是治疗的关键。(3) 在场性原则，治疗师应排除先入之见，进入到与病人间的关系场中。(4) 行动原则，指促进患者在选择的基础上投身于现实行动中。

存在心理治疗从总体上看是一系列态度和思想原则，而非一种治疗的方法或体系，过多使用技术会妨碍对患者的理解。因此，罗洛·梅提出，应该是技术遵循理解，而非理解遵循技术。他尤其反对在治疗技术选择上的折中立场。他认为，存在心理治疗技术应具有灵活性和通用性，随病人及治疗阶段发生变化。在特定时刻，具体技术的使用应依赖于对病人存在的揭示和阐明而行。

3. 治疗的阶段

罗洛·梅将心理治疗划分为三个阶段：(1) 愿望阶段，发生在觉知层面。治疗师帮助患者，使他们拥有产生愿望的能力，以获得情感上的活力和真诚。(2) 意志阶段，发生在自我意识层面，心理治疗师促进患者在觉知基础上产生自我意识的意向，例如，在觉知层面体验到湛蓝的天空，现在则意识到自己是生活于这样的世界的人。(3) 决心与责任感阶段，心理治疗师促使患者从前两个层面中创造出行动模式和生存模式，从而承担责任，走向自我实现、整合和成熟。

四、罗洛·梅的历史意义

(一) 开创了美国存在心理学

在罗洛·梅之前，虽然有少数美国学者研究存在心理学，但主要是对欧洲存在心理学的引介，而罗洛·梅则形成了自己独特而系统的存在心理学理论体系。前已述及，他对欧洲心理学作了较全面的介绍，通过1958年的《存在：精神病学与心理学的新方向》一书，使得美国存在心理学完成了本土化。他还从存在分析观、存在人格观、存在主题观、存在治疗观四个层面系统展开，由此形成了美国第一个系统的存在心理学理论体系。在此基础上，罗洛·梅还进一步提出“一门研究人的科学”，这是关于对人及其存在进行整体理解与研究的科学。这门科学不是停留在了解人的表面，而旨在理解人存在的结构方式，发展强烈的存在感，促使其重新发现自我存在的价值。罗洛·梅与欧洲存在心理学家一样，以存在主义和现象学为哲学基础，以人的存在为核心，以临床治疗为方法，重视焦虑和死亡等问题。但他又对欧洲心理学进行了扬弃，生发出自己独特的理论观点。他不像欧洲存在心理学家那样过于重视思辨分析，他更重视对人的现实存在尤其是现代社会境遇下人的生存状况的分析。尤为独特的是，他更重视人的建设性的一面。例如，他强调人的潜能观点。正是在这种意义上，他给存在心理学贴上了美国的“标签”，使得美国出现了真正本土化的存在心理学。他还影响了许多学者，推动了美国存在心理学的发展和深化。布根塔尔（James Bugental）、雅洛姆（Irvin Yalom）和施奈德（Kirk J. Schneider）等人正是在他的基础上，将美国存在心理学推向了新的高度。

（二）推进了人本主义心理学

罗洛·梅在心理学史上的另一突出贡献是推进了人本主义心理学的发展。从前述他的生平中可以看出，他亲自参与并推进了人本主义心理学的历史进程。从思想观点上看，他以探究人的经验和存在感为目标，重视人的自由选择、自我肯定和自我实现的能力，将人的尊严和价值放在心理学研究的首位。他对传统精神分析进行了扬弃，将其引向人本主义心理学的方向，并对行为主义的机械论进行了批判。因此，罗洛·梅开创了人本主义心理学的自我选择论取向，这不同于马斯洛和罗杰斯强调人本主义心理学的自我实现论取向，从而丰富了人本主义心理学的理论体系。正是在这种意义上，罗洛·梅成为与马斯洛和罗杰斯并驾齐驱的人本主义心理学的三位重要代表人物之一。

罗洛·梅还通过理论上的争论，推进了人本主义心理学的健康发展。前面提到，他从原始生命力的两重性，引出人性既有善的一面，又有恶的一面。他不同意罗杰斯人性本善的观点。他重视人的建设性，同时也注意到人的不足尤其是破坏性的一面。与之相比，罗杰斯过于强调人的建设性，将消极因素归因于社会的作用，暗含着将人与社会对立起来的倾向。罗洛·梅则一开始就将人置于世界之中，不存在这种对立倾向。所以，罗洛·梅的思想更为现实，更趋近于人本身。除了与罗杰斯的论战外，罗洛·梅在晚年还对人本主义心理学中分化出来的超个人心理学提出告诫，并由此引发了争论。他认为超个人心理学强调人的积极和健康方面的倾向，存在脱离人的现实的危险。应该说，他的观点对于超个人心理学是具有重要警戒意义的。

（三）首创了存在心理治疗

罗洛·梅在从事心理治疗的实践中，形成了自己独特的思想，这就是存在心理治疗。它以帮助病人认识和体验自己的存在为目标，以加强病人的自我意识，帮助病人自我发展和自我实现为己任，重视心理治疗师和病人的互动以及治疗方法的灵活性。它尤其强调提高人面对现实的勇气和责任感，将心理治疗与人生的意义等重大问题联系了起来。罗洛·梅是美国存在心理治疗的首创者，在他之后，布根塔尔和施奈德等人作了进一步发展，使得存在心理治疗成为人本主义心理治疗的重要组成部分。当前，存在心理治疗与来访者中心疗法、格式塔疗法一起，成为人本主义心理治疗领域最为重要的三种方法。

（四）揭示了现代人的生存困境

罗洛·梅不只是一位书斋式的心理学家，他还密切关注现代社会中人的种种问题。他深刻地批判了美国主流文化严重忽视人的生命潜能的倾向。他在进行临床实践的同时，并不仅仅关注面前的病人。他能够从病人的存在境况出发，结合现代社会背景来揭示现代人的生存困境。他从人的存在出发，揭示出现代人在技术飞速发展的同时，远离自身的存在，从而导致非人化的生存境况。罗洛·梅指出，现代人在存在的一系列主题上都表现出明显的问题。个体难以接受、引导并整合自己的原始生命力，从而停滞不前，无法激发自己的潜能，从事创造性的活动。他还指出，现代人把性从爱中成功地分离出来，在性解放的旗帜下放纵自身，却遗忘了爱的真正含义是与他人和世界建立联系，从而导致爱的沦丧。现代人逃避自我，不愿承担自己作为一个人的责任，在面临自己的生存处境时感到软弱无能，失去了意志力。个体不敢直面自己的生存境况，不能合理利用自己的焦虑，而是躲避焦虑以保护脆弱的自我，结果使得自己更加焦虑。个体顺从世人，不再拥有直面自己存在的勇气。个体感受不到生活的意义和价值，处于虚空之中。在这种意义上，罗洛·梅不仅仅是一位面向个体的心理治疗师，他还是一位对现代人的生存困境进行诊断的治疗师，一位现代人症状的把脉者。当然，罗洛·梅在揭示现代人的生存困境的同时，也建设性地指出了问题的解决之道，提供了救赎现代人的精神资料。不过，他留给世人的并非简易的行动指南，而是丰富的精神养分，需要世人认真地消化和吸收，由此才能返回到自身的存在中，勇敢地担当，积极地行动，重塑自己的未来。

罗洛·梅在著作中所考察的是20世纪中期的人的存在困境。现在，当时光已经过去半个多世纪后，人的生存境遇依然没有得到根本的改观，甚至更加恶化。社会的竞争越来越激烈，人们的生活节奏越来越快，个体所承受的压力也越来越大，内心的焦虑、空虚、孤独等愈发严重。人在接受社会各种新事物的同时，自身的经验却越来越多地被封存起来。与半个世纪前相比，人似乎更加远离了自身的存在。从这个意义上说，罗洛·梅更是一位预言家，他所展现的现代人的生存图景依然需要当代人认真地对待和思考。

正因为如此，罗洛·梅在生前和逝后并未被人们忽视或遗忘。越来越多的人发现了他思想的价值，并投入到真正的行动中去。罗洛·梅的大多数著作都被多次重印或再版，并被翻译成多国文字出版。进入21世纪以来，这种趋势依然在延续。也正是基于此，我们推出这套《罗洛·梅文集》，希望能有更多的中国读者听到罗洛·梅的声音，分享他的精神资源。

郭本禹

南京师范大学

2008年9月1日

序 言 Foreword

作为一名执业心理治疗师，通过自己长时间的治疗与研究，我发现当代的治疗实践全都与一个问题有关，那就是个体对神话的探求。一个愈发丰裕但正失去其神话的西方社会，正是心理分析学得以产生与发展的主要原因。弗洛伊德以及与其意见相左的心理治疗师们都明确了这样一个观点：神话是心理分析的基础语言。

约瑟夫·坎贝尔（Joseph Campbell）[①] 在其关于神话的电视访谈中，最为清晰地论证了弥漫整个西方世界的一种显著需求，那就是对神话的需要。然而，坎贝尔探讨的基本上都是印度、中国以及亚洲其他国家的神话，本书所关心的是，呈现于当下生活在西方社会中的人们的意识与潜意识中的神话。

我们所关心的一切，都是当代心理治疗实践中正在不断发生的事情。

之所以将本书命名为《祈望神话》，是因为我认为，我们的时代迫切需要神话。如偶像崇拜、药物滥用等诸多社会问题，都可以追溯到神话的丧失，因为神话给予个体适应这个时代的内在

---

① 约瑟夫·坎贝尔（1904—1987），美国研究比较神话学的作家，曾在莎拉·劳伦斯学院学习英国文学和教书。他探讨人类文化中神话的共同作用，仔细研究了世界各地文学和民间传说中的神话原型。他的观点深受荣格的影响，在 20 世纪 80 年代因一系列电视节目而广为人知。著作包括《千面一人的英雄》（1949）和《上帝的面具》（4 卷，1959—1967）。——译者注

安全感。正如我在本书中所表明的，年轻群体中自杀率的急剧增长以及所有年龄层次中抑郁症的惊人增加，都源于现代社会中神话的缺乏及其意义的变动不居。我希望，本书能够使得美国以及类似国家中的人们去认真思考有关神话的问题，并揭示我们如何通过神话的再发现，获得理解自我的途径。

当我们通过创造、爱与挑战去赋予生命以意义的时候，对神话的研究尤其迫切，因为我们正处于一个新世纪的开端。我们正在走向一个新的时代，这激励我们回顾过去，并重新思考我们曾经以及正在创造的意义。这些就是我写作本书的基调。

罗洛·梅

目录

Contents

第一部分　神话的功能 …………………………… 1

第一章　神话是什么？ ……………………………… 2

第二章　神话中的个体危机 ……………………………… 19

第三章　寻　根 ……………………………………………… 37

第四章　神话与记忆 ……………………………………… 54

第五章　弗洛伊德与神话之奥秘 …………………… 63

第二部分　美国的神话 …………………………… 81

第六章　新大陆的伟大神话 ……………………………… 82

第七章　个人主义和我们自恋的时代 ……………… 100

第八章　盖茨比和美国梦 ……………………………… 119

第三部分　西方世界的神话 ……………………… 147

第九章　心理治疗师和地狱之旅 ……………………… 148

第十章　培尔·金特：一个男人的爱之问题 ………… 167

第十一章　重访布赖尔·罗斯 ………………………… 197

第十二章　浮士德：父权制权力的神话 ……………… 222

第十三章　歌德的浮士德与启蒙运动 ………………… 243

第十四章　20 世纪的浮士德 …………………………… 269
第十五章　魔鬼与创造力 …………………………… 286
第四部分　为了生存的神话 …………………… 305
第十六章　爱的伟大循环 …………………………… 306
译后记 ………………………………………………… 324

第一部分　神话的功能

第一章 Chapter One
神话是什么?

从积极的角度研究,神话……不是为了满足科学的旨趣,而是通过叙述的方式,将一些原初的事实加以再现,它满足的是深层的宗教愿念与道德渴求。

——布罗尼斯罗·马林诺夫斯基(Bronislaw Malinowski),
《巫术、科学与宗教》

神话,为这个本无意义的世界赋予了意义。神话,是赋予我们存在以重要性的叙述方式。这种存在的意义,无论是如萨特所认为的那样,是我们依据个体意志所赋予的,还是像克尔凯郭尔所主张的,是我们需要去发现的,结论都一样:神话是我们发现这些意义与特质的方式。神话就像房屋的梁柱:虽然从外部看不见,但它们是房子得以整合的构架,有了梁柱,房屋才能供人们居住。

创造神话,对于患者获得心理健康非常重要,所以富有同情心的治疗师都不会去压制这种行为。实际上,心理治疗在当代的诞生与勃兴,正是由我们的神话世界的崩塌所引致的。

通过神话,一个健康的社会可以使其成员脱离神经质的负罪感与过度焦虑。举例来说,在古希腊,当神话还能发挥重要且强大的作用,个体在应对生存问题时,就可以摆脱无法遏制的焦虑与负罪感。我们会发现，这个时期的哲学家不停地谈论真、善、美与勇气，并将它们看做人生的价值。神话也滋养了柏拉图、埃斯库罗斯（Aeschylus）、索福克勒斯（Sophocles）去完成他们伟大的哲学与文学作品，这些著作作为宝贵的财富流传至今。

但到了第二、第三世纪的古典希腊时期①，神话体系崩塌了，卢克莱修（Lucretius）② 写道："到处都有那不停被侵扰的、痛楚的心，对于信念，他们有心无力，只能在无休止的抱怨中耗尽自己。"[1]

在20世纪，我们同样处于一个充斥着"痛楚的心"与"抱怨"的境地。我们的神话无法再赋予生存以意义，当代人面对的是没有方向与目标的生活，也无法掌控焦虑与过度负罪感。于是，人们求助于心理治疗师抑或其他替代品，如药物或者偶像，以获得自身的整全感。由此，心理学家杰罗姆·布鲁纳（Jerome Bruner）③ 写道："当流行的神话无法应对人们多样的困境时，挫折感会令人们走向神话敌视者（mythoclasm）④，进而独自追寻内在认同。"[2]

---

① 希腊的古典时期，说法不一，一说是公元前5世纪下半期—前334年，指希波战争结束至马其顿亚历山大大帝开始东侵，古典时期又分为前古典时期、过渡古典时期和后古典时期，大约三个世纪，因此作者有所谓第二、第三世纪之说。——译者注

② 卢克莱修（约前99—前55），古罗马哲学家。他继承古代原子学说，特别是阐述并发展了伊壁鸠鲁的哲学观点。认为物质的存在是永恒的，提出了"无物能由无中生，无物能归于无"的唯物主义观点。反对神创论，认为宇宙是无限的，有其自然发展的过程，人们只要懂得了自然现象发生的真正原因，宗教偏见便可消失。承认世界的可知性，认为感觉是事物流射出来的影像作用于人的感官的结果，是一切认识的基础和来源，驳斥了怀疑论。认为幸福在于摆脱对神和死亡的恐惧，得到精神的安宁和心情的恬静。著有哲学长诗《物性论》。——译者注

③ 杰罗姆·布鲁纳（1915—），美国心理学家、教育学家，对认知过程进行过大量研究，在词汇学习、概念形成和思维方面有诸多著述，对认知心理理论的系统化和科学化作出过贡献。1962年获得美国心理学会颁发的杰出科学贡献奖，1965年当选为美国心理学会主席。——译者注

④ "mythoclasm"这个概念源于传统敌视者（iconoclasm）。——译者注

这种“独自追寻内在认同”在我们的社会中，是一种普遍的需要，它引发了心理分析以及其他心理治疗方法、各种各样的灵丹妙药与偶像的兴盛，无论这些东西是建设性的还是破坏性的。

“我从未允诺给你一座玫瑰园”

《我从未允诺给你一座玫瑰园》（*I Never Promised You a Rose Garden*）① 这部自传体小说，讲述患有精神分裂症的少女黛博拉（Deborah）如何得到心理治疗师救治的真实故事。这个有关治疗的故事中最吸引人的部分，就像是一部现代科幻电影。我们可以发现，她的治疗过程总是与神话发生持续而引人注意的互动。黛博拉一直生活在一个叫耶尔王国（Kingdom of Yr）的神话里，里面包括埃达（Idat）、耶尔（Yr）、安特雷贝（Anterrabae）、莱克塔门（Lactamaen）以及大家伙（the Collect）这些神话人物。由于她没法与现实生活中的任何人交流，她非常需要这些神话人物。她写道：“耶尔的神明们是她隐秘的伙伴，更确切地说，是分担了她孤独的伙伴。”[3] 当在这个所谓真实世界中感到恐惧或无法忍受的时候，她就会逃回到耶尔王国的世界中去。

黛博拉告诉我们，在去疗养院的途中，她和她的父母在一家汽车旅馆紧邻的两间客房中住了一晚。

> 在墙壁的另一侧，黛博拉躺下睡觉了。耶尔王国有一个中立的地方，叫第四平台。黛博拉只能偶尔到达那里，除此之

① 《我从未允诺给你一座玫瑰园》讲述了黛博拉与精神分裂症的三年抗争。黛博拉5岁的时候接受了一次卵巢瘤的手术，这次手术造成了她精神上的创伤与羞愧感，患病的另一原因则来自于同龄人与邻居的反犹主义情绪。这本书真实再现了精神病患者的病痛感受。帮助黛博拉与病魔搏斗的，除了家人，更重要的是著名心理治疗师克拉拉·弗里德，在她的悉心治疗下，黛博拉终于能够正确分别现实与幻觉，并学会信任他人。——译者注

外，并没有一条必达的道路，哪怕她心里再想去也没有用。在第四平台，没有情感的压迫，也没有过去与未来的折磨。

现在，她躺在床上，到达了第四平台，她已无须为未来而忧虑。隔壁房间中的人或许是她的父母。很好，但这又有什么关系？那只是一个正在解体的阴暗世界的一部分，而现在她正滑入的是一个无忧无虑的新世界。当她离开那个旧世界的时候，她也离开了耶尔王国的芸芸众生。她翻了个身，睡了一个好觉。

第二天早晨，她告诉我们，她感到神话赋予她无比的安心与舒坦。

……当车离开汽车旅馆驶入阳光中时，黛博拉忽然感到，这旅途将永远延续下去，她所拥有的沉静与自由，也许是那通常很苛求的耶尔神灵的新礼物。[4]

黛博拉想象中的这些神灵们令人印象深刻，这不仅是因为它们所具有的想象的深度，也因为它们与 30 年后的《外星人 E. T.》以及其他一些科幻电影所展现出来的东西有着惊人的相似之处，而这些电影在 20 世纪后期吸引了成千上万的成人与孩子。固然，黛博拉是精神分裂症患者，但如何在精神分裂与高度的创造性想象之间清晰划界，永远是一个难题。汉娜·格林（Hannah Green）（黛博拉的笔名）继续写道：

通过那火焰般升腾的黑暗，她开始和安特雷贝一道降落到耶尔王国。这次，降落的过程很长。开始是极端的黑暗，黑暗持续了一些时间，然后稍稍有些光线，但依旧迷迷蒙蒙。降落的地方是她所熟悉的，那就是深渊（Pit）①。在这

① 深渊，与第四平台一样，也是耶尔王国中的特定场所。——译者注

> 里，神明与大家伙都呼号着，却无法理解。也有人发出的声音，但同样没有意义。这个世界是可以进入的，但它是一个分裂且无法辨识的世界。[5]

弗里达·弗洛姆-里奇曼（Frieda Fromm-Reichmann），是黛博拉在柴斯纳疗养院（Chestnut Lodge）的心理治疗师，从一开始，她就没想过违背黛博拉的意愿要祛除她的神灵。弗里达医生（这小说里面的称呼）将这些内容融入了治疗过程，她有时会让黛博拉给她讲讲耶尔神灵，或者偶尔问黛博拉耶尔神灵说了什么。最重要的是，弗里达医生尊重黛博拉对这些神话人物的需要，她还帮助黛博拉看到，她自己参与了这些神灵的创造。书中写道：

> “治疗结束了，”弗里达医生说，“你做得很好，你告诉了我你的神秘世界。我希望你回去告诉耶尔王国的那些神灵，我不会被他们吓倒，我们也不会因为他们的权威而停止自己的努力。”[6]

当整个夏季，弗里达医生不得不去欧洲的时候，黛博拉被暂时安排给另外一个年轻的、信奉新理性主义的心理治疗师。他完全漠视黛博拉对神话的需要，粗暴地要破除她的“错觉”。结果，黛博拉的耶尔王国以及神灵体系摇摇欲坠，几近崩塌。她退缩到一个完全孤立的世界中。她对疗养院纵火，也烧伤了自己，她表现得像一个丧失了人性的人。而这也确实发生了，她的灵魂——作为她的意识里最隐秘与最根本的力量——被剥夺了，黛博拉确实感到无所倚靠。

当弗里达医生从欧洲回来后，黛博拉向她倾诉了发生的一切，对于那个年轻治疗师，她抽泣着说：“他只是想证明他自己是如何正确，如何聪明。”那时，黛博拉已泣不成声：“他要我恢复理智，他说我那是愚蠢，哦！上帝在诅咒我，在诅咒我……对于我的诚实，这世界只有谎言！”

我们可以将这个理性主义的治疗师的行为，看做对我们现代社会的一个讽喻。在20世纪，当我们同样只关心技术理性是如何正确，祛除愚昧神话的时候，我们同样剥夺了自己的灵魂，作为摧毁神话世界的一个组成部分，我们同样也在毁灭我们的社会。

黛博拉的神话一直延续到这本小说的最后一页。但那时，她已经认识到她的神话源于自己丰富的创造力。弗里达医生使她知道，神话是她自己创造的，这与是否精神分裂无关。

虽然黛博拉创造了神话，但需要郑重澄清的是，并不是她自己创造了对神话的需要。这种需要，是我们作为人的命运的一部分，是我们的语言以及相互理解的方式的组成部分。在治疗结束后，黛博拉已经可以通过自己的创造力为她自己以及她的群体作出贡献。结束在疗养院的治疗之后，她写了多部精彩的小说，其中至少有两本是有关重度残障人士的。

这本小说，不仅讲述了精神分裂患者的经历，也阐述了我们所有人所具有的那种对于神话的需要。神话的形式可能是多种多样的，但是，对神话的需要，或者进一步说，对神话的祈望，会表现在我们每一个人的身上。虽然我们通过各种个体或者群体的不同方式塑造自己的神话，但神话都是我们弥合生物自我与人性自我之间裂隙的必要手段，在这个意义上，我们与黛博拉本无二致。

神话是我们对相互联系着的外在世界与内在自我进行的自我解释；神话是使社会团结一致的叙事方式。[7]在一个艰难且经常无意义的世界中，神话对于保持我们心灵的活力、给我们的生活以新意义是非常重要的。那些不朽的概念，美、爱、天才的灵感，总是在神话寓言中突然出现或娓娓道来。

因此，创造神话就成为心理治疗的核心之一。对于心理治疗师来说，允许患者严肃对待自己的神话是非常必要的，无论这些神话是来自于睡梦、自由联想还是幻想。每一个需要在由内或由外进入意识状态的感知、情感与意念之间引入秩序与一致性的人，都被迫为自己做些事情，而这些事情在早期生活中，家庭、习俗、宗教与国家曾经为他做过。在心理治疗中，神话可能充当一个尝试新生活的方法，或者重建已被损毁的旧生活方式的迫切尝试。如汉娜·格林所说，神话是“我们孤独的分担者”。

迷信与神话

过去 10 年，年轻群体中出现了惊人的自杀率。20 世纪 70 年代，白人青年的自杀率增长迅猛。我们可以通过各种方式来避免年轻群体中自杀的发生，比如为严重抑郁的人提供电话心理咨询。但只要最终目标还是赚钱，只要我们在家庭和政府的教育中不再教授伦理，只要这些年轻人不被鼓励去建立一种人生观，并且只要电视中充斥着暴力与性，却没有关于如何去爱的指导，只要这些情况还是普遍的，年轻群体中惊人的抑郁与自杀现象就不会得到遏制。

最近，在斯坦福大学毕业演讲中，一个学生将自己的班级描述为不知道如何“与过去或未来建立关联，对现实也罕少触及，没有足以支撑生活的信念，不管这种信念是世俗的还是宗教的”，从而“缺少采取有效行动的目标与途径”。只要还缺少表达信仰与道德目标的神话，这个世界就还会有抑郁与自杀。在后面的章节中，我们将探讨伦理空虚的几个原因，这里需要首先指出的是，对于此类问题，如果没有神话，我们就缺少展开讨论的语言。

在20世纪即将结束之时，我们发现自己处于一种方向感全无的境地，在这种处境之下，人们纷纷涌向各式或老或新的迷信也就不足为奇，因为他们的焦虑需要得到消解；他们要缓解负罪感与抑郁感；他们要填补生活的空虚。他们同样求助于占星术[8]，也热衷于一些原初时期的迷信或是巫术时期的遗留物。[9]

20世纪，曾被预想为理性主义荣耀的时代，广泛施行启蒙教育的时代，宗教将祛除自身所有迷信内容并最终得到启蒙的时代。确实，几乎所有的启蒙运动的目标，都至少部分得到了实现：一部分人得到了巨大的财富，西方世界的大多数人脱离了独裁，获得了自由，科学得到广泛传播。凡此种种，不一而足。但实际发生了什么呢？作为人，我们更迷惑了，缺少道德理想，惧怕未来、不知道如何改变或如何拯救我们的内在生活。“我们是地球上最有知识的人，”阿奇巴尔德·麦克利许（Archibald MacLeish）① 说：

> 我们为事实所淹没，但我们丧失了，或者正在丧失作为人感知事实的能力……我们现在通过头脑、通过事实、通过抽象去认识。我们似乎不能像莎士比亚那样感知，到底是什么促使他让李尔王在荒原上对失明的葛谢思特（Gloucester）呼号道：“……可是你却看见这世界的丑恶。”葛谢思特答道：“我只能捉摸到它的丑恶。”②[10]

---

① 美国诗人，曾任国会图书馆馆长等职，关注时弊。——译者注

② 这里，作者引用的是莎士比亚《李尔王》中的一段台词，对话背景也是社会道德的崩塌。同时，葛谢思特失明后，也对世界产生了某种洞悉，这可看做作者针对一个理性化、无感知社会的暗喻。——译者注

废弃了神话的语言，是以人性的温度、色彩与个体意义与价值的丧失为代价的，正是这些东西给予个体生活以意义。我们通过辨识他人赋予其语言的主观意义，通过体验在他们的世界中重要词汇的意义来获得相互理解。如果没有神话，我们就像脑损伤患者一样，无法超出语句本身去理解别人所说的话。没有比将神话看做谬言这一流行但极度错误的观点，更能说明当代文化之贫瘠的了。

对神话的渴求以及缺乏充足神话的窘境，表现在致幻剂的使用上。如果我们无法给予生活以意义，我们至少可以通过可卡因、海洛因、纯可卡因及其他药物引致的“离身”体验，来暂时摆脱无聊的常规化人生。这样的行为方式在心理治疗中也很常见：当个体发现他的前景陷入完全的困顿当中，人们至少可以通过滥用药物或者自杀来参与掌控自己的命运。当我们决意自毁，自杀要比哭泣更得体些。

无论老少，热衷迷信也是人们迫切需要神话的写照。任何一个允诺幸福与爱、允诺接近神的内在路径的团体，无论它们信奉什么样的神，都能拥有一批忠实信众。无论叫什么名字，人们都蜂拥到新信仰的旗帜下。因为独裁者吉姆·琼斯（Jim Jones）的蛊惑而造成 980 个信众自杀献身的圭亚那（Guyana）惨案[1]，是我们无法忘却的迷狂凶兆。

迷信有神话的力量，却没有群体的限制、没有“刹车装置”

---

① 这里指震惊美国的人民圣殿教事件。人民圣殿教（Peoples Temple）是美国邪教组织，由吉姆·琼斯创立于 1953 年，全名为“人民圣殿基督徒（信徒）教会”。他自称救世主，宣扬世界末日，吸引了一批中下阶层的追随者。最初，他改革社会弊端的一些言论甚至得到某些政治人士的支持，直到 1978 年 11 月 28 日，国会议员瑞恩到人民圣殿教在圭亚那丛林的驻地调查，才揭露了这个组织邪教的本质。瑞恩和几个随行记者被人民圣殿教徒伏击身亡，吉姆·琼斯自知难逃罪责，命令信徒服毒自杀。此事件造成 980 人罹难，并对美国社会文化产生了巨大冲击。——译者注

与社会责任感。对神话的祈望必须得到倾听，因为除非我们获得真实的神话，否则我们的社会将会用伪神话和巫术信仰来填补虚空。20 世纪六七十年代的一系列社会学者向我们指出，对上帝的信仰在下降，而对魔鬼的信仰在增加。[11]这反映了人们对迷信的激情，这些人感觉到我们的社会正在崩解，他们需要寻找某种对这一现状的解释。

> 魔鬼信仰，并不是一种偶然或非理性的行为，无助的人们借此寻求生活的意义、解释命运无常，勉力与那些他无法理解、无法承担的社会规范保持一致。[12]

拒绝神话

我们已经习惯将神话看做荒谬之事，再谈对神话的需要似乎显得难以理解。甚至高知识阶层人士会从贬义上使用“不过是神话而已”这个短语，比如圣经中的创世神话，就“不过是神话而已”。[13]从公元 3 世纪开始，基督教神父们就开始使用“不过是”(only) 这样有贬低意味的说法教育相信希腊罗马神话的大众。神父们说，只有基督教义是真的，而希腊和罗马的故事都“不过是”神话。但基督教传统有丰富的神话内容，比如在圣诞夜挨家挨户送礼物的圣诞老人、庆祝大地回春的复活节以及耶稣复活的神迹，如果神父们能够认识到这种丰富性，就不会去攻击古典希腊罗马时期的伟大神话了。

但是我们今天对神话的误解另有一个原因，即大多数人都被训练得只用理性的方式去考虑问题。如在汉娜·格林的替代治疗师的例子中所显示的，我们主张越理性越真实——我们都是这些偏见的牺牲品。以左脑活动为基础的垄断性知识，呈现的不是真正的科学而是一种伪科学。格雷戈里·贝特森（Gregory Bateson）① 提醒我们“没有艺术、宗教、梦想的独立的目标理性，必定会摧毁我们的生活”[14]。如前所述，如果神话不能满足我们，我们的第一个反应，就是成为神话敌视者，我们攻击神话的概念本身。而我们将看到，对神话的拒绝，是我们拒绝现实与拒绝社会的行为的一部分。

马克斯·穆勒（Max Muller）写道：“我们时代也有神话，这跟荷马时代是一样的，我们对此毫无感知是因为，我们生活在神话的最阴暗处，而且我们从生活在真理之光下的愿望中退缩了。”[15]

实际上，正确定义的科学与正确理解的神话之间并无冲突。海森堡（Heisenberg）、爱因斯坦、尼尔斯·玻尔（Niels Bohr）等无数现代科学家明确了这一观点，因为很多重大科学创见都是从神话开始的。在围绕“为什么会发生战争”这一问题的信件往来中，我们并不知道爱因斯坦对弗洛伊德捍卫神话的行为做出了什么回应，但无疑他对它是持肯定态度的。② 叶芝（W. B. Yeats）最清晰明了地表述了科学与神话之间的关系：“科学是对神话的批判。”[16]

我们的问题，并不仅仅是定义的问题。我们的问题，是信仰的问题，是心理学的问题，是为了鼓足勇气直面“真理之光”所付出的精神努力。

---

① 格雷戈里·贝特森是20世纪美国最重要的社会科学家之一，是许多传播学研究议题的发现者和开创者，他对20世纪最重要的三个基础性理论，即控制论、信息论和系统论的丰富和完善作出了重要贡献，他开创了元传播、双重束缚、关系传播和学习的传播机制等研究的先河，培养了一批卓越的传播学研究者。——译者注

② 指本书最开始所引用的几位思想家的话，其中第二段为弗洛伊德致爱因斯坦的信。——译者注

神话：作为对无限的观照

凭借神话，人迸发潜能，掌控未来愿景，并有能力去实现。

——彼得·伯格（Peter Berger），《献祭的金字塔》

宽泛地说，人类在历史长河中有两种沟通方式。第一种方式是理性语言，它是具体的、经验的、符合逻辑的。在这种沟通方式中，说话的人，与他所说的是真理还是谬误并无干系。

第二种方式是神话。神话是一种以历史事件面貌出现的戏剧，是一种使人们与现实协调的特殊途径。神话故事，承担着一个社会的价值：如我们将在第二章表明的，人们通过神话获得认同。神话的叙述往往指向整体性而不是特殊性，在社会中发挥了神经中枢的作用。所以，通过神话，我们就可以认识一个社会和社会中的人。神话使生活的各个侧面协调一致：意识与无意识、历史与当下、个体与社会。这些内容构成了一种代代相传的叙事。经验语言指向客观事实，而神话指向人类经验的本质，指向生活的意义。完整的人是指我们，而不只是我们的大脑。[17]

神话电影可以穿越千年，我们一会儿在古罗马，一会儿又会在古希腊的街道上跟苏格拉底散步。我们也可以穿越到未来的宇宙飞船上。这就是为什么电影能成为20世纪的标志性艺术形式。电影的氛围可以通过艺术家的暗示而即时改变。如《野战排》①

① 《野战排》由美国导演奥利弗·斯通执导，反映放弃学业的克里斯·泰勒在越南战场的生死经历。影片以一种极端的形式探讨了残忍与暴力：杀人如草芥的巴恩斯射杀了曾经反抗自己残忍行为的伊莱亚斯，而泰勒目睹这一切，最终又将巴恩斯杀死。——译者注

这样神话般的电影，有着一种恐怖而难以置信的观看体验。震撼的声响、无边的丛林、毒品、毒蛇、强奸、献血与亵渎，那些刚毕业的年轻人显露的残忍以及那些相互关爱或相互射杀的士兵的人性——这，就是神话。但神话并不仅仅是这些表象的堆积：它是作为一种叙述方式为我们的意识与潜意识所感知。类似的电影，共同展现了神话的本质。在《野战排》结尾处，影片表达了“我们不仅与敌人战斗，更是与自我战斗”这样震撼灵魂的主题。因为这样的影片，很多越战老兵会由衷地发出感叹：“这就是越南!”《野战排》表现了荣格[①]所谓的“阴影”（shadow）[②]，我在《爱与意志》里称之为“原始生命力”。

关于1987年正统派牧师詹姆斯·巴克（James Bakker）与吉米·斯瓦格（Jimmy Swaggart）失足的故事[③]，我们已经说得太多以至于恰当地叙述成了一件困难的事情；当他们被称做“艾尔默·甘特利”（Elmer Gantry）的时候，人们立即明白了到底是怎么一回事。艾尔默·甘特利是辛克莱尔·刘易斯（Sinclair Lewis）1926年在他的同名小说中塑造的一个神职人员[④]，他卷入了性丑闻，并滥用教众奉献。

---

① 瑞士精神分析学家，罗洛·梅的理论在分析方法上以及对人性较为积极的态度上，受其影响较深。——译者注

② 荣格的“阴影”概念，是人格中最内层、最具有动物性的部分，如不道德的欲望、情结和行为，类似于弗洛伊德的“本我”。荣格认为，绝大多数的人都没有他们所表现的那么善良正直，人身上的一切邪恶的根源存在于阴影之中，所以人若要避免邪恶，就必须压抑和排斥阴影中的兽性一面。然而，阴影却不会被彻底征服，它会暂时退隐到无意识之中，并且伺机进行反扑，导致人格的分裂，甚至激发战争的欲望。而自我一旦接受了阴影并把它整合到整个精神中去，就会显得富有活力并且极具创造性。梅的“原始生命力”概念大致意义也是如此，它源于希腊语的邪神。他认为，如何压抑并转化“原始生命力”，摒弃消极意义，发挥积极价值，是现代心理学所要探讨的问题。——译者注

③ 詹姆斯·巴克和吉米·斯瓦格都是知名的电视布道领袖，但均因为生活腐化、不正当使用教众奉献而失去神职，甚至入狱。——译者注

④ 小说记述了种种宗教的丑行与变态的人性，根据它改编的电影《孽海痴魂》获得过奥斯卡多个奖项。——译者注

因此，如托马斯·曼（Thomas Mann）所说，相对于可验证的真理，神话则是一种永恒真理。可验证真理可以随着每天早晨我们在报纸上读到的实验室新发现而改变。但神话却超越了时间。创世神话的价值与亚当、夏娃是否存在并无干系，它描绘的是人类意识的产生与发展的图景，而无论人们所处的历史时期与宗教信仰如何，这一描绘都适用。

> 虽然在所有艺术中都存在神话，但神话并不是艺术，它意味着更多，有着不同的方法与功能。神话是展现人们对于宇宙、对于同伴、对于其独特存在的思考与感受的一种方式。神话，是一种具体的戏剧性的表现方式的投射，从中我们可以发现那些通过其他方式无法得到揭露与表达的恐惧与愿望。[18]

俄狄浦斯（Oedipus）是古希腊故事中的一个人物，在荷马（Homer）的史诗中，这一故事是神话的一部分，而在索福克勒斯笔下，便成为一个英雄如何追寻属于他自己的真实的神话，在当代，我们已经把它看做一个关于人寻找自我认同的寓言。一个像俄狄浦斯一样发出“我必须知道我是谁”的呼号并进而反抗现实的人，不仅代表着希腊人的形象，也代表着每一个身处寻找自身认同的矛盾斗争中的现代人。因此，弗洛伊德将俄狄浦斯的神话置于他的当代心理学的中心。如大多数古代希伯来和希腊神话那样，俄狄浦斯所代表的家庭三角斗争在所有文化中都成为现实，因为每个人都生在由父—母—子组成的家庭中，必然会在不同程度上对他们进行反抗。

精神分析师布鲁诺·贝特尔海姆（Bruno Bettelheim）在他关于民间传说的著作《魔法的功用》（*The Use of Enchantment*）中，同样面对着过分理性化的问题。他引用了柏拉图和亚里士多德的话来支持自己的论证：

> 相比只希望孩子们去接触“真实的”人与事的现代人，柏拉图更理解心智的构成，他知道什么样的心智经验形成了真实的人性。他认为理想国的文化教育要从神话，而不仅仅是事实以及所谓理性开始。即便是亚里士多德这个纯粹理性的大师，也认为：“智慧的朋友，也是神话的朋友。”[19]

由此可以看出，这些古希腊青少年道德教育的权威就意识到，神话是价值与伦理的基础。

每个人都寻求，而且只要心智仍旧健全，就必须寻求一种秩序与延续性，他们将意识中内生或外生的感受、情感与理念合为一体。我们每一个人都不得不以个体的形式，去做以前通过家庭、习俗、宗教和国家就可以完成的神话创造工作，从而赋予生活经验以意义。

注释

[1] Lucretius，*The Nature of the Universe*（London：Penguin Books，1951），p. 217.

[2] Jerome S. Bruner，“Myth and Identity，” in *Myth and Mythmaking*，ed. Henry A. Murray（New York：George Braziller，1960），p. 285.

[3] Hannah Green，*I Never Promised You a Rose Garden*（New York：Holt，Rinehart and Winston，1964），p. 55.

[4] 同上书，p. 12. 这一描述与但丁笔下的地狱有着惊人的相似之处，我们在后面的第九章“心理治疗师和地狱之旅”中将会再次谈到。

[5] 同上书，31 页。

［6］同上书，56页。

［7］中国、印度、日本以及其他东方地区的神话，所表现出的是一种与西方迥异的文化，我们只能部分地理解它们。但是，这仍旧是一个我们可以站在门口欣赏的完整的花园。约瑟夫·坎贝尔对于这些非西方的神话进行了出色的研究。相比之下，我在本书中力图去做的，是研究展现在当今世界、心理治疗以及社会与宗教经验中的、我们美国自己的神话。

［8］一项盖洛普调查显示，美国有3 200万人相信占星术，国际占星术协会的主席说："这是一种对生存意义的探求，知道你自己的星座，就好像可以预报人生的各种问题。"特别是在遭受压力的时候，人们会寻求"对生活的解答"。（*New York Times*，October 19，1975）。

卡尔·萨根（Carl Sagan，美国知名科普人士，主持了大量的科普电视节目，并撰写有科幻小说——译者注）在他的电视系列节目里费尽心机地攻击占星术是伪科学。然而作为一个天文学教授，他没有意识到占星术其实有着完全不同的根基。占星术是一种神话，需要神话的语言去解读。它兼具神话的优点与缺点。

［9］有很多类似的迷信，比如Rajnesh、Trunghpa、Da Free John、Radachristian、Muktananda、Moonies等①。每年，都有很多新的迷信种类涌现。这里，我不想去评判这些群体的价值与缺陷，我提到它们，是要表明人们参与进来，是为了掌控他们的生命与焦虑，寻求生活的意义和目标。

［10］Archibald MacLeish，"Poetry and Journalism，" *A Continuing Journey*（Boston：Houghton Mifflin，1967），p. 43.

① 都是美国比较有影响力的地下宗教和神秘主义者。——译者注

[11] Clyde Z. Nunn, *The Rising Credibility of the Devil in America*.

[12] *Listening: Journal of Religion and Culture* 9, no. 3 (Autumn 1974): 94.

[13] Isaac Asimov, "The Threat of Creationism," *New York Times Magazine* (June 14, 1981).

[14] John Brockman, *About Bateson* (New York: Dutton, 1977), p. 92.

[15] Max Muller, "The Philosophy of Mythology," *The Science of Religion* (London, 1873), pp. 353-355.

[16] Henry Murray, *Myth and Mythmaking*, 1960, p. 114.

[17] 关于这个主题，可参见 Ernst Cassirer, *An Essay on Man* (New Haven: Yale University Press, 1944).

[18] Lillian Feder, *Ancient Myth in Modern Poetry* (Princeton: Princeton University Press, 1971), p. 28.

[19] Bruno Bettelheim, *The Uses of Enchantment* (New York: Vintage, 1977), p. 35.

第二章 Chapter Two

神话中的个体危机

神话……表达并进而使信仰条理化；它保护并推行道德；它保障了仪式的完满，并包含着可以指导行动的规范。因此，神话是人类文明的核心成分；它不是无聊的故事，而是精心雕琢的能动力量。

——布罗尼斯罗·马林诺夫斯基，《巫术、科学与宗教》

神话对我们生活的重要贡献，在于以下四个方面。第一，神话可以回答“我是谁”这个问题，从而给予我们个体以认同。当俄狄浦斯呼号道“我必须知道我是谁，我从何而来”，当亚历克斯·哈利（Alex Haley）[①] 寻找他的根时，他们都是在展现神话的这一功能。

第二，神话使社群感成为可能。忠诚于故乡与民族，甚至忠诚于学校中的各种团体，这都是神话社群功能的体现。如果不是为了表达与社会利益、爱国主义以及其他对所属社群和民族的深切感情之间的重要联系，这种忠诚就将显得荒谬了。

① 亚历克斯·哈利，美国黑人作家。在要找出黑人传统的欲望驱使下，他对冈比亚有关口头传说进行了调查研究，发现自己家族可追溯到七代之前的一个非洲人，他被作为奴隶于1767年运到安纳波利斯。哈利以大量史实为基础，增补一些细节，于1976年写出了长篇家族史小说《根》（*Roots*）。该书获1977年普利策特别奖，改编成电视连续剧上演后轰动美国。——译者注

第三，神话支撑起我们的道德价值。对于道德正在败坏，甚至在一些极端区域近乎消失的今日，这种功能尤其重要。

第四，神话是我们解释创世神迹的一种方式。这不仅与我们所处宇宙的创世有关，也与科学中的创世、艺术和诗歌中的“拂晓”（dawning）及其他新观念有关。在有关古代神话的伟大著作《约瑟夫和他的兄弟们》（*Joseph and His Brothers*）[①] 的前言中，托马斯·曼颇有洞察力地写道：“神迹披着神话的外衣。”

撒旦与查尔斯

一个被读者严重误读的艺术批评家的案例表明了个体认同的神话。查尔斯（Charles）已经被绝望情绪折磨了很多年。虽然不是正式的，但他在第二次世界大战期间还是怀着拯救自己的愿望短暂地加入了罗马天主教。他尝试了包括传统精神分析在内的多种方法，但治疗还是停留在“空谈”阶段而无法更深入一步。他自我挣扎几个月，然后在绝望当中再次找我作精神分析。

在几个月的自由联想（free association）治疗过程中，他曾说道：“我是一个不写作的作家，我是个不付账的人，我是穷困的人。这就是我走在大街上对自己的认识，不是‘哦，这是查尔斯’，而是‘哦，这就是那个穷困的人’！”听到这些，我突然意识到事实绝对要比他所说的多，他正是通过一个穷困人的神话来获得自我认同的。

后来他又说道：“我的神经症保护着我的灵魂……这对我是最珍贵的……如果我能好转，那将是对我的一个打击。”他极端

① 这是一部托马斯·曼颂扬犹太人，反对纳粹主义的系列小说，使用了很多犹太神话元素。——译者注

拒斥通常意义上的治疗目标，比如卓有成效、快乐、调整到位，尽管他知道无论他自己还是我都不固守这样的目标，只是文化如此要求。此外，他也极端拒斥当代的世俗文化。

在自由联想中，他说："撒旦是上帝的叛逆者。"他满怀欣喜地默默自语："撒旦是拯救者！撒旦是叛逆者！"分析治疗中的决定性时刻来临了。

于是，我们将治疗的重心转移到可以给予他认同的撒旦神话上来。他强调以路西法（Lucifer）的形式出现的撒旦被天堂抛弃，并凭借他所反对的力量而得以存在。因此，他又声称自己是作为叛逆者的神话而存在的。毫不奇怪，他的神经症保护了他的灵魂，神经症事实上构成了他的灵魂！他强调他对撒旦的信仰并不是一种摩尼教义[①]，因为撒旦确实信仰上帝。当我们在治疗过程中接受了他的撒旦信仰时，我们便可以掌握他以前难以琢磨的个性结构中的多个部分：他的反叛、消沉以及作为一个作家表现出的相当强的创造力。

对查尔斯先前的治疗之所以没有效果，可能是因为太过理性了。当时，我们只关注了他意识的表层，他持续地诉说，而没有触及情感的深层。"作为一个上帝反叛者"的神话缓解了他神经质的负罪感，使他接受常人的负罪感，促进了治疗效果。现在，即便作为一个建构性的反叛者，他也能产生自尊感，而不必在这个过程中摧毁自我。我们的社会中有如此多的虚伪与谬误，这就难怪心理治疗中出现了这么多负面因素，比如撒旦。撒旦的神

① 摩尼教（Manichaeanism）是混合了多种东西方宗教的一种宗教，创立于公元3世纪，是一个世界性宗教。根本教义为为二宗三际。二宗指明暗，也即善恶。三际指初际、中际、后际。初际阶段，明暗是分开的。中际阶段，黑暗侵入光明，光明与黑暗斗争，两者混合。后际阶段，明暗重新分开。因为有善恶相斗相合的内容，所以作者有言，查尔斯的说法并不是摩尼教的说法。——译者注

话，是了解查尔斯对抗与否认情绪的一种迂回方式，这对治疗成功至关重要。

查尔斯潜意识地依靠撒旦神话构建他的生活。[1]其实，我们每个人都是通过自己的神话来指导生活。神话使我们联系在一起，使我们既可以生活在过去与未来，又不会忽略现在的每一个瞬间。神话搭建了意识与无意识之间的桥梁，由此我们可以在复杂多样的自我中发现某种统一性。当然，神话可能采取的形式是无限的。我们在治疗中呈现的神话则是独一无二的，就像每一个个体都与其他个体有所不同一样。但是，与所有人生活中的存在危机相关的个体神话，一般来说只是某几个传统神话核心主题的变体而已，撒旦神话是这些主题中的一个。

如埃里克·埃里克森（Erik Erikson）①所强调的，认同问题不仅表现在我们的病人身上，也表现我们所有人身上，我们可以通过病人讲述的神话来寻找解决之道。因为，我们并不是通过道德或者理性的范畴，而是通过生活戏剧中所具有的核心特质来认识自己。在这出戏剧中，我们可能是英雄、罪犯、害群之马、旁观者抑或戏剧中任何其他角色，我们的内心所感正与这些角色相吻合。

实际上，我们的意识吸纳撒旦这样的破坏性神话之后，变得更为深刻了。如保罗·蒂利希②在他的《存在的勇气》（*The Courage To Be*）一书扉页上所写的："存在的自我肯定越强大，吸纳的非存在就越多。"[2]撒旦在我们的时代是一个糟糕的念头，那些遵从"着重积极面"格言的治疗师必然会去忽略这样的负面

① 埃里克·埃里克森，美国神经病学家，著名的发展心理学家和精神分析学家。他提出了人格的社会心理发展八阶段理论。——译者注

② 保罗·蒂利希，德国神学家和哲学家，他的思想是基督教与存在主义的一种结合，以讨论勇气的历史与内涵为主题的《存在的勇气》是其代表作之一。——译者注

内容。但这样做的后果就是我们忽略了这样一个事实：每一个意识层面的神话在无意识层面，都刚好呈现为一个相反的内容。无论为了什么样实际的原因，忽略撒旦就意味着也忽略了我们积极的终极关怀。

撒旦是富于震撼力的神话，而且它拥有不少化名，比如路西法、梅菲斯特（Mephistopheles）①。在《圣经·约伯书》以及歌德的《浮士德》（*Faust*）序言里，撒旦是相对上帝的一种口头表达方式。浮士德问梅菲斯特是谁，这个魔鬼回答道：

> 我是个总想作恶的精灵，
> 结果却总是行了善。[3]

如果没有撒旦，弥尔顿（Milton）的《失乐园》（*Paradise Lost*）将失去其力量，而如果没有亚哈船长（Captain Ahab），《白鲸》（*Moby Dick*）就如同失去了灵魂。在现代精神病学中，哈利·S·沙利文②很好地诠释了撒旦的意义，而这就是我们心理治疗所关注的东西。哈佛大学心理学家亨利·默里（Henry Murray）充分讨论了撒旦以及这个形象内在意涵的演化过程——路西法最初指"晨星"、"天使中排名第一、位置最高的一个"，后来才慢慢被错误地贬低为一个恶魔。③[4]

当撒旦神话得以确立，查尔斯在自我认同的澄清上获得了良

---

① 都是宗教和文学作品中魔鬼的别称。——译者注

② 哈利·S·沙利文，美国精神病学家，主张在精神病治疗中引入人际关系要素。——译者注

③ 在《神曲》和《失乐园》中都有类似路西法故事的记载，是天使堕落之后才化为与天堂对抗的魔鬼，并诱惑了人类。不过有学者考据说，这是因为在基督教世俗发展中以讹传讹的结果，比如将天使的下凡理解为堕落，将圣经中讽刺巴比伦王所谓的"明星"、"坠落"当做对撒旦的描述。后来，一些文学作品借用了这些谬误的说法，所以路西法才成为今天的样子。在很多前基督教的中东神话中，都有"明星之神"嫉妒太阳神而争斗坠落的内容，但路西法就是基督的兄弟这一说法并不是主流。——译者注

好的进展。如果哪项心理治疗取得了深入而持续的成功，那它肯定帮助病人重建了与邪恶力量和体验的关系，从而正式进入并通过了危险的地狱之旅。我们将在第九章“心理治疗师和地狱之旅”中探寻的，正是这样的曲折道路。

一个关于雅典娜的梦

尤苏拉（Ursula）的故事展现了另一种通过神话表现人性自我的方式。尤苏拉当时四十岁出头，她一直在好莱坞工作，出演过几部电影。她曾经接受过两次时间较长的心理治疗，虽然每一次都与治疗师建立了良好关系，但她的心理困扰并没有因此减少。她不能独自走出家门（她是被雇来的司机送到我办公室开始治疗的），不能去舞会派对或者她丈夫出演的百老汇戏剧首演仪式，这深深地困扰着她。她还怀疑自己是同性恋（事实并不是这样），但她确实从未与男性有过满意的性行为。

在最初的一个月治疗中，她总是在治疗快结束的时候问同样的问题：“你觉得我会解决这些问题吗？”我则通过各种不同的方式告诉她：“只要你真地愿意，你就可以。”这样的回答总是令她暴躁起来。难道我不知道，如果不是真地想解决问题，她怎么会一次又一次地克服重重困难到我这里来治疗？

在第一个月心理治疗的末期，她做了这样一个梦：

> 我的额头被割破了，我到处寻找绷带，却只找到一个“高洁丝”（Kotex）[①]。我用它包扎了伤口，如果你不在意的话，其实这无所谓。

① Kotex，女用卫生护垫。——译者注

她对于梦的自由联想是这样的：伤口代表她来我这里治疗，我们割开并进入了她的头脑。因为这是额头的伤口，可能意味着她有一种理智化的倾向，这些我们都知道，不会干扰我们进行有效的工作。“高洁丝”部分代表了她对我的性诱惑，虽然并没有到达令人困扰的程度。关于“高洁丝”另外的联想与生殖有关，因为“高洁丝”是在她可以怀孕的时期使用的（这代表她期待治疗可以取得一个积极的成果，虽然我觉得现在提出这个还太早）。“如果你不在意的话”则似乎只是一个有着很好教养的中产阶级成员的习惯性句法。

但，这就是全部吗？

绝不是这样。依据我的判断，这个梦中有一个古老的神话，它比我们已经提到的一切都重要。这个梦，叙述的是雅典娜(Athena)的诞生，她从宙斯（Zeus）前额的一个裂口中诞生，出生时便全副武装。① 因此，雅典娜是雌雄同体，她没有母亲，因此在埃斯库罗斯描述人类文明诞生的《俄瑞斯忒斯》(*The Oresteia*)三部曲②中，她被认为具有做出公正审判的能力。

---

① 根据历史记载，雅典娜从宙斯头部诞生，《神谱》记载有预言说宙斯与墨提斯之子将取代宙斯，因此宙斯吞掉了墨提斯。但这令他患上了头疼病，于是在众神帮助下，宙斯打开了自己的头颅，光芒万丈、手持神盾的雅典娜便诞生了。在希腊神话与史诗中，雅典娜是掌管丰产与劳动之神，也是科学与艺术之神，智慧女神，是爱好和平的战争之神。——译者注

② 《俄瑞斯忒斯》源于古老的“血亲复仇”的故事。阿特柔斯为报仇，杀死了他弟弟的两个儿子等罪行令众神盛怒。阿特柔斯的儿子阿伽门农后来担任了特洛伊战争中希腊的统帅，为了平息神怒，保证顺利东征，他不得不杀死自己的女儿用来献祭，但这一行为又激起他的妻子克吕泰莫斯特拉的愤怒。悲剧的第一部《阿伽门农》就是写特洛伊战争结束之后，阿伽门农携带被俘的特洛伊公主卡珊德拉平安归来，却被他的妻子及其奸夫阿特柔斯的弟弟的儿子埃吉斯托斯合谋杀害的故事。第二部《奠酒者》写阿伽门农的儿子俄瑞斯忒斯得到阿波罗令他为父亲报仇的神示，杀死了他的母亲及奸夫。第三部《报仇神》中，俄瑞斯忒斯因为杀死了自己的母亲，被复仇女神们紧追不放，最后流放到雅典，雅典娜女神在自己为他创立的法庭上，以主席的身份投了关键一票。俄瑞斯忒斯生命得以保全。一般认为，《俄瑞斯忒斯》表现了父权与母权的斗争以及法制与血亲的斗争。——译者注

初看这个梦中神话，我这个治疗师似乎被当做了宙斯，这让我一度沾沾自喜。但请等一下：伤口是在她的而不是我的头上。所以，她才是众神之神，是奇迹的创造者！我可以期待某些挑战，因为我的治疗室里出现了一位成长中的宙斯。

这个神话之梦还告诉我另外两个重要的事情。首先，生小孩的愿望中存在一种对权力和直率的感受，我觉得这是治疗取得进展的证明：在可能的情况下，她在努力控制自己的神经症症状（而且她确实做到了）。其次，每次我都要说的“如果你真的愿意”是有效的，因为她对我的震怒反应所包含的隐秘（也可能是无意识的）目标是可理解的：她希望扮演众神之神，从而像对付之前的两个治疗师那样打败我。我猜测，前面两个治疗师的错误也许在于他们太专注分析她治疗的成功进展，从而使她无法进入自己的“地狱”。

读者可能会问，如果这个病人并没有想得那么复杂，她也没有看过希腊或者其他经典著作中的那些神话吗？虽然治疗这个患者是很有趣且令人愉快的事情，但是据我猜测，她并没有读过这个神话，并且也没有自觉地意识到它。这说明神话并不一定需要专门去阅读，就像约瑟夫·坎贝尔及其他学者所指出的，神话是人类意识中的原型（archetypal pattern）。我们都诞生于母亲，我们都会死亡，我们都面对着性或性的缺乏，并为之努力或者忽视它们。《哈姆雷特》（*Hamlet*）这样的伟大戏剧就具有神话意涵，它展现了每个人生活中都存在的危机。我们不得不认为，神话和自我意识在某种程度上是同一的。只要有意识存在，就有神话存在。一个人就算生活在一个没有经历过悲欢离合的三口之家（父亲、母亲和孩子）里，也有可能做一个俄狄浦斯类型的梦，而无论他是否看过这个神话。

荣格写道：“美国南方的一个黑人会做一个希腊神话式的梦；

而一个瑞士杂货店学徒在治疗中不断重复的是一个埃及先知的幻觉。”[5]

荣格认为，神话是前意识心理的创造性展现。它们是无意识心理活动的不自觉表达。“神话是原始部落的心灵生活，如果这些心灵生活没有承继神话内涵，它们就将顷刻灰飞烟灭，就像一个丧失了灵魂的人一样。”他与很多这个领域的权威同样认为，令人心忧的象征匮乏（poverty of symbols），正是我们现在的生活境况。[6]

荣格相信，诗人可以触及那些超越了理性感知的实在，他们确信自己发现了“精神、魔鬼与神”。荣格写道，只有神话和仪式可以触及无意识的最深层面。他将神话看做人类精神与自然人之间必要的关联物。这里他发展出原型（archetype）这一表述集体无意识的概念。

我们每一个人通过神话的形式，参与到这些原型中去，它们是人类存在的结构。只要人们还一如既往地参与到人类生活中，他们不必一定是学者，就会受到原型的影响。列维-施特劳斯（Lévi-Strauss）说：“神话以一种人无法感知的方式发生作用，对我而言，神话描绘的是一种生存经验。”[7]梦，是对我们都参与其中的共有神话的一种私人应用。

第一个存在危机，即出生。我们的出生是否隆重，我们并不自知，但过后我们都会赋予出生这个单纯的事实以重要的意义。正如奥托·兰克（Otto Rank）① 在《英雄诞生的神话》（*Myth of the Birth of the Hero*）中所说，英雄通常都出生不凡。法老的女儿在尼罗河芦苇丛中漂浮的蒲草箱里发现了摩西；耶稣伴着东方

① 奥托·兰克，奥地利心理学家，他较早将弗洛伊德的精神分析理论应用到文学与神话研究中去，后与传统精神分析决裂，自立门派。——译者注

天空的明星为处女所生；俄狄浦斯一出生就被抛弃荒野。我们回顾自己的出生，或以之为傲，或憎恨它，或畏惧它抑或产生难以计数的其他反应，这些反应都只能归结为神话。

第二个存在危机发生在5—6岁期间，表现为对于异性父母的俄狄浦斯式需求。《俄狄浦斯王》（*Oedipus Rex*）是适合此阶段的神话。在12岁以后的青春期中，神话表现为孩子变成了男人和女人的一系列仪式。基督教中有坚信礼（confirmation），犹太教中有成人礼（mitzvah），美国印第安人部落也有类似的仪式，由此男孩成为勇士，而女孩可以开始生育。

青少年要求独立的时期是第三个存在危机，这表现在伟大的希腊悲剧《俄瑞斯忒斯》三部曲中。无论是在古代埃斯库罗斯还是现代萨特、杰弗斯（Jeffers）的描绘中，俄瑞斯忒斯式的神话对标志着青少年成长之路的危机都至关重要，它描写的是英雄如何挣脱父母的亲情锁链而获得自由的故事。

接下来就是爱情与婚姻的危机，对此有阿芙罗狄蒂（Aphrodite）①、厄洛斯（Eros）② 与赛姬（Psyche）③ 等难以穷尽的神话。工作的存在危机，则表现在西西弗斯（Sisyphus）④ 的神话中，对此我们将结合《了不起的盖茨比》进行深入探讨。最后，我们有太多关于死亡的神话，但丁在地狱里与死去朋友会面的神话魔力只是其中一个代表（参见第九章）。所爱与所恨的人，永远无法

---

① 即维纳斯，爱与婚姻之神，神话中她给世间带来美好与爱情，却也令婚姻出现不忠。——译者注

② 即丘比特，小爱神，阿芙罗狄蒂之子。——译者注

③ 维纳斯嫉妒少女赛姬的美貌，便派丘比特去惩罚她。但丘比特却与赛姬产生了爱情并结为夫妻。神话里，两个人历经磨难终于圆满，也取得了维纳斯的谅解。——译者注

④ 西西弗斯触犯了众神，诸神为了惩罚西西弗斯，便要求他把一块巨石推上山顶，而由于那巨石太重了，每每未上山顶就又滚下山去，前功尽弃，于是他就不断重复，永无止境地做这件事。——译者注

令我们释怀，所以我们才想象出这样一个死后无尽的世界，在其中敌人受到惩罚、朋友得到福祐。

正如哥伦比亚大学古典学教授吉尔伯特·海吉特（Gilbert Highet）所说：

> 最主要的原因在于神话是永恒的。它解决的是最根本的问题，因为男人与女人并没有发生变化，这些问题也不会发生变化。神话解决的是爱、战争、罪孽、独裁、勇气、命运的问题，所有这些问题都关乎人与神圣力量的关系，这些力量有时候是残暴的，有时候又是公正的。[8]

不能认为古老的神话非死即衰。每一个有意识的生物都将以某种方式遭遇上述这些危机，这一事实是神话参与其中的无限之物的一个面相。神话被一代又一代人依据自己文化的新情况与新要求而加以重新诠释。埃斯库罗斯创作《俄瑞斯忒斯》时从前荷马时期的希腊诗歌中汲取营养，然后加以重新诠释，使之成为反映年轻人如何经过一番斗争成为男人并与父亲取得认同的神话。俄瑞斯忒斯由于弑母而犯下深重罪孽，他被复仇女神追杀并陷入暂时的神经错乱，最后在著名的雅典审判中得到宽恕，这场审判的公正由神圣力量来加以保证，所有这些环节都各得其所。

整个文明的命运都系于《俄瑞斯忒斯》中的雅典审判。在这一象征行为中，陪审团由人而不是神组成，男人与女人现在必须对他们的文明担负起责任来。这个神话告诉我们：对于“温室效应”等这样关乎我们生存的威胁，我们必须承担起我们的责任来。

萨特和《苍蝇》

让我们看看萨特如何借用俄瑞斯忒斯的神话，它确实是人类历史上所有璀璨创造中的瑰宝。在后弗洛伊德时代，当我们为青春期心理学争论不休的时候，你可能会认为俄瑞斯忒斯戏剧只是一个有趣的经典复制品。但你错了。当萨特需要一部现代戏剧向二战期间被德国占领的法国人民传递信念的时候，他选择了古老的俄瑞斯忒斯。

那时，巴黎正被纳粹的铁蹄摧残，德国军官在巴黎的剧场前走来走去。萨特改写了埃斯库罗斯古老的戏剧，将他的作品命名为《苍蝇》（*The Flies*）①。这一悲剧以立在舞台中的宙斯铜像开场，阿哥斯城（Argos）[9]的人们正在进行他们一年一度赎罪的狂欢。17 岁的俄瑞斯忒斯与他的朋友皮洛斯（Pylos）登上舞台——这时，萨特的俄瑞斯忒斯还只是埃斯库罗斯的悲剧的一个翻版。

但从这里开始萨特开启了自己对古老神话的诠释。他让俄瑞斯忒斯与宙斯争吵起来，在此之前，宙斯在剧中都还只是舞台上的一尊青铜像，现在他从基座上走了下来，劝说俄瑞斯忒斯放弃弑母计划，以此将阿哥斯从无尽的罪孽中解放出来。宙斯代表了纳粹的权势，那些人此刻可能正从剧场前经过。那么，如果你是 1944 年德占时期巴黎的市民，你会如何反抗纳粹的统治？

剧中，宙斯抱怨说，他创造了俄瑞斯忒斯和人类，但是他们

---

① 《苍蝇》以俄瑞斯忒斯回到故国开篇，尾随他前来的宙斯想阻止他走向复仇之路。阿伽门农被害以后，所有的臣民都感到罪孽深重，无休止地哀叹自己的罪过。在宙斯看来，他们曾对阿伽门农的遇害缄默不语，理应感到愧疚。第二幕中俄瑞斯忒斯参加了祭奠死者的仪式，他的姐姐厄勒克特拉违抗国王的旨意，在仪式上跳起欢快的舞蹈，差一点让民众摆脱了使他们恐惧和驯服的法术。厄勒克特拉的态度使俄瑞斯忒斯觉醒，决意留下履行自己的职责，杀死了国王和母亲克吕泰莫斯特拉。复仇神的苍蝇成群地飞落到俄瑞斯忒斯与厄勒克特拉头上，他们被迫逃往阿波罗神庙寻求庇护。第三幕里，面对弑母弑君的罪行，姐弟俩的态度和行为截然相反。姐姐不相信复仇的正义性，甘愿领受复仇女神的惩罚，而俄瑞斯忒斯同样感受到自己所作所为的严酷性，但他勇敢地面对现实、承担全部责任，没有让宙斯勾起丝毫的负疚感；他鼓动阿哥斯民众重新认识他们的自由，并引着穷追不舍的苍蝇离开，使城市得到了净化。——译者注

却群起而反对他的意旨。俄瑞斯忒斯的回答一定使巴黎的观众群情激昂，他说："但你大错特错了，快给我们自由！"

暴怒的宙斯令星辰紊乱，以展现自己创造天地的力量。之后，他质问年轻的俄瑞斯忒斯："现在你知道如果你继续走下去，就只有绝望了吧？"

俄瑞斯忒斯的回答令我们至今可以感受到他在1944年所迸发的力量："人类的生活开始于绝望的彼岸！"

在萨特眼中，宇宙万物未必是公正或理性的，但人们可以在强权面前维护他们的自由。如哈塞尔·巴内斯（Hazel Barnes）① 所说："俄瑞斯忒斯是一个抵抗运动的英雄，他无怨无悔地投入到争取自由的事业中，哪怕他的一些行动会不可避免地将死亡带给一些他的人民也在所不惜。"[10]

表现神话的戏剧

如《哈姆雷特》或者《麦克白》（*Macbeth*）这样的伟大戏剧，都是直接与我们的心灵对话的戏剧的代表。它们以神话的形式经年累月地在我们内心留存，不断地给予我们一种对于人性的深刻认识。贝克特（Beckett）的《等待戈多》（*Waiting for Godot*）② 也是这样一部戏剧。这是一部微妙而深刻的神话，吸引

---

① 哈塞尔·巴内斯，美国存在主义哲学家、萨特专家。上面梅所引用的《苍蝇》段落中，宙斯诘问俄瑞斯忒斯为何要撕下民众的遮羞布，让他们生活在残酷的现实面前，这样不如像过去那样听凭幻术的摆布。俄瑞斯忒斯则坚称人有自由的意志与权利。巴内斯的话深化了自由、反抗与牺牲间的关系。这种观念，出现在一系列文学艺术作品中，比如我们熟悉的鲁迅的"铁屋"和科幻电影《黑客帝国》。——译者注

② 爱尔兰作家萨缪尔·贝克特著名的荒诞派戏剧，全剧自始至终由两个角色的对话完成，他们在等一个叫戈多的人，戈多最终没有出现，戏剧的结尾近似地回到开始的阶段。后文中爱斯特拉冈和弗拉季米尔就是剧中的两个角色。——译者注

我们的是它冲突的深度，它表现出如尼采的“上帝死了”的寓言一样的犀利。这部戏剧中的角色等待这样一个神话，它告诉我们，戏剧中最具吸引力的角色并没有出场。

这种对生活意义的追寻，这种对上帝永恒的等待，是搅扰我们的最基本的对于人性的困惑。爱斯特拉冈（Estragon）问弗拉季米尔（Vladimir）：“那么，我们是不是该走了?”后者答道：“是的，我们走吧。”但剧本里写道，两个人根本没有动。这深刻的神话表现了人类深刻的不确定性：我们就像梦游一样生活着。对于此剧所关涉的矛盾，诺曼·梅勒（Norman Mailer）写道：“基督教的道德基石与基督一起丧失了。”《泰晤士报》（*Times*）说该剧“以美与痛，戳刺着整个人类困局”[11]。

虽然俄瑞斯忒斯和俄狄浦斯的故事写于古希腊文明的兴盛时期，但在希伯来传统中也有很多同样伟大的神话——亚当和夏娃自我意识的觉醒、雅各布（Jacob）与天使的搏斗、以赛亚（Isaiah）与上帝受苦的仆人等。希腊与希伯来这两大古代神话的渊源是西方文明的“母亲”与“父亲”，而且我们将永远受惠于它们。

阿瑟·米勒（Arthur Miller）在他的《推销员之死》（*Death of a Salesman*）① 中再次展现了戏剧的神话意味以及剧作家所关心的对与错的主题。米勒认为，百老汇大量的当代剧场使得戏剧变得平庸化了：那只是粗劣的娱乐，而缺乏希腊戏剧与圣经故事中那种伟大的生死主题。我所谓的存在危机，米勒称之为精神境况（psychic situation）：

> 我们从圣经中引用的似乎仅仅是一些人物——亚伯拉罕

① 阿瑟·米勒，美国剧作家，《推销员之死》是他最著名的作品，讲述了一个死抱着美国式梦想的推销员威利，在自己被公司辞退，两个儿子又不成器的境况下，自杀而死。其实，一直望子成龙却不能理解儿子的威利，直到死都误解儿子，他以为儿子最终认同了他“个人奋斗”的信念，所以希望通过人寿保险，给儿子留一笔钱。——译者注

(Abraham) 和以撒 (Isaac)、拔示巴 (Bathsheba) 与大卫 (David)，但实际上所讲述的是他们的精神境况。那种讲故事的方式始终吸引着我。我想那对于希腊人是一样的。让我们看看俄狄浦斯——除了他所处的境况，我们对他知之不多，但他的故事以一种极为巧妙的隐含方式承载了人类最深层次的矛盾。[12]

阿瑟·米勒在《推销员之死》中为千百万美国人呈现了一个极具震撼力的神话，因此它不断在全美的电视与舞台上被重演。在戏剧的末尾，威利（Willy）自杀之后，一群人站在他的墓前。他的遗孀提醒已经死去的威利，当天要交最后一笔房子的贷款，她哭喊道："威利，你为什么要这样做？"

他的大儿子悲伤地责备威利"从来不知道他自己是谁"，邻居查理希望去劝解他们：

查理：可不敢怪罪这个人……威利一辈子都是推销员。对推销员来说，生活没有结结实实的根基。他不管拧螺丝钉，他不能告诉你法律是什么样，他也不管开药方，他得一个人出去闯荡，靠的是脸上的笑容和擦得倍儿亮的皮鞋。可是只要人们对他没有笑脸了——那灾难就临头了……可不敢怪罪这个人。推销员就得靠做梦活着……干这一行就得这样。

比夫：查理，这个人始终没有明白自己是什么人！

哈皮（愤然）：不许你这么说！……我要叫你和所有的人看看，威利·洛曼没有白死。他的梦是好梦，人只有这一个梦好做——压倒一切。他这一仗是在这儿打的，我就要在这儿替他打赢。

比夫（失望地看了哈皮一眼，弯身对母亲）：咱们走吧，妈妈。

他们离开之后琳达还待了一会儿，

琳达：我马上就来，你先走一步吧，查理。（查理有些犹豫。）我想再待一会儿。我还没有机会跟他告别呢。……原谅我吧，亲爱的，我哭不出来，我不知道为什么，可是我哭不出来。我不明白，你到底为什么要这样？我今天付清了房子最后一期贷款，亲爱的，可是家里没有人了。（哽咽）都清了，咱们自由了，（哭得痛快了，也觉得解脱了）自由了。

这部戏剧很好地呈现了一个当代的美国神话，我们每个人在某种程度上都被这个神话吞噬。对于米勒来说，无论我们是到处游走的推销员、在大学兜售知识的教师、拥有各类专利的发明家还是债券的经纪人，我们“并不知道我们是谁”。我们总是相信，“美梦会令我们出人头地”。这部戏剧，依次表现了霍雷肖·阿尔杰（Horatio Alger）[①] 的神话与债券投资推销员的神话，通过舞台描绘出一幅关于千百人的神话的图景：我们每一个人在某种程度上都在好奇“我是谁”。因为我们以神话方式发问，所以我们也要以神话方式作答，从而我们有机会觉得“美梦会令我们出人头地”。

像威利一样，我们寻求自我认同神话的努力，表现在我们如何兜售自己的行为上——我们的人力、创意、努力甚或如威利那样，只是锃亮的皮鞋与一个笑脸。当我们的神话令我们失望，“我们从未知道自己是谁”的时候，我们会再找一个。但如果我

① 霍雷肖·阿尔杰，19世纪美国作家，写作过大量描写小人物如何白手起家继而飞黄腾达的故事，被看做美国梦的代表，以他的名字命名的委员会每年会颁奖给那些美国梦的代表人物。——译者注

们是俄瑞斯忒斯或者威利，我们就是在等待戈多的来临，我们发现无论怎样我们都不得不过着自己的生活，不管是好是坏。我们都是寻求个体神话的推销员。阿瑟·米勒的神话与我们每个人都有关，这是一个关于我们所身在的碌碌世界的神话。

注释

［1］在第十四章中有对撒旦神话起源的进一步描述。

［2］Tillich，*The Courage To Be*（New Haven：Yale University Press，1952).

［3］*Faust*（New York：Norton，1976)，1. p. 1335.

［4］Murray，“The Personality and Career of Satan，” in *Endeavors in Psychology*（New York：Harper& Row，1981)，p. 531. 默里继续其妙趣的论述：

原来，这个魔鬼“富有智慧、美貌绝伦”……阿奎那(St. Thomas Acquinas）说撒旦是上帝所有纯洁天使中“最优秀的一个”。

但是路西法却嫉妒他的哥哥基督（Christ)，兄弟不合使他变得邪恶。因此，他因为“嫉妒上帝在地位与荣耀上的最高位置”而心生嫉恨。撒旦宣称：“我本应是那太上（Most High)。”因此，原罪表现为嫉妒与骄傲。

［5］*Archetypes of the Collective Unconscious*（Princeton：Bollinger Press，1959). p. 50.

［6］同上书，512 页。

［7］Claude Lévi-Strauss，*Myth and Meaning*（New York：Schocken Books，1979). p. 3.

［8］Highet，*The Classical Tradition*：*Greek and Roman In-*

fluences on Western Literature（New York：Oxford University Press/Galaxy Books，1957），p. 540.

［9］从这些意义上来看，阿哥斯（Argos）与迈锡尼（Mycenae）这两座古城是同义的。

［10］Barnes，*The Key Reporter* 41，no. 4（Summer 1986）：3.

［11］Beckett，*Waiting for Godot*（New York：Grove Press，1954）.

［12］引自 1984 年 5 月 8 日的《纽约时报》。

第三章 Chapter Three

寻 根

我们对历史的渴求、对其他文化的挚爱、对知识的狂热，如果这不是因为神话的丧失，不是因为神话家园与“神话子宫”的丧失，还能意味着什么呢？

——弗里德里希·尼采，

“悲剧从音乐精神中诞生”

尼采说得没错：我们对神话的强烈渴求，是对共同体的渴求。一个人没有神话，就没有家园，这样，他就会到其他文化中去寻求一个能够在某时某地安放他的“神话子宫”。成为一个群体成员，就意味着你要同享这个群体的神话，当我们回忆起历史上那些伟大时刻的时候，你能感受到同样的荣耀。局外人、外国人和陌生人，这都是与我们没有共同神话的人，他们为不同的星辰所引导，信仰不同的神灵。

在美国职业棒球巡回赛中，6 万名观众挥舞旗帜、呐喊歌唱，所有这些，都是使美国成为一个共同体的神话的一部分。当旧金山 49 人队赢得美国超级碗（Super Bowl）[①] 时，整座城市整整两昼夜都陷入了疯狂的喜悦之中，这会让访问这里的火星人以为，

① 49 人队是美国职业橄榄球的传统强队，超级碗是美国职业橄榄球最高荣誉。——译者注

市民们通通患上了精神病。火星人也许是对的，因为这是一种“正常的精神病”。49 名队员并不是出生于旧金山，他们从全国各地被“买”来，除了对工作忠诚，他们对这个城市并无忠诚。但他们确实承载着这个城市的神话，这里有 75 万人居住，他们对自己的城市有着神话般的忠诚。这一切都呈现着使我们成为一体的神话。在历史学家詹姆斯·奥利弗·罗伯逊（James Oliver Robertson）极富洞察力的著作《美国神话/美国现实》（*American Myth/American Reality*）中特别将神话定义为“使我们成为一体的东西”。[1]

在汉娜·格林的故事里（参见第一章），黛博拉无法参与到这个社会的一般神话中去，所以她被迫去创造属于自己私人的耶尔王国。我们看到这一神话王国对黛博拉症状的缓解非常有效，她被这些神话人物所护佑，安然沉睡，即便与周遭世界隔离，也不会感到孤独。

古代雅典的伯里克利（Pericles）对在伯罗奔尼撒战争中牺牲勇士的遗孀与孩子宣告：“这些死去的战士们会因为自己为雅典而死感到骄傲。”对于一个不如雅典强大的城邦来说，情况同样如此。我们所出生的城市，在我们记忆中始终拥有一道光环，因为我们生于斯长于斯，在这里我们寻找爱与自我认同。这些神话，归诸于我们诞生的城市，我们从它们那里得到宁静与保护。在中世纪与古代城邦中，一个人的神话总是追溯到这个城市而不是他的父亲。

事实上，那些最具影响力的心理分析师都认为，人的心理问题可以在其所处文化中对其产生心理重要影响的个体那里找到根源。因而，出现在治疗中的神话，与家庭和文化均具有密切联系。

寻找家园的热望

在这个没有神话的世纪里，亚历克斯·哈利决定要去寻找自己的神话，并在其著作《根》中记述了探寻的历程。无论是有意识的还是无意识的，哈利采纳了尼采的意见："被剥夺了神话的人……必然竭力掘寻其根，而它存在于那些最为久远的遗迹中间。"在奴隶制中存在着无法想象的精神折磨，强制生产和强制使用主人的姓氏是其中的两种折磨方式，如此一来，奴隶们的心理认同便被系统化地扭曲了。《圣经·旧约》中耶和华（Yahweh）所使用的最严酷的惩罚，就是将"人的名字从生死簿上除掉"。这种对身份的剥夺，对个体神话的毁灭，是一种威胁到奴隶之人性的精神惩罚，尽管这种人性，如他们的民歌所唱，即便是在最为粗陋的环境下，依旧为他们所坚守着。

在他寻根的过程中，哈利写道："我必须知道我是谁……我必须发现我生活的意义。"[2]哈利所知的一切，就是他有个非洲的祖先，名叫昆塔·金特（Kunta Kinte）。那时他还只是个年轻小伙子，他到河边去做一只鼓，然后就被伏击、打昏，和其他黑人像牛一样被装上船，被奴隶贩子卖到了美国南方。如果没有自己的根，一个人又如何确信自己是一个人呢？在回顾自己的历史时，有一个声音始终回响在哈利脑海中：我必须知道我是谁！

有趣的是，这样的话语同样出现在2300年前的《俄狄浦斯王》中："我必须知道我是谁，我来自哪里。"对于哈利和俄狄浦斯这两个主人公来说，拥有一个关于他们过去的神话，对于他们获得当前的认同是极为关键的，而如果确实如此，这对于他们拥有一个未来也同样重要。

如何解释与历史上任何一个电视节目相比，有更多的美国人会打开电视看《根》这部剧呢？难道这不是因为美国有那么多人是没有根的？我们大多数人的祖先是19世纪的移民，他们为了躲避饥荒、债务和屠杀来到这里。他们勇敢地离弃了他们原先的神话。因自己的自由与无牵无挂而欢欣鼓舞的美国人，遭受到一种独有的孤独与无依无靠的感受，托克维尔（Tocqueville）不止一次指出，这造成了美国人顽固的迁居行为，这种漫游癖桎梏了他们的灵魂。我们对迷信的执著、对金钱的盲目热情，是我们逃避焦虑的方式，这种焦虑部分地来自于我们的无神话处境。

在船上，哈利每晚都睡在狭小的囚室中，以尽可能地重温远祖曾经的感受。突然之间，像灵感爆发一样，整个故事都呈现在他的想象中，由此他知道了如何写这本书。神话重归生活。后来，他手握着买卖昆塔·金特的票据，只能木然凝视并嘟囔着“天啊”。

这本书以及根据它改编的电视连续剧，作为一个寻根的事例，促成了一场虽然为时不长但却充满活力的全民运动，在这场运动中，所有美国人都出发去寻找自己的根。欧洲的移民子女，纷纷回到他们先辈的家乡，祭扫祖先的坟墓，阅读那些异国墓地的墓碑上的死亡证明和铭文。虽然不一定有结果，但所有这些行为都是出于寻找尼采所说的“在那些最为久远的遗迹中间”的根的愿望。无论这些经历曾经带来怎样的苦痛，先辈们的辛酸往事都构成了哈利所珍爱的世界的核心内容。典型的神话形式是：苦难与幸福共同构成了一个我们可以珍惜、可以回顾的整体。我们可以认为，精神分析就是寻求个体神话。对于能够找到自己的神话并据之过自己的生活的人来说，神话是多么有治愈力啊！

我们过去的神话，是一个我们可以借助的参考框架。与飞翔的荷兰人那从未靠岸的神话之船不同，我们已经寻找到过去，而这将保证我们在将来的某一天可以安全靠岸。

作为庆典的神话

托马斯·曼写道："神话生活是一个庆典。"共同体的神话总是一些令人愉悦的神话，使我们充满活力、富有生气，它与各种节日或圣日相关。"圣诞快乐"、"新年快乐"，我们在各种庆祝活动中欢聚一堂，互致节日问候。在圣日里，到处充满了光彩与神迹，所有人都可以尽情表达相互间的关爱，听从自己心灵的悸动而采取行动。耶稣受难日和复活节是对耶稣受难与复活的纪念；作为最后晚餐的原型的逾越节，则与春天的勃勃生机、万物生长有关。

经年累月，这些圣日不断带给我们神话中那种永恒的因素，我们得以感到自己与远古和未来的统一。字面上与基督有关的圣诞节，已经与北欧德意志、日耳曼部落的神话融合在一起，所以我们才有了挂满彩灯与礼物的圣诞树这类的象征。不断将当地神话与宗教内容结合起来的过程，使得圣日具有永恒的氛围。如奥托·兰克所说，圣诞神话是英雄诞生的原型，它描绘了耶稣在马厩中诞生，那时东方天上有智者循星而来，并带来了礼物[①]。这个故事暗喻，只要我们有奉献的精神，我们就能拥有智慧。

在宗教圣礼与假日中，仪式是对神话的实体呈现。神话是一种叙事的形式，而诸如馈赠礼物或者洗礼这样的仪式，则是神话的实体行为。神话与仪式，给予这个变化不居、令人沮丧的世界

① 《圣经·新约·马太书》记载，耶稣诞生前，有三智者看到伯利恒之星升起，就来朝圣。——译者注

以稳定的支点。神话有时先于仪式，如圣餐典礼；有时则是仪式在先，如49人队的超级碗冠军庆典。无论何种方式，它们都由一方产生另一方。没有一个自我可以脱离社会的神话，无论这个社会是一个实际存在的社会还是像黛博拉的耶尔王国那样的主观建构物。

在欧洲，共同体神话是由城镇中的教堂所担负的。在那些因防卫的目的而密密匝匝地建在一起的居民区之上，沙特尔大教堂（Cathedral of Chartres）或者科隆大教堂通过外在的墙垛与内在的圣经故事拔地而起。圣经神话，使得人们将这些伟大的建筑与熟识的神话崇拜结合在一起。作为心灵的守护者与共同体的精神，教堂成为最重要的神话象征，所有的社区神话都围绕着它们进行编织。新英格兰有类似的支配一切的共同体神话象征。如在佛蒙特或新罕布什尔州行驶，我们会看到，在村庄的中心位置会有“公共区域”新罕布什尔州。这是一大片绿地，在其一端建有简单朴素的村庄教堂，它们永远护佑着整个村庄。

因此，对于古代与中世纪来说，流放是城邦国家最有力的惩罚方式之一。被放逐的人不得不抛弃他的神话中心，在这里，他曾经沉浸在语言与伦理当中——这些组成了神话和社会的经络与血脉。从字面上理解，他的毁灭源于失去故国，但放逐实际上摧毁了被放逐人的精神生活。但在较少的情况下，放逐却使得被放逐人处于一种创造力勃发的状态，你可以称之为一种升华状态，比如但丁和马基雅维利（Machiavelli）。但丁从佛罗伦萨被流放后，在独居生涯中重温神话，写成了伟大的《神曲》（*The Divine Comedy*）。没有放逐，马基雅维利的《君主论》（*The Prince*）也永远不会诞生。

群体成员都有同情——特别是针对陌生人——的需求，培养这种需求的产物之一，就是建构性神话的出现。《圣经·利未记》（*Book of Leviticus*）中“你们要像审判以色列的孩子那样，审判陌生人（可以解读为信奉不同神话的人）”的记述，是以色列古代历史的一大进步。

一个可以归属、可以让人感到“在家”的家园，对于有益健康的神话至关重要。很多患者在治疗中发现，他们的心理问题都与从未拥有一个家园有关。罗纳德·莱英（Ronald Laing）① 讲述过一个5岁之前从未说过话的自闭症女孩的治疗经历。她被父母带到治疗室，坐在地板上，像尊“小佛像”。莱英跟她面对面坐下，并且不停地模仿她的所有动作。一个小时过去了，两个人都没有说话，只是如部落舞蹈般进行着他们的模仿活动。最后，他们都站了起来，小女孩离开了。但那以后，她就开始与父母说话了。他后来知道，父母曾问小女孩在治疗室发生了什么，她回应道：“跟你们无关。”[5]

像上述案例一样，孩子不说话，可能表现出他们所在的环境是敌意的、冷漠的、不热情的。不说话，是他们不愿意融入这个环境的一种反应方式。长时间地吮吸手指等行为，表明他们必须拥有某些亲近的东西，如果不是家园，至少应该是可以承载神话意义的玩偶宠物之类的东西。

这就是共同体的必要性，那是一个我们可以归属的家园，我们可以得到保护、感受亲情的家。如果没有一个让孩子成为共同体一部分的神话、没有一个给予温暖与呵护的家园，孩子就无法发展为一个正常的人。就像瑞内·施皮茨博士（Dr. Rene Spitz）②

---

① 罗纳德·莱英，苏格兰精神病学家，也受存在主义哲学影响。——译者注

② 瑞内·施皮茨，美国心理学家，在婴幼儿心理成长与心理问题方面进行了很多开创性工作，如对孤儿院中儿童的研究。——译者注

几十年前就提出的，没有母爱的孩子更愿意独处，最终其中很多人的人生将因缺乏爱而受累。

拥有属于自己的朋友与家庭，无论是实际的还是想象的，不仅是人们的一种期望，而且对于精神与肉体的存在它是必需的。在一个纷乱的世界中，我们都祈望一个可以给予我们立足点的集体神话。

我们的英雄哪儿去了？

家园神话中都有一位以保护共同体最高目标为己任的英雄。没有英雄，共同体就缺少一个关键的维度，因为，一般而言，英雄是共同体的灵魂。有了英雄，共同体的成员才能拥有自己的理想、勇气和智慧。欧内斯特·贝克尔（Ernest Becker）① 说："社会必须设置一些令其成员有英雄感的方式，这是20世纪面临的最大挑战之一。"[6]我们急需一个英雄作为角色模型、作为行动基准，以血肉之躯诠释伦理。英雄，就是行动中的神话。

如霍桑（Hawthorne）② 在《人面巨石》（*The Great Stone Face*）中所表明的，通过投射作用，我们可以让自己更像我们的英雄。故事的主人公生活的地方，能看到山巅英雄脸形状的岩石。据说某一天，将有位贵人莅临，他的脸与巨石的脸一模一样。霍桑笔下的英雄终其一生为村民谋福祉，望着那块巨石并等待着那位贵人的来临。当他老了的时候，村民们突然发现，他的脸就是那张与山巅岩石相似的脸。

---

① 欧内斯特·贝克尔，美国心理学家，特别是对死亡的文化建构有卓越的研究，集中反应在1974年获得普利策奖的《拒斥死亡》一书中。——译者注

② 纳撒尼尔·霍桑，19世纪美国作家。——译者注

英雄，承载着我们的愿望、理想和信念。在最深的层面上，英雄实为我们所创，他们就是我们的集体神话。因此，英雄主义至关重要：它反映了我们的自我认同，并据此形成我们自己的英雄主义。当我的作品《保卢斯：友谊的回忆》[①] 出版的时候，一位书评家攻击我似乎将保罗·蒂利希当成了一个英雄。他认为，这种做法在20世纪是非常危险的，因为可能引致一种类似希特勒追随者那样的英雄崇拜，而希特勒邪恶地利用了英雄主义。你可能会同意这样的言论，因为希特勒所培育的英雄主义确实造成了人类历史上最大规模的破坏。但我们不能将婴儿跟洗澡水一起倒掉。因为英雄的匮乏，在20世纪90年代的今天，我们已经无法拥有承载共同社会目标与理念的神话。

查尔斯·林白（Charles Lindbergh）对所有美国人来说都是一个英雄，对知识分子阶层也是如此。1927年，他只身驾机飞跃大西洋，这在那个时代无疑是一个壮举。在巴黎机场，数以万计的巴黎市民热烈地迎接了他。这个事例证明：在爵士时代的美国，除了萨克斯之外，我们也拥有一个灵魂。在纽约，人们用一场史无前例的辉煌盛会迎接他。这个代表了沉静与勇毅的典型的美国中西部人以全然美国式的羞涩微笑回应着所有的荣耀与追捧。他的飞机已经被华盛顿航空博物馆收藏，被命名为圣路易斯精神号，但它代表了我们所有人的精神，无论我们是不是来自密苏里州。[②] 我们追随英雄，那些同样害羞的人会从对林白的认同上提升自己的自尊。艾米莉亚·埃尔哈特（Amelia Earhart）[③] 以

---

① 《保卢斯：友谊的回忆》是罗洛·梅对保罗·蒂利希思想的评传。——译者注

② 1927年5月21日，查尔斯·林白完成了第一次独自一人从纽约到巴黎的直达飞行。他的瑞安式NYP单翼飞机“圣路易斯精神”号经过长达33个多小时，距离近5800千米的运行。密苏里是林白的故乡，一说是密西西比。——译者注

③ 艾米莉亚·埃尔哈特，美国女飞行员，1928年和1932年分别作为乘客与飞行员飞越大西洋，后在1937年一次冲击环球飞行的冒险中失踪。——译者注

她的先锋精神与冒险意志，对女性起到了同样的鼓舞作用。林白和埃尔哈特承载着我们都在内心追求的美国英雄神话，通过自己的坚持与勇气，我们就能设定并达到自己的目标。私下里，我们都觉得自己和林白①或者埃莉诺·罗斯福②（Eleanor Roosevelt）一样勇敢。[7]

问题在于，我们混淆了名流与英雄。名流的定义在今日仍旧有效："因为很多人认识而被我们认识的人。"从尼尔森（Nielsen）调查排名的高低变化中、从社交圈排行榜上、从我们在电子邮件中收到的那些光鲜的馈赠财富的广告中，我们都能发现名不副实的名人的身影。但其中少有真正的英雄。

以追求最高回报为特点的雅皮士（yuppies）运动，混淆了我们的英雄主义观念。伊万·博斯基（Ivan Boesky）③——这个华尔街亿万富翁与20世纪80年代美国雅皮士的楷模，在加州大学伯克利分校的一次演讲中说道："贪婪，并没有错。"这句话获得了满堂喝彩，但很难说这是因为好奇还是因为英雄崇拜。但在本书写作过程中，博斯基正因在股票市场上非法交易及在华尔街上的其他犯罪行为而在狱中服刑。他获刑入狱牵扯到不少同僚。现在，当博斯基从铁窗望出去时，对于自己"做完一笔交易后，你会觉得自己很棒"的说法，对自己关于贪婪的言论作何感想呢？

---

① 1932年，林白的长子被绑架并撕票，疑犯虽最终被处死但始终坚称自己无罪，这酿成美国历史上一大疑案。而林白在第二次世界大战初期不仅接受纳粹授予的勋章，且力主美国保持中立。珍珠港事件后，林白才以顾问身份，投入对轴心国的作战。——译者注

② 埃莉诺·罗斯福是美国富兰克林·罗斯福总统的夫人，联合国外交家，人道主义者。她是西奥多·罗斯福的侄女，1905年与其远房堂兄富兰克林结婚。1945年罗斯福总统去世后，杜鲁门总统任命她为美国驻联合国代表，她曾任联合国人权委员会主席。她对1948年世界人权宣言的起草和通过起了重要作用。——译者注

③ 伊万·博斯基，华尔街知名交易员，因内幕交易入狱并付天价罚金，是华尔街"贪婪"的代名词，人称"恐怖的伊万"，其故事改变为电影《华尔街》，获奥斯卡奖。——译者注

正是这些假英雄令英雄主义蒙上恶名。对于里根总统以及很多美国国民来说，奥利弗·诺斯（Oliver North）就是一个英雄。他明目张胆地违背了法律，而事情的真相至今未明。① 是不是我们今天没有英雄呢？

对学生群体的研究同样揭示了英雄主义的崩塌。在《梦想与英雄的消逝》（*When Dreams and Heroes Died*）中，阿瑟·莱文（Arthur Levine）作了这样一个研究，并得出令人警醒的结论：

> 这表明今天的学生已经完全物质化了，对所有社会形式（包括高等教育本身）都抱一种无所谓的态度，为了获得好成绩可以不择手段。最值得关注的是，他们的目标是指向自身的，而不是社会的和博爱的，这集中反应为“唯我独尊”（me first）观念在过去10年中在这个国家中的泛滥。[8]

作为当代神话的探索工作的一部分，我们要重新发现英雄主义的根基。一位校长说道：“我认为学生们需要英雄。当我会见学生时，一次又一次追问他们的英雄是谁时，他们感到十分震惊，认为这是个奇怪的问题。”[9]

尼采的话更有力地表达了这一点：

> 超人将在世间一次次出现、安居，这就是你们所有付出的意义。你们当中，总会有人可以将你们提升到你们的高度，这就是你们抗争的奖赏。超人只是偶然出现，每个人都有可能……如果你不能做一个绝对的超人，至少要在某一个时刻做到！由此你可以点起圣火，等待英才出现。[10]

---

① 此处指里根在任期间的伊朗门事件，媒体发现美国在向伊朗出售军火，但这到底是为了缓和两国关系、解救美国人质还是与支持尼加拉瓜反政府武装有关，最后也没有定论。诺思上校在该事件听证会上表现出的不道歉、不妥协的精神，经过媒体报道，成为美国国家英雄的象征。——译者注

对于美国人文主义的衰退，我深感困扰，因为在人文世界里学生们才能接触西方文化精髓。一个英国文学研究生导师说他的班上只有5个学生，而旁边计算机班级有300人。我们可能忘记了马克斯·弗里施（Max Frisch）① 说过的话："技术就是按照我们没有经历过的方式去处置这个世界的一种本领。"我们作为人的存在，相比我们如何吃饱肚子而生存下去，是更为重要的。在我们历史上的种种经典文献中，这样的呼声比比皆是。但在很多学校里，研究神话的呼声却微不足道。马丁·路德·金（Martin Luther King），这一20世纪少有的真正的英雄，敢于去梦想，并愿意牺牲一切去实现自己的梦想。

当我还在大学的时候，我总是背诵一段诗文，虽然它算不上不朽的诗篇，但当我在夜里漫步校园的时候，它对我而言是一种人生激励：

坚守梦想！
在你的心中，
留一块空地；
让你的梦想驻留，
当它茂盛成长；
怀疑与恐惧便会远去，
坚守，
坚守你的梦想！

希望的成与败，并不是英雄主要考虑的事情。无论男女老幼、脾性如何，只要追随着马丁·路德·金这样的英雄，我们就会感觉

① 马克斯·弗里施，瑞士作家，其著作对现代社会与人性多有挖掘与讽刺。——译者注

内心激奋、充满自信。我觉得，史怀哲（Albert Schweitzer）和特蕾莎修女[①]这样的人，跟甘地一样，都是活跃在半个世纪以前的英雄。虽然特蕾莎修女不会在减轻加尔各答的苦难上取得成功，史怀哲也没有减轻非洲的瘟疫，但这些英雄仍如明星闪耀在神话的苍穹中。他们最大的奉献在于使我们确信，我们的世界存在这样一些我们可以去追随、去仿效的人。

我们的英雄承载着我们的意愿、理想、希望和信仰，因为他们是由我们的神话造就的。从深层次来看，英雄是我们创造的，因为我们认同他们的所作所为。因而，英雄是集体创造的神话。这就是英雄主义如此重要的原因：它反映着我们相互认同、我们共通的情感和我们的神话。

英雄主义的再发掘对于我们重拾神话传统、对于新神话的兴起至关重要，只有通过新的神话，我们才能超越可卡因、抑郁与自杀的搅扰，最终超越这个俗碌的世界。乔治·艾略特（George Eliot）[②] 在 19 世纪想象着她的英雄图景，《看不见的唱诗班》(*Choir Invisible*) 影响了一代又一代人：

> 哦，我能否加入那看不见的唱诗班！
> 那些不朽之人的复活地，
> 能与他们共处一地感觉真好，
> 生活富于脉动、心存慷慨与宽容；
> 在冷嘲热讽中，
> 真正敢于正派行事；
> 在祛除黑暗的思想光辉中，

---

① 都是人道主义者、诺贝尔和平奖获得者，致力于通过自己的努力改变落后国家与地区的苦难状况。——译者注

② 乔治·艾略特，19 世纪英国著名作家。——译者注

悲惨的前景也自我修正。

由于它们可靠的支撑，人们渴求探寻

更广阔的主题，

可以居住在天堂，

演奏永不消逝的音乐。[11]

神话和道德：中央公园凶杀案

我们的文化在伦理价值上的贫瘠，源于我们的神话的贫瘠，这意味着大多数人都没有可以倚靠的信仰。由于神话主要由家庭传递，同时由于家庭是我们最先熟识社会神话的所在，所以研究以下案例是非常必要的：1986 年夏天，18 岁的詹妮弗·道恩·莱文（Jennifer Dawn Levin）在中央公园被 19 岁的小罗伯特·钱伯斯（Robert Chambers，Jr）勒死。[12]

两个孩子都出身富裕的家庭，都上过一流的预科学校，熟悉纽约城的杂拌文化。他们都来自离婚家庭，拥有所需要的一切，却唯独缺乏真正重要的东西——可靠的家庭生活。他们都与父母没有太密切的关系。他们也都没有可以给予他们群体纽带的宗教信仰，也没有赋予他们决断能力的伦理基础。凶案发生的当夜，两个人从酒吧告别同伴出来。他们性生活自由，并且明显地已经为此精疲力竭。那晚他们想走到中央公园去做爱。他声称她要咬掉他的阴茎，于是用她的胸罩勒死了她。

琼·法莱尔（Joan Farrell），曼哈顿的一个私人投资者，她的女儿跟钱伯斯和詹妮弗毕业于同一所学校，她就这场罪行说道：

对于这些孩子的所作所为，我认为家长要比酒吧老板责任更大……很多这样的孩子都获得了太多的东西，却不知如何去尊重它们……给他们20美元，然后祝他们周末愉快，这太容易了。我想，这就是我女儿这一代垮掉的最大原因。

芝加哥心理治疗师罗伊·金克尔博士（Dr. Roy Grinker）就凶案说道："金钱不是万恶之本，但是金钱却使得父母们有能力在生理上和心理上远离他们的孩子，这成了邪恶的根源。"曼哈顿银行学院的心理学家博尼斯·伯格博士（Dr. Bernice Berg）说：

父母用90%的时间去挣钱，而只有5%的时间给予家庭，这种价值观传递给了孩子。他们会觉得，家庭并不重要。重要的是挣钱、拥有钱和花钱。

钱伯斯和詹妮弗常去的，并且事发当晚他们也去过的那家酒吧老板，向我们讲述了这些年轻人对于拥抱和触摸抑或仅仅是被其他人所围绕的巨大需求。

在神话的意义上说，这两个年轻人无家可归。如马林诺夫斯基所说："神话保护并促进了道德的产生，"没有神话，就没有道德。钱伯斯和詹妮弗甚至都没有可以去反抗的神话与伦理形式。他们不是在身体和经济意义上无家可归，而是在心理和精神层面如此。毫无疑问，他们成长于神话的真空中，从而在伦理上处于一种无根状态。当钱伯斯再现凶杀场景时，他总是极其伤感地重复道："我想回家，我想回家。"但在神话的意义上，他没有家。在所有关于本案的"原因解释"中，对于神话缺失与精神空虚状态的控诉尤为显著，它直指我们社会中的无家可归状态（homelessness）。[13]

在《爱与意志》[14]中我曾指出，在意志（will）之后是愿望（wish）。这并不意味着无论一个人的愿望如何，都会成为行动的目标，而是意味着更深层次的人类动机中必须包括愿望，无论你叫它渴望、渴求、热忱还是别的什么。否则，仅仅来自外界的意志并不能转化为行动。有了坚定的信仰，行动才能发生效力。“意志”是人类意识的一个区域，包括期望、渴望、想象、信仰这些与产生动机的情感的固有维度相关的所有因素。戒酒互助协会（Alcoholics Anonymous）的例子就表明了坚信对于参与者的重要意义，他们必须坚信通过所有的努力能够戒掉酒瘾。

意愿、期望、渴望以及创造神话，所有这些人类意识的活动一直都非常重要，任何忽略了它们的教导与引导都注定会失败。意愿和愿望直接由梦想与神话的功能所产生。正如诗人德尔摩尔·施瓦茨（Delmore Schwartz）所指出的：“责任始于梦想。”[15]我们可以不那么富有诗意但却更切意地说，伦理和意愿始于神话。一位智者曾经说过：“只要我能创造一个社会的神话，我就不用去管谁去设立这个社会的规范。”

注释

[1] New York：Hill and Wang，1980.

[2] 全书的主题在末尾如下呈现：“祖母总是重复同样的话题……妈妈便抱怨道：‘哦，妈妈，您能不能不唠叨这些老掉牙的奴隶制了……’祖母回击道：‘虽然你不在乎自己是谁，来自哪儿，但我在乎！’” *Roots*（New York：Dell，1980），704 页。

[3] Clyde Kluckhohn，“Myths and Rituals：A General Theory，” *Harvard Theological Review* 35（January 1942）：45-79. 克鲁克洪继续说：“神话给予人‘可以把握的东西’。听到‘振作起来’这样的词句，基督徒可以更好地面对变动不居的生活”（New York：Norton，1975，pp. 77-79）。

[4] 参看我的《焦虑的意义》（New York：Norton，1975，pp. 77-79）中关于原始部落中“巫术死亡”（voodoo death）的描述。

当整个部落都相信巫术牺牲者将死，那个人就会躺下来，在 2－3 个小时之内死去。如威廉·詹姆斯（William James）① 所解释的那样，牺牲者是被共同体"杀死"的，因为群体力量的作用，这个人也相信他自己会死去。这个事例表明了共同体神话掌控了牺牲者的个体心理与意愿。

[5] 以上是莱英医生在私人交流中跟我说的。

[6] 与贝克尔的私人交流内容。在撰写了诸多精彩著作后，贝克尔过早死于癌症。他对于众多读者来说，就是一个英雄。

[7] 林白的英雄事迹有一个令人哀伤的结尾：他的儿子被绑架，而他也在第二次世界大战中倾向纳粹。这说明英雄主义与具体的个体无关，而是我们赋予个体的一种精神特质。

[8] San Francisco：Jossey-Bass，1980. 这里引用的是出版商的提要。

[9] James O. Freedman，引自 1987 年 8 月 23 日的《纽约时报》。

[10] Friedrich Nietzsche，*Werke*（Leipzig：Alfred Kroner，1919），vol. 6，pp. 496-497.

[11] Eliot，"The Choir Invisible"，in *One Hundred and One Famous Poems*（Chicago：Cable，1926），p. 137.

[12] 关于这一谋杀案的描述引自 1986 年 9 月 11 日的《纽约时报》。

[13] 我们在第七章中讲述的霍雷肖·阿尔杰（Horatio Alger）的神话也是在讨论神话与当下道德生活的关系。

[14] New York：Norton，1969.

[15] Delmore Schwartz，*In Dreams Begin Responsibility and Other Stories*（New York：New Directions，1978）.

---

① 美国生理学家、心理学家和哲学家。——译者注

第四章 Chapter Four
神话与记忆

我突然明白了生活是否拥有神话意味着什么，这种发现的激动几乎让我无法写作……没有神话或者外在于神话的人，就像浮萍一样，他与过去、与所继承的先辈生活、与当代社会，都没有真正的联系。这样玩笑般地使用自己的理性，永远无法掌控命运。

——荣格

阿德里安娜（Adrienne），一个二十七八岁的女人，在治疗刚开始的阶段，总是说自己被自杀的念头所困扰。她总想跳河或者卧轨。我提醒她，如果她确实想做这些事的话，其实是很容易的，于是她放弃了那个念头。但她仍旧会因为一点小事而变得不安，并总是重复着："我从来没有这么糟糕过。"

每次治疗，她总是说各类表达"我不能"的话，每次我试图给她一些解释，她都会报以恼怒的"不"，她的生命似乎充满了愤怒。我自忖，她可能本能够摆脱这些行为的侵扰，因为她有着惊人的美貌。她的精神显然崩溃了。但如何找到一个治疗的突破口呢？

在较早的一次谈话中，她如此开场："我不知道花这一个小时能不能有疗效，我处于一种不安的状况。"她哭了一会儿，然后抽泣地说她的男朋友租的公寓太小了。他拒绝了她，然后她完全垮了。她说：“你必须说点儿什么……得有人搞出点儿动静来。”

我表示同意，然后问她是否注意到自己说话的腔调。她的回答依然是“不”。我又问她是否记得她说过上面这些话，说过她受够了她的男友要把他扔出去，回答仍旧是“不”。我还指出她每次治疗时都在说同一个故事，只是其中的角色不同。我很奇怪她为什么要来治疗，难道只是为了找到一堵哭墙[①]？

事情明朗了，但我们仍旧找不到治疗的立足点。因此，我让她给我讲述她最早的童年记忆。她说了两件事。第一件是关于她患病垂死的祖父，当时他吐了很多黄色的东西。“我很清楚地意识到我对这一切无能为力。”

第二件事使得我们马上发现了点儿什么：

> 我与母亲玩娃娃的游戏。我扮演一个受伤的娃娃，而她会安慰我。每当她做了一些抚慰工作后我都会说：“不，那没用！”——我喜欢玩这个。

很明显，她喜欢玩而且一生都在玩这个游戏，现在，她在跟我玩。第一个关于她对祖父的死无能为力的“记忆”是次要的：她没有办法帮助她的祖父，只是表明她一直对于自己的生活感到无助，无法影响到周围的人。

第二个记忆则与她的症状有更大的关联：“我是一个受伤的娃娃，我必须证明没有人能帮我。”这就是引发她迄今为止所有行为的神话模式，也是一个很好的治疗突破口。当我指出了这一

---

① 哭墙是耶路撒冷犹太神庙遗址，是犹太教最神圣的地方，每个犹太人回到故国必须在哭墙前哭泣，表达流浪之苦。——译者注

点，她终于能跟我们站在同一出发点上，并可能取得一些治疗上的进展。

这个冲动易怒的女人一直都在表明没有人能帮她，我们可以看到，特定个体的神话通常在童年早期记忆中有特别清晰的表达。这并不是说这些记忆确实发生过——我们永远不会知道它是否发生，我们也基本不用关心它的真假性（phantasied）[1]。一般而言，连患者自己也说不清那是不是真实发生过，是梦还是想象。当弗洛伊德根据“记忆”研究提出婴幼儿性行为理论时，他遇到了同样的问题：维多利亚时代的女人总会说自己被父亲强奸了。最初，弗洛伊德对这些叙述信以为真，其后才懊恼地发现这些大多数都是神话，没有真正发生过。但是，作为被维多利亚时代傲慢的、希望子女满足其每一个愿望的父亲统治的孩子们来说，这样的神话同样至关重要，这些故事作为神话有其现实的重要意义，并且依据我们的观点，这些围绕真实的或想象的事件而讲述的神话，是非常重要的议题。[2]

记忆需要神话

记忆主要基于神话。我们的头脑中发生了一些事，无论是真实的还是想象的，在记忆中都会如揉捏黏土般不断地塑造它们，最后我们就把这些事情塑造为神话。我们在未来遇到类似情形时，就把这些神话当做行动指南。神话并没有告诉我们太多关于患者真实的历史，但它能告诉我们拥有这些记忆的人的很多事情。因为这个人重新构造了事件，塑造它们、对它们添油加醋，由此患者以及他们对生活的态度得以展现。这就如萨特所说：“神话是一种超越行为。”

儿童为了理解陌生的经验，就构造了神话。神话组织起经验，让它们各归其位并得出相应的结果。神话诞生并成长于记忆的创造过程以及心智对统一的需求中。神话的构造对于儿童来说，是一种或大或小的宽慰。很多时候，神话是儿童心智唯一可以倚靠的东西，无论现实经历是否带来痛楚，神话都会使孩子们的状况优于实际的经历。神话甚至——或者说尤其是——对于残酷的事情有一种抚慰作用。诗人苏珊·马斯格雷夫（Susan Musgrave）① 写道：

> 你囚缚于
> 一段生命，
> 你必须抉择
> 如何记忆。[3]

这个抉择一般是无意识的，但却是有效的。

一个人在童年记住的总是那一到两件事情，而忘掉了大量其他发生在那段时间的事情。婴儿一日三餐，每天都要睡觉，但他忘掉了所有这些。所以记忆与事件发生的频繁程度无关。事实上，像早上起床这样最常发生的事情反而最容易被遗忘。对于小孩子来说，记忆总是具有一些特殊的重要性和重要的意义。

在以上的案例中，阿德里安娜的记忆基于两个事件。时间增加了记忆的色彩，神话便被“不快乐的童年”主题赋予了力量。很快，她便有了一个以神话形式出现的“记忆”，并在 25 年后将之与我这个治疗者联系起来。阿德里安娜生活在次要的关于她祖父之死的神话中（“我对于生活中的问题无能为力”），而她首要的神话在于，她满足于对自己处于无助状态的无动于衷。她终生

① 苏珊·马斯格雷夫，加拿大诗人和儿童文学作家。——译者注

都在玩与妈妈玩的娃娃游戏："我如此需要帮助，但这世界对我却无能为力。"

在某种意义上，神话变成了潜意识的，它变成了这样一种感觉——"世界对我无能为力，这种感觉可真好，实际上我将按照这种方式安排我的生活——没有人能够帮助我。她从让别人觉得无能为力中获得快乐。悖谬的是，这种对自身力量的否认反而给了她一种力量感，即便她的环境与世界已经趋于崩塌。

记忆是一种奇异的现象，当我们将之与神话联系在一起时，它就显得更为奇异。在美国大学中，心理学课程一般会告诉学生，记忆是像电脑文件那样的一种资料记录，我们在其中记录每日的经验，在需要的时候随时提取它们。通过学校教育，我们知道了记忆与最近发生时间、鲜活程度以及发生频次有关。[4]这就是说，如果我们能唤起记忆，那是因为它经常发生、细腻鲜活且最近刚刚发生。

但这似乎证明不了什么。因为所有这些在心理学系中进行的实验，都是去记忆一些无意义的音节，所谓的记忆力好，只是可以将老师写在黑板上的那些毫无意义的东西硬背下来。但显然书呆子和智能机器人才会符合这样的"规律"。富于创造力的学生往往会反感这样的测试，因为他们知道（至少会怀疑）这一切是毫无意义的。

这种研究记忆的视角是多么荒谬呀！这里最大的错误就在于，认为人类记忆与所记忆的事情对个体的重要性无关。正如欧内斯特·沙赫特尔（Ernest Schachtel）在他的经典文章《论记忆与儿童期失忆症》（On Memory and Childhood Amnesia）中说的："记忆从来不是非个人化的（例如从来不是'无意义的'），而是基于其对个体的意义而发挥作用的。"

阿德勒与早期记忆

阿尔弗雷德·阿德勒①是心理治疗中第一批关注儿童早期记忆重要性的领袖人物。他是一个敏锐而谦逊的人，对于儿童有着异乎寻常的敏感性。作为心理治疗的先驱，他通过阿道夫·迈耶(Adolph Meyer)影响了哈利·沙利文，迈耶是沙利文的精神病学老师，他翻译了阿德勒的第一本书。作为20世纪前10年弗洛伊德的同盟者，1913年，阿德勒创立了自己的学派，主要关注神话的社会性侧面。他相信神经官能症的原因是缺乏“社会兴趣”(social interest)②，也就是说是因为个体与其同伴产生了疏离。只有患者建立起正确的社会感知、对社群产生一种责任感，他的精神问题才会得到解决。因而，阿德勒强烈反对人自私自爱的教条，而代之以自尊、整全或者他的专有概念“社会兴趣”。他同样强烈反对过分强调自主与自我中心的治疗方法。他对贝拉(Bellah)[5]或麦金太尔(MacIntyre)③[6]“全为自己”(all-for-me)的自我观念持批评态度。也许，他在美国心理治疗发展历程记述中一再被忽视的原因，就是因为他的学说并不符合主流的自我中心观念。阿德勒是个积极的社会主义者，在全身心投入政治这一点上，他与威尔海姆·赖希(Wilhelm Reich)相似，而与弗洛伊德不同。

通过自己对儿童的卓越理解力，阿德勒发展出他的核心概

---

① 阿尔弗雷德·阿德勒，奥地利精神病学家，个体主义与人本主义心理学的先驱，将精神分析从生物学分析转向社会文化分析。——译者注

② 意指个体奉献社会并寻求在此过程中的自我完善的趋向。——译者注

③ 作者在这里指出的著作是麦金太尔的《追寻美德》，此书有译林出版社中文译本(2003年版)。——译者注

念——虚构目标（guiding fiction），这与“神话”是同义词。这个概念与早期童年记忆中的关键事件有关，无论真假与否，这些事件转化成可以引导人一生的神话。在接下来的岁月里，个体会将这一虚构目标作为自己的隐秘神话不断加以参照。人通过这一神话认识自己，就像查尔斯将自己看做“撒旦”、女演员将自己看做雅典娜（参见第二章）。因此，阿德勒在治疗的第二或第三阶段经常询问患者：“你最早的童年记忆是什么？”他相信那里“不会有偶然的或无关紧要的记忆，记忆的过程在任何方面都并不是像摄影那样的记录过程”。[7]

看看文学——这记忆的书写家园——我们会发现一些激动人心的诗作描述了记忆的功能。“这就是记忆的用处”，T. S. 艾略特（T. S. Eliot）在《小吉丁》（Little Gidding）的结尾处写道：

> 因为解放超越了欲望之爱
>
> ——解放不是减少而是扩展了爱
>
> 所以
>
> 不仅是从未来也是从过去得到解放。[8]

记忆可以将我们从错误的固执与欲望中解放出来。记忆是我们内心的工作室，在那里想象得以驰骋，新颖美妙的创意得以涌现，未来的美景令我们激动不已。记忆与神话是不可分割的，而这一观点我从未在任何心理学课程中听到过。根据但丁的说法，记忆可以将过去塑造为神话、故事或者希望（参见第九章）。但丁相信，通过神话，记忆可以将我们引向上帝。

记忆是创造力之母。这是值得我们深入探讨的神话，因为记忆使得我们可以储存与品味那些至关重要的经历、景象与事件。在记忆当中，这些宝贵的经验将自己构造成为一个向我们讲述故事的神话。我们都有过“睡梦中萌发灵感”的经历，我们醒来，获得了似乎来自上帝的新洞见。谁会否认这一点呢？记忆女神（Mnemosyne）① 或“记忆”（Memory）将我们生活的经验材料组织在一起，从中新发现得以产生、伟大的诗歌得以写就、伟大的著作和画作获得了灵感。

注释

［1］我用“fantasy”代表有意识的想象，用“phantasy”代表无意识的想象。

［2］我知道对此有很多不同的看法，但现在我并不想进一步讨论它。

［3］转引自 Elizabeth Simpson，in *Nothingness*：*Journal of Humanistic Psychology* 19，no. 3（Summer 1979）。

［4］Ernest Schachtel，*Metamorphosis*（New York：Basic Books，1959），p. 309. 上述有关记忆的机械观点，促使奥斯卡·王尔德（Oscar Wilde）辛辣地评论道：“创造性最大的敌人就是一个好记性。”如果记忆只是对付一堆无意义的音节，那么一切就确如王尔德所说，这种记忆并不能带来真正的创造力。如果只是按照顺序如实重复那些音节或者教师的课程内容，这与食古不化的学者又有什么不同？这些学生可能会得到高分，却从未迸发灵感的火花。

［5］Robert N. Bellah et al.，*Habits of the Heart*（Berkeley：University of California Press，1985）.

［6］Alasdair Maclntyre，*After Virtue*：*A Study in Moral Therapy*（Notre Dame：University of Notre Dame Press，1981）.

---

① 摩涅莫辛涅，希腊神话中主管记忆的女神，记忆（memory）一词即演化于此。——译者注

[7] Lewis Way, *Adler's Place in Psychology* (London: Macmillan, 1950), p. 73.

[8] Stephen Sicari, "Dante's Wake: T. S. Eliot's 'Art of Memory,'" *Cross Currents* (Winter 1988—1989).

第五章 Chapter Five

弗洛伊德与神话之奥秘[①]

本能理论可以说就是我们的神话学。本能是一种神话意义上的实体，妙就妙在它的模糊性上。在我们的研究工作中，本能的概念须臾不可离，但我们却从未真的看清它。

——西格蒙德·弗洛伊德

致弗利斯（Fleiss）[②]，1897 年

上面引文的意义非同寻常。首先，弗洛伊德坦诚地并特别强调地指出了他的精神分析理论的神话基础。而“妙就妙在它的模糊性上”这句话更加值得关注，因为它指出了神话的价值在于其模糊性。神话保持开放与成长有利于产生新的洞见，而如果我们局限于经验主义的陈述，便没有这样的好处。因为拥有总是引人重新阐发的特性，神话可以激发新的奥秘与可能性。理性主义者所批判的神话的最大缺陷，恰恰是其最大优点。举例来说，俄狄浦斯神话，将永远激发我们对“父—母—子家庭模式”之意义的新阐发，就像《俄狄浦斯在克洛诺斯》（*Oedipus in Colonus*）[③] 中

① “Mystery”指一种需要分析揭露的、尚处于未知状态的谜，或者指事物的神秘特性，考虑到后文对神话模糊性的探讨以及与神话相连使用时的语境关系，故翻译为“奥秘”。——译者注

② 弗利斯（1858—1928），柏林医师，弗洛伊德好友，在精神分析理论形成过程中，弗洛伊德与其进行了大量的讨论。——译者注

③ 是索福克勒斯《俄狄浦斯王》之后又一部关于俄狄浦斯的戏剧，讲述年老、失明的俄狄浦斯离开底比斯之后的遭遇。——译者注

关于责任感的新阐释那样。现代家庭中父母对子女的性剥夺，则是对俄狄浦斯神话的又一种阐发。

当弗洛伊德说“本能的概念须臾不可离”时，他就像一位真正的科学家。如怀海德（Alfred North Whitehead）① 所说，在我们知道问题的区别之前，必须在头脑中同时持有相对立的假设，以使之无法事先殃及任何一个可能的结论。生活由不同的生存矛盾状态组成，忘记了这一点的人，只能过着虚假的生活。矛盾的生活激起了勇气，但同时也让人面临险境。最后一句“但我们却从未真的看清它”呈现了弗洛伊德的坦诚，也会被每一个体验到神话丰富含义的心理治疗师所理解。就像托马斯·曼在《约瑟夫和他的兄弟们》中所说的：“神话是奥秘的外衣。”[1]

俄狄浦斯——自我发现的神话

弗洛伊德在给费伦茨（Ferenczi）② 的信中曾经提到他“为了理解自己所做出的严苛努力”，说他的自我分析“比为他人分析更为艰难”。他后面的话让我们想起了最初的俄狄浦斯：“但这是义不容辞的！”[2] 琼斯（Jones）③ 告诉我们，弗洛伊德的自我分析，使得他对于人类命运的视野豁然开朗。这是“母—父—子”三角关系这一伟大研究主题的肇始，这一主题拥有超越一切的最根本的意义。

弗洛伊德在别处还说过如下深刻的话：“神话是个体脱离群

---

① 怀海德（1861—1947），英国数学家，哲学家。——译者注

② 费伦茨（1873—1933），匈牙利医生和精神分析学家，弗洛伊德精神分析理论的忠实追随者、信奉者和捍卫者，后因学说纠纷与弗氏分道扬镳。——译者注

③ 欧内斯特·琼斯，英国精神分析学家，弗洛伊德的追随者与传记作者。——译者注

体心理的途径。”这就是说，自我意识的呈现要归功于我们以神话方式进行思考的能力。我们可能谈论范式、假设或者其他类似的概念，但对于弗洛伊德来说，它们等同于某种神话学。神话远不是一种陋习，它对于我们理解科学与文化至关重要。弗洛伊德发现，当我们进入到人类心智的底层，就会惊奇地发现神话的存在。

必须指出的是，弗洛伊德做出这些发现是在 1897 年，几年之后，他才发表了他的伟大著作《梦的解析》。因而，弗洛伊德应该被看做与叔本华、克尔凯郭尔及尼采一样的核心文化人物，像这些人一样，他对发生在 19 世纪末 20 世纪初的决定性变迁有着卓越的贡献。无论你如何看待精神分析技术，弗洛伊德作为重要文化人物的地位不容否认。就像他搜集古玩遗物的喜好所表现出来的那样，弗洛伊德有一颗探索者与考古学家的心。作为我们这个时代当之无愧的最具影响力、最具原创精神的思想家之一，他认识到非理性的力量与人性之邪恶面的重要性。如尼采与叔本华一样，他透彻揭露了维多利亚/清教徒时代关于意志力（willpower）的见解是多么空虚无力。他全身心投入到世纪转型中的一个核心问题上——如何在一个压抑的时代生存。

在弗洛伊德自我分析过程中发生的一次危机体验，向我们展示了他探索神话的经历。原本他一直相信患者所讲的诱引与强奸事件都是真实的。琼斯记述到，直到弗洛伊德“回忆起看到母亲赤身裸体时会产生性欲”，他才明白：

> 他父亲是无辜的，他的记忆是不真实的，他只是如俄狄浦斯那样将敌对关系投射到父亲身上。这打破了他原有的诱引理论，从而发展出俄狄浦斯情结理论。他的个人冥想促使他得出一个新的结论。1897 年他写信告诉弗利斯一个“重大

讯息”：如果从字面理解，诱引理论①是错误的。[3]

所有这些要素的混合再次告诉我们记忆是与神话相联系的。父亲、母亲与孩子间的戏剧关系，是在不断的自我生成中得以延续的，它不是一种对实在现象的记忆，而是一场动态的、发展的、鲜活的戏剧。神话不断地被重新诠释、发展着、改变着，甚至增补着。来到当下现实生活中的记忆不仅仅是记忆，因为它们承载着神话的角色。拉伊俄斯（Laius）丢弃俄狄浦斯、伊俄卡斯忒（Jocasta）的自缢身亡、俄狄浦斯无法接受现实从而自刺双目——所有这些，都是这一伟大神话的组成部分。② 在这个意义上，心理分析是对自人类肇始就一直存在的基本人际模式的一种反映。

这一持久关系的三角模型，虽然千姿百态，但却是每个孩子成长必须攀登的阶梯。弗洛伊德对此结论所表现的沮丧态度非常有趣，他觉得这是一种决定性的丧失。“当所有价值都崩塌之后，只有心理学理论还是可靠的。”[4]他信中向弗利斯如此说道。由此，他开始写作他第一部也是最具影响力的著作《梦的解析》。这本书的根基就是他的新心理学以及对神话真相新的理解。

---

① 在发现病人的神经症状多来自自我压抑后，弗洛伊德开始寻找被压抑的欲望，并首先发展出一套诱引理论，认为对于纯洁的儿童来说，成人特别是父母的诱引会引发冲动。但通过自我分析，他发现诱引是不存在或者臆想的，从而建立起以俄狄浦斯情结为代表的儿童期性行为理论。——译者注

② 古希腊俄狄浦斯的神话：拉伊俄斯的儿子俄狄浦斯出生时，神谕表示他会被儿子所杀，为此他将俄狄浦斯丢弃在野外，但因心生怜悯的牧人，俄狄浦斯辗转存活成长。俄狄浦斯长大后也知道了神谕，便出走避祸。流浪到底比斯附近时，在冲突中失手杀人，其中正包括了他的亲生父亲。当时，底比斯为了脱困狮身人面兽斯芬克斯，便宣布谁能解开谜题，从斯芬克斯口中拯救城邦的话，便可获得王位并娶国王的遗孀伊俄卡斯忒为妻。后来正是由俄狄浦斯解开了斯芬克斯的谜题，解救了底比斯。他也继承了王位，并在不知情的情况下娶了自己的亲生母亲为妻。后来，受俄狄浦斯统治的国家不断有灾祸与瘟疫，在先知的揭示下，俄狄浦斯才知道自己终究应验了杀父娶母的不幸命运。震惊不已的伊俄卡斯忒上吊自杀，而同样悲愤不已的俄狄浦斯，则刺瞎了自己的双眼。——译者注

> 通过采用神话的语言，弗洛伊德像爱因斯坦一样，创造了一个象征体系，一个综合性的心理学方程式，它开启了未来科学探索的可能性，而避免了预先去设定任何永恒真理。[5]

费德尔（Feder）接着以一种安慰的口吻补充说："如果我们生活在这一悖论当中，我们就可以安享我们在这个星球上的生活。"[6]

弗洛伊德认为，神话表现了"有意识的愚昧和无意识的智慧"。那些相信现代文化已经"超越神话"的人最好问问自己：我们是否正好表现了这种"有意识的愚昧和无意识的智慧"？

爱与死的神话

弗洛伊德神话学中令人印象最为深刻的部分之一，就是对厄洛斯亦即爱之神话与塔那托斯（Thanatos）亦即死之神话①的永久对抗的描述。前者，使得人们团聚、友爱、互助，包含了所有令人类团结如一的建构性因素。弗洛伊德认为，正是因为有了爱之神话，我们才可以欢聚一堂、相亲互助。这是生活中积极温暖的一面，它表现为文化中具有创造性的一面，就像歌德笔下获得新生的浮士德，抑或历经艰辛获得爱情的培尔·金特（Peer Gynt）。弗洛伊德的厄洛斯是一个总和的概念，它代表了所有那些让我们将不可能变为可能的力量。在厄洛斯与塔那托斯的冲突过程中，诞生了文明的力量，驯化了人类自身的破坏性趋向。

如上所述，厄洛斯的抗争代替了死神的位置。和厄洛斯有不

① 厄洛斯，阿佛洛狄忒和赫尔墨斯或阿瑞斯之子；小爱神。他的形象一般都是蒙着眼睛，因为，爱情总是盲目的。他的"武器"是魔力标枪或弓箭，相当于罗马神话中的丘比特。塔那托斯，死神；黑夜女神之子。——译者注

同的层级一样，塔那托斯也包括了不同的方面：疾病、劳苦以及所有蒂利希所说的非存在（nonbeing）。那些让我们分崩离析的力量、那些束缚我们的恐惧、所有对抗厄洛斯的东西都包含在塔那托斯的神话中。弗洛伊德说，爱与死的冲突是“一场女佣想用描绘天堂的摇篮曲去平息的巨人之战”。[7]

文明正是在这不停歇的斗争中历练而出。艺术的成就、伟大的诗篇、迸发的灵感，所有这些都是爱与死之争的产物。没有这斗争，就没有创造力。同样，厄洛斯也会变得了无生气、幼稚无趣，意大利文艺复兴画作中便不会经常出现那可爱的小男孩丘比特。

文明之伟大即源于爱与死的斗争。没有了厄洛斯的塔那托斯不仅残酷，更会走向虚无。但从这两种伟大力量的斗争当中，我们也看到了生命的悖论：两种神话糅合在一起，就像那宏伟瑰丽的大教堂上，也有面露嘲讽俯瞰人类的石像鬼。

> 弗洛伊德认为厄洛斯与塔那托斯的斗争是跌宕而惨烈的……人类被裹挟其中。我们内心中无尽的斗争产生了不停折磨我们的负罪感：这就是我们为文明付出的代价，并且换来了对人类最底层攻击本能的压抑。[8]

自我真相的悲剧

无论是我们还是弗洛伊德，都没有从索福克勒斯笔下《俄狄浦斯王》中直接看到源自性欲或弑父之类的冲突，因为这些都发生在戏剧情节开始之前。俄狄浦斯是一个受人拥戴的国王，他强有力且智慧地统治着他的王国底地斯城，而且与王后已经有了若干年的美满婚姻。戏剧唯一的主题就是俄狄浦斯是否会意识到并承认自己的所作所为。悲剧的主题是寻找自我的真相，这是一部人与真理之间激烈碰撞的悲剧。俄狄浦斯的悲剧就是他拒不接受自己的现实。[9]

戏剧中大幕拉起时，底比斯城正遭受着又一场瘟疫。神谕说，只有找到杀死先王拉伊俄斯的凶手，瘟疫才可以停止。俄狄浦斯唤来了盲人先知提瑞西阿斯（Tiresias），并由此一步步接近了真相，这一揭示真相的过程，充满了那些命运承受者对真相的愤怒以及所有人类反抗认识自身现实的斗争的全部内容。有趣的是，弗洛伊德看完这一出戏后叹道："这就是精神分析！"

失明的先知象征着那种拨开外在细节困扰、抓住内在真相的洞察力（insight）。

先知提瑞西阿斯一开始拒绝回答俄狄浦斯谁有罪的问题，他说道：

> 知晓那个是多么可怕……
>
> 对于那些事，知道他没有任何好处！
>
> 我虽如此深切地知道这一切，但还是让它们慢慢被人遗忘的好……[10]

为回应俄狄浦斯新的要求与威胁，他继续说道：

> ……让我回家
>
> ……这样你的负担可以轻一点
>
> ……你
>
> 是所有的未知
>
> 我不会说出来，以免显露我的哀痛，还有你的。

戏剧围绕俄狄浦斯与其自我的关系渐次展开，而这个过程被先知提瑞西阿斯掌控着。因而，提瑞西阿斯成为精神分析师。俄狄浦斯展现出“拒斥”和“投射”的行为，他愈强烈地抵抗，反而愈接近事实的真相。他指责提瑞西阿斯谋划出卖城邦，不然他为什么缄默不语？先知回答道：

> 我不会让自己也不会让你懊悔，
> 你为何还要探究这些事情？

俄狄浦斯在愤怒中产生了这样的心理投射——他谴责就是先知杀死了先王。最后，先知不得不说出就是俄狄浦斯自己杀死了他父亲时，俄狄浦斯进而指责这些话是先知与妻兄克瑞翁(Creon)篡夺王位的阴谋之一。

伊俄卡斯忒，俄狄浦斯的妻子，劝阻他不要再指责先知，并发表了一段动人的演说：

> 听着，没有一个凡人
> 可以精通预言之术。

伊俄卡斯忒，被俄狄浦斯所娶的母亲，现在开始意识到等待着俄狄浦斯的恐怖事实。她试图劝阻他：

> ……我们为什么惧怕呢？
> 最好尽可能随随便便地生活。
> 别害怕你会玷污你母亲的婚姻；
> 许多人曾在梦中娶过母亲；
> 但是那些不以为意的人
> 却安乐地生活。

当俄狄浦斯无论如何决意要面对真相的时候，她哭喊道：

> 看在天神面上，
> 如果你关心自己的性命，
> 就不要再追问了；

我自己的苦闷已经够了。

俄狄浦斯没有被说服，坚持要知道自己到底是谁，自己从哪里来。他必须知道并接受自己的真相、他自己的神话以及他自己的命运。

如果不是全部真相，我就不要听

无论是怎样的结局，我都不会犹豫……

最后，那拯救了幼年俄狄浦斯的老牧羊人来了，他就是那个提供最后线索的人。

“我心存着恐惧，几乎无法开口。”他呼喊道。而俄狄浦斯回应道：“我要听，我必须听，完完整整地听。”

最终，当俄狄浦斯知晓弑父娶母的悲剧真相时，他刺瞎了自己的双眼——那观看（seeing）的器官。他最先的惩罚是自我放逐，然后在《俄狄浦斯在克诺尼斯》中，被克瑞翁及整个城邦所放逐。现在，悲剧的情节锁链完整了，在只有几天大的时候，俄狄浦斯就被他的父亲流放，现在，作为一个老人，他将再次踏上流放之途。

这一放逐作为一种象征，强烈吸引着现代精神分析学，因为如我们在前面章节所看到的，对于一个处于 20 世纪末的美国人来说，造成其焦虑最大的威胁与原因不是阉割（castration）而是放逐（ostracism）[①]，亦即从群体中被驱逐出来的恐怖命运。许多当代人宁愿被阉割，也不愿被放逐，他们为此放弃了权力，逆来顺受。

---

① 原意指雅典城邦为了防止官员终身制和滥用权力而建立的一种独特罢免制度——陶片放逐制。公民大会上，每一公民都有权将他认为滥用权力的官员姓名，秘密写在一块特制的陶片上，投入票箱中。如果弹劾一个官员的票数超过六千人，则该官员就必须被驱逐出雅典，并在 10 年之内不许回归。——译者注

责任而不是罪责

现在我们转入《俄狄浦斯在克诺尼斯》，这部戏剧揭示了俄狄浦斯神话在愈合与整合方面的作用。又老又瞎的俄狄浦斯在他女儿伊斯墨涅（Ismene）的带领下来到克诺尼斯，那是雅典城外几英里的一处丛林。老人在这里停歇下来，反省这些可怕经历对自己的意义。

这部戏剧中没有任何动作，它几乎全是在描写一个冥想的人如何去理解自己的悲剧经历。据我所知，这部戏剧从未在美国的精神分析文献中被提及，这实在是一件让人惊异的事情。一个原因是神话的整合功能在精神分析讨论中几乎被忽略了。而更重要的是，正如《俄狄浦斯王》中的结局那样，对这个与性、弑父相关的神话的一系列阐释要求我们，在所有这些故事结束、结局已定之时停下来。

但如果将神话看做人类斗争的表现，看做对自我真相的寻求，我们就必须如索福克勒斯那样继续探究：一个有俄狄浦斯这样境遇的人，将如何接受自己所作所为的意义。这部戏剧是俄狄浦斯与其自我及他人、与生命的终极意义调和一致的过程。就像他女儿所说："抛弃你的那位神，现在开始支持你了。"

写作这部戏剧的时候，索福克勒斯已经89岁了，因此也可以说戏剧当中也包含了他作为一个老人的智慧。

在克诺尼斯，俄狄浦斯深思的第一个主题是罪责（guilt）——自我意识与伦理责任的关系难题。在无预谋、不知情的情况下的行为，应否进行罪责判定？在探究的过程中，老俄狄浦斯得到了自己认可的答案：要对之负责，但那并不是罪过。

底比斯的克瑞翁听到俄狄浦斯的尸身可护佑一个城邦永保和平的预言，就试图劝说老人回去。但俄狄浦斯愤怒地回击了克瑞翁对其罪过的谴责：

> 如果我来到这个世上——我确实来到了
> 就是不幸与我父亲在一场争斗中遭遇
> 并且击倒了他，不知他为此死亡
> 也不知我杀的是谁，
> 你又如何判定这无预谋的行为是有罪的呢？……
> 至于我母亲——该死，作为她的兄弟
> 你并没有一点羞愧——
>
> …………
>
> 但我们都不知道真相；
> 而且她还生了我的孩子……
> 虽然我并不是蓄意要娶她
> 甚至都不愿意谈及这些。

对于他的父亲，他再次呼喊道：

> 这些都是正当的借口：
> 我不认识他；而他打算杀死我；
> 在法律面前；
> 在神面前；
> 我们都是无辜的！[11]

很明显，俄狄浦斯接受并愿意承担他的责任。但他坚持认为，有意识与无意识因素之间存在细微的不同，而这种差别使得任何法律或伪善的非难都是不精确的甚至错误的。这是一类老生常谈的问题，比如弗洛伊德认为罪责是心灵而不是行为本身，而在索福克勒斯撰写这部戏剧之后的4个世纪，耶稣也这么说过。这部戏剧实际上认为，克瑞翁他们在卑鄙、贪婪、傲慢上的罪过，“相比俄狄浦斯那些因愤怒遭受惩罚的罪责，至少同样严重。俄狄浦斯很快从自己所遭受的无情惩罚中摆脱出来，开始依据一种从遭遇中领悟到的道德律令直接行动。”[12]

以暴怒的口吻，俄狄浦斯拒绝了克瑞翁狡猾的建议，这底比斯的现任领导者企图以安提戈涅（Antigone）① 为人质，胁迫流亡的国王回归。幸运的是，雅典统帅提修斯（Theseus）及时地击败了克瑞翁，并救回了安提戈涅。

这部戏剧提出了一个被现代存在主义心理治疗师所强调的主题：由于有意识与无意识之间的相互作用，我们无法用合法的方式去控诉罪责，我们必须接受这一人类的普遍境况。由此我们意识到，我们每个人都参与到人对人的不人道行为中。由此，提修斯这个看来毫无内在冲突的英雄对俄狄浦斯所说的话，便尤为切中肯綮，且有永恒的重要性：

> ……至于我
> 同样是个放逐者……
> 我知道我只是一个人，在最后的时刻
> 我不会比你拥有的更多。

这部整合性戏剧的另一主题是俄狄浦斯在给予恩泽上的力量，那时他已经从可怕经历中恢复过来并接受了它们。正如他在克诺尼斯对来看他的雅典人和他的女儿所说的：

> 那超越自然的神明赋予我的恩泽

① 安提戈涅是俄狄浦斯的一个女儿，是俄狄浦斯三部曲中最后一部《安提戈涅》中的主角。——译者注

我带到这里
并使得这里的人获益……

提修斯接受了这番话："正如你所说，你的存在是我们无与伦比的福分。"这种给予恩泽的能力与俄狄浦斯的成熟以及情感和精神上的品质有关，这些品质来自于他面对自己遭遇的勇气。他呼号道：

我想
如果懂得奉献
一个人便可以为他人赎罪……

但是，还有另外一个显而易见的象征性因素，可以确定无疑地佐证俄狄浦斯能够给予恩泽的观点：神谕说，他的尸身可以护佑城邦永保胜利。仅仅是他尸身的存在（presence）就足够了。[13]

对这一神话分析最后的要点是爱。在戏剧的结尾，俄狄浦斯在女儿们的陪伴下，在一块巨石旁边死去。信使回去向大家通报了俄狄浦斯不可思议的死亡方式，并复述了他弥留之际对女儿们说的话：

……还有一个字
可以让我们从尘世的苦痛与重压中解脱：
那，就是爱。

俄狄浦斯完全没有将爱当做攻击性与愤怒的对立面。他只爱那些他选择去爱的人。曾经背叛了他的儿子向他请求宽恕："怜悯可以战胜神力，"但俄狄浦斯并没有接受。他对他两个女儿的爱以及在他流亡途中女儿们对他展露的爱，才是他要去祝福的。

性格刚烈的俄狄浦斯，那个在岔路口失手杀死父亲的俄狄浦斯，那个在《俄狄浦斯王》中怒斥先知提瑞西阿斯的俄狄浦斯，在这最后一部剧中，他的脾性依然没有被岁月和痛苦抹去。索福克勒斯并没有改变或缓和俄狄浦斯的暴烈脾气，他并不认为这些是俄狄浦斯在老年应该去改善的性格缺陷，所有这一切表明，即便是失手杀死了父亲，攻击性仍旧不是这些神话的中心议题。俄狄浦斯的成熟并未以放弃激情、投合社会为代价，并没有“依据文明的现实要求”而生活。这是俄狄浦斯与自我的和解，与那些他所爱的人以及生命的超越性意义的和解。

最后，信使报道了俄狄浦斯不可思议的死亡与葬礼：

> 一对天堂的侍者走向他，
> 阴曹地府的阴暗之门为爱开启；
> 他的离开没有悲哀与伤痛，
> 相比凡人，他的终结是如此美妙。

索福克勒斯戏剧性地呈现了这一动人而美妙的死亡仪式。如果说《俄狄浦斯王》是“无意识”的神话，是努力直面黑暗现实与人性中破坏性力量的神话，那么《俄狄浦斯在克诺尼斯》就是一部有关意识的神话，这神话关注对意义的探寻与统一。这二者，构成了人类如何面对他们生存现实的神话。

神话的疗伤能力

从对俄狄浦斯戏剧的检视中，我们可以发现神话的疗伤能力。首先，神话让我们意识到那些被压抑的、无意识的、被遗忘的担忧、愿望、恐惧以及其他心理因素。这是神话的还原(regressive)功能。更重要的是，神话也展露了新的目标与新的伦理洞见与可能性。神话令那些原先并不存在的伟大意义得以迸发出来。在这个意义上，神话是以更高层面上的整合来解决问题的。这就是神话的发展（progressive）功能。

传统精神分析总是过分强调前者而忽视后者，将神话当做还原性的现象，被“投射”在外在世界中的道德或其他意义上。结果就是，神话的整合功能被遗失了。这就是为什么精神分析学界如此关注《俄狄浦斯王》，而忽视了《俄狄浦斯在克诺尼斯》的原因。

但神话是发现的手段，它们以一种发展的方式展现了我们与自然及我们的存在之间的联系。神话是有教育意义的，以呈现内在现实的方式，神话使得人们可以在外在世界中体验到更重要的现实。

现在，我们突出了以往被忽视的主题：神话也为我们揭示出新的现实。它们是通向超越于个人具体存在之上普遍性的途径。我们这样判断是基于如下信念：我们能够真正地接受并克服早期的婴儿期剥夺，并且在整个生命历程中不再心怀怨恨。在这一意义上，神话有助于我们接纳过去，进而发现展现在我们面前的未来。

同为“抛弃愧疚”，但意义有许多微妙的不同。每个人，当然还有每个患者，都需要找到他们自己的心灵旅途。与此相伴的另外一个过程，是将负罪感从神经官能症的层面转化到普通、生存的层面。而且，两种形式的焦虑均可建构性地作为意识与感知的扩展。这段旅途，是通过面对与理解神话而实现的，在这里，神话不仅有古老和还原的特性，也具有整合的、普遍的和发展的特性。

注释

［1］Mann，*Joseph and His Brothers*（New York：Knopf,

1935), p. 33.

[2] Ernest Jones, *The Life and Work of Sigmund Freud* (New York: Basic Books, 1953), p. 325.

[3] 同上书，325-326 页。

[4] 同上书，356 页。

[5] Feder, *Ancient Myth in Modern Poetry*, p. 44.

[6] 同上书，46 页。

[7] 我从菲德尔如下清晰的话语中得到启发：“弗洛伊德在创造神话上的功绩怎么说都是不过分的。”出处同上。

[8] 同上。

[9] 俄狄浦斯出生后，被认为将杀死自己的父亲——底比斯国王拉伊俄斯。为了避免预言成真，拉伊俄斯令牧羊人将婴儿丢弃山中。但善良的牧羊人将婴儿带回家中抚养。后来，俄狄浦斯被柯林斯（Corinth）国王收养。年轻的俄狄浦斯知道弑父娶母的预言后，离开了科林斯。在路上，他遇到一支车队，并在争执中失手杀死刚好在车队中的拉伊俄斯。俄狄浦斯到达底比斯城后，解开了狮身人面兽斯芬克斯的谜题，解救了城邦，并继承王位，娶了其实是自己亲生母亲的王后。

成为心理学与文学主题的俄狄浦斯的神话在当代得到广泛的流传，比如莎士比亚的《哈姆雷特》。丹麦王子收到父亲鬼魂的启示，向弑其父娶其母并继位的叔叔复仇。哈姆雷特，虽然在内心里总是犹犹豫豫，但他确实是现代开启时的一个英雄形象。当最后一幕他被失手杀死的时候，他对朋友霍拉旭（Horatio）呼喊道：“我死之后，要是世人不明白这一切事情的真相，我的名誉将要永远蒙着怎样的损伤！你倘若爱我，请你暂时牺牲一下天堂上的幸福，留在这一个冷酷的人间，替我传述我的故事吧。”

[10] 引自 Sophocles, *Oedipus Tyrannus*, in *Dramas*, trans. Sir George Young (New York: Everyman's Library, 1947)。

[11] 引自 Sophocles, *Oedipus at Colonus*, in *The Oedipus Cycle*, trans. Robert Fitzgerald (Chicago: University of Chicago Press, 1949)。

[12] 引自 Fitzgerald, 注, 同上书, 176 页。

[13] "存在"将在我们的神话分析中反复出现, 对于培尔·金特而言索尔维格 (Solveig) 的存在, 对于王子而言布莱尔·罗斯 (Briar Rose) 的存在, 等等。

第二部分　美国的神话

第六章 Chapter Six

新大陆的伟大神话

> 美洲的发现振奋并且陶醉了西方世界。在倾覆世界对中世纪的看法上，它比什么都重要——甚至哥白尼和伽利略。它彻底改变了西方人的思维。人们现在相信人类社会已开启一个全新的开始。
>
> ——托马斯·默顿（Thomas Merton）

我们最先会惊讶于这一奇特的现象：神话先于发现而存在。1492年，哥伦布乘着他的3艘小帆船启程，然而，在这之前的几个世纪里，中世纪的欧洲并没有“期望”一个新世界。11世纪，维京人（Vikings）在莱夫·埃里克森（Leif Ericson）的带领下来到了美洲。在他们之前，爱尔兰人多次前往北美。但是这些发现在很大程度上被忽视了。中世纪的人们关注他们自身的内在世界；关注天堂——这天上的世界，绝不是一个像他们当前这样的新世界。在人们可以接纳和体验一个新世界之前，欧洲内在的转变是必需的。一个新的神秘的世界必须首先诞生；然后，才是发现一个新的外在世界的时候。我们注意到，人们的神话是决定性的，而不仅仅是历史事实，在这个神话中，他们选择看到什么以及忽略什么。并非历史决定民族的神话，恰恰相反，民族的历史被它的神话所决定。[1]这让人忆起维吉尔（Virgil）① 所讲的：“通

① 维吉尔（公元前70—公元前19），古罗马诗人。——译者注

过我们对神的选择，我们造就了自己的命运。”

为了能够发现并且迁移到新大陆，文艺复兴是必需的，并且要伴随着欧洲人人性的剧烈改变。例如，在意大利艺术中展现的对自然所新迸发的热爱，取代了中世纪僵硬的马赛克工艺。这里有了对人类可能性的新信心、对冒险的新感觉、对推翻地理和科学先前设定的界限的全方位挑战。这些新神话为哥伦布的航行铺平了道路。情况常常如此，神话导致了事实，而非相反。神话引领着人们注意到一种可能性而非另一种，这样就改变了他们的意图和梦想的方向。当人们准备好去接受新世界的发现之时，哥伦布恰好提出了他的探险计划——凯罗斯（the Kairos）[2]。

在人们的心智中，美洲的发现受惠于上帝的垂怜。在一个几乎每一件事情都重新开始的时代，人类崭新的开始是上帝计划的一部分。新大陆的神话并没有忽略旧有的神话。充盈在五月花号（May flower）上的人们的心智和灵魂中的神话，是有关天堂（Paradise）的神话、有关伊甸园（Garden of Eden）的神话、有关金色时代（Golden Age）的神话。人们将这些古老的神话转变成美洲的伟大神话。[3]因为神话超越了时间，它们都可以被塑造为一段辉煌的叙事。1943年，斯蒂芬·文森特·贝尼特（Stephen Vincent Benet）在《西方的明星》(*Western Star*）中写道，神话充满着：

> 那些难以驾驭的水手所见
> 令人惊奇和敬畏的景观……
> 睡眼惺忪诅咒不停，直嚷吃喝不如意，
> 他们抬头向前方眺望……
> 但只见遥远朦胧的天边，
> 一条狭窄漫长出人意料的海岸线。①

---

① 转引自贾秀东等译：《美国神话/美国现实》，中国社会科学出版社，1990，40-41页。——译者注

边疆的神话

在其对边疆对美国社会影响的敏锐的洞察力中，弗雷德里克·杰克逊·特纳（Frederick Jackson Turner）为人们理解边疆创立了重要的神话。他看到了人们正在逃脱的以及人们正在着手的事情的重要意义。边疆的自由土地，吸引人们离开欧洲来到这里，赋予美国人建立一个新边疆和新文化的力量，这力量部分地依赖于欧洲，但却是基于其自身独特的品质。因此，边疆是关键性的神话；它那独特的品质成就了独特的美国。

特纳指出，我们的新居拥有无尽的能量，城市结合着个人主义、自力更生，以及“伴随着自由而来的慷慨和充沛精力”。[4]这个新国家拥有独特的品质，特纳相信这特性很大程度上是基于我们永久地离开了欧洲，独自谋生这一处境。他强调荒野对迁移性存在的影响。尽管他这透彻性的分析直到1890年才发表，但是他描述了一个新的西部精神，以及一个思考美国历史的新思路。在美国，这一观点使对地方性历史的界定从古物研究提升至神话的意涵。

对西方而言，美洲将成为人性再生的神话——没有旧世界的罪孽、邪恶、贫穷、不公或者迫害。自由女神像底座醒目地雕刻着这样的铭文，虽然这些铭文所表达的观点主要是在19世纪崛起，但是在之前的几个世纪中也已经有所表现。

欢迎你，
那些疲乏了的和贫困的
挤在一起渴望自由呼吸的大众，
那熙熙攘攘的、被遗弃了的，

可怜的人们。
把这些无家可归的
饱受颠沛的人们
一起交给我。
我站在金门口，
高举起自由的灯火。

新大陆的神话一直延续到了现在。第二次世界大战期间，丘吉尔发表演讲，宣布“英格兰将坚持到底，直到新大陆来拯救旧世界”。

在定居这片土地期间，朝觐者、拓荒者和探险者，甚至像克林特·伊斯特伍德（Clint Eastwood）这样不通过法律擅自处理事情的好莱坞持枪歹徒的先驱，都被描述为相信天赋的正义，或者它的同义词——天命（manifest destiny）的人。孤独的拓荒者的神话从经典神话奥德修斯（Odysseus）[①] 那里借来力量，奥德修斯的心脏成为诸神之战的战场，正如美国的边疆居民一样，他们被这个国家所塑造，同时也是这个国家命运的表现。拜伦（Lord Byron）在《恰尔德·哈罗德游记》（*Childe Harold*）中插入了对丹尼尔·布恩（Daniel Boone）和美国荒野热情的谈论，布恩被描述为一个天真、快乐、乐善好施、没有野蛮之气但简简单单的人，在他那个旧时代，布恩仍然是天真无邪的人，“他的美德凸显了文明的堕落”。[5]

在西部沙漠中存在着一种命运感，或者如果你信仰宗教，你会相信哪里有荒漠，上帝就有可能会出现在哪里。因此，耶稣走进了沙漠，独处了 40 个日夜；佛陀亦如此，而且很多隐士也走进孤独

① 奥德修斯，古希腊荷马所作史诗《奥德赛》中的主人公，伊萨卡国王，在特洛伊战中献木马计。——译者注

的沙漠，与自己、与上帝对话。西部沙漠被保罗·蒂利希称做“神圣的空白”（holy void）。这是一个使人身陷其中的神话，而到底它是否神圣，是否产生焦虑，取决于你——作为个体的观众。

撒旦（或者梅菲斯特、或者路西法）最初曾是上帝的帮手，这一事实让人明白了美国人对邪恶人物的奇怪认同，例如杰西·詹姆斯（Jesse James）、邦妮和克莱德（Bonnie and Clyde）[①]，或者火车强盗灰狐（Grey Fox）——在他被带离了监狱后，所有的市民包括学校的乐队都为他欢呼。即使现在，孩子们唱起西部歌曲：“他抢劫富人/救济穷人”，这在一定程度上显示出他们对罗宾汉（Robin Hood）神话的认同，罗宾汉是虚构的中世纪亡命徒，他专门劫富济贫。

关于西部荒野神话的奇特事情之一，是西部因拥有治愈力量而受人推崇。西奥多·罗斯福（Theodore Roosevelt），一个体弱多病的青少年，来到西部，锻炼他的体格，在这里他发现了内在的自我，让自己成长为勇敢的男人。在霍雷肖·阿尔杰的神话中，正如我们将在“卢克·拉尔金（Luke Larkin）的运气”（见第七章）中看到，“邪恶”的家庭，贵族世家邓肯（Duncans）的成员，被法官判决流放到西部，重建他们的诚实和正直。

丹尼尔·布恩、基特·卡森（Kit Carson）、迈克·芬克（Mike Fink）、野姑娘杰恩（Calamity Jane），甚至卡斯特（Custer）和水牛比尔（Buffalo Bill）不仅仅是我们心目中的英雄，而且也象征着新大陆治愈力量的神话。这些神话般的英雄对他们作为上帝教化西部的代理人这一角色有着十分自觉的意识——水牛比尔相信他跨越了文明与野蛮。

美国自由的神话也可以被用来发挥非常不同的功效。一位年

① 也作雌雄大盗。——译者注

轻人在治疗中描述了他的家庭如何作为来自旧世界的自耕农以及作为移民迁移到南达科他州的。在最初的4年里，没有人会与这一自耕农家庭说话。小的时候，他和兄弟姐妹们乘公交车上学，在那里他们都被人排斥。他的家人是天主教徒，有一次，他毫无恶意地问另外一个孩子参加的是哪个教会，当天下午的晚些时候，那个孩子的妈妈驾马车走了六公里来到他的家，吵嚷着斥责他的父母，说他们的儿子打听其他人的宗教；他的哥哥跟别人打架，因为他在学校被其他同学嘲弄；他的姐姐在11岁时离开了这个令人不愉快的环境，转到另一所学校，但是她似乎并没有从因之前的遭遇所造成的神经官能症困难中恢复过来。

自由女神像"站在金门口"，却并没有对所有的移民"高举起自由的灯火"。对排斥的恐惧常常纠缠着那些来到明尼苏达州、威斯康星州北部和密歇根州的成群的移民们。我们当中几乎所有人小的时候——我们后来深深地为之懊悔——说到移民，就用蠢人（Bohunk）[①] 和东欧佬（Polock）来指称他们，在城市里，他们是外国佬（Dago）和犹太佬（Kike）。我们萦绕在自由女神像周围的浪漫气氛掩盖了这样的事实：我们听到的往往是那些像安德鲁·卡内基（Andrew Carnegie）和爱德华·波克（Edward Bok）那样成功的移民和其他杰出的移民的故事。

美国的孤独

我们最有影响力的并且流传全国的神话，就是那个关于孑然

① 19世纪，大批东欧移民的到来招致美国人的厌恶和仇视，当时的报纸公开攻击这些新移民"无知、没技术、懒惰、习惯过最野蛮的生活"，将他们称为Bohunk（Bohemian与Hungarian的混合词，意为"粗汉、蠢人"）。转引自朱卫卫的《美国移民社会政治文化》——译者注

一身的牛仔和西部的神话，这个神话在这个国家拥有惊人的广泛影响，而且在世界的任何一个地方，打开收音机都能听到它。[6]我们都记得《游侠传奇》（*Lone Ranger*）的故事，这个故事的序曲是威廉·退尔（William Tell）（在他的国家瑞士，他是一位类似的神话英雄）的冒险经历。节目上演夜晚的冒险之旅，游侠戴着面具，继续向外界保持着神秘感。在他的忠诚的助手托恩托（Tonto）的协助下，游侠策马奔驰，匡扶正义。在节目的最后，他的身份依然未知，游侠奔驰而去，再一次隐身于孤寂的黑夜。这一神话融合了孤独和西部的神话。

孤独牛仔的神话被数不清的电影所演绎，似乎是为好莱坞和美国情绪专门打造的。背景是西部山峦，腥红而泛紫，映衬着绵延的赭色沙漠。在影片中，美国边疆的男男女女都拥有勇气，敢做任何事情。那些从坏人手中救出的女子——或者她们自己得以逃生的女子，是机智的南部美女或者历经风霜的边疆妇女，她们能够伐木，射击堪比最棒的男子。并且总会上演英雄和坏人之间的最后孤独的决斗。西部影片阐述了弗洛伊德提出的人类对再现的热爱；我们似乎有无尽的热情一而再、再而三地重复同样的主题，就像一个真实的神话。[7]

当亨利·基辛格（Henry Kissinger）被奥莉娅娜·法拉奇（Oriani Fallaci）问到如何解释他所享有的“难以置信的电影明星地位”时，基辛格回答道，它来自于“他总是独自一人表演的事实”。基辛格将他的角色归诸于“孤独的牛仔”，从黎巴嫩飞往耶路撒冷，再飞往开罗，没有骑在马背上，而是在外交的喷气式飞机上。“美国人在很大程度上就是这样。”他说。

> 美国人喜爱独自一人领头骑马，带领马拉篷车队的牛仔，独自一人进入村镇……除了他的马没有任何带东西的牛

仔。也许甚至连手枪都没有带……这个牛仔没有必要有胆量。他所需要的只是单独一人来告知其他人他骑马进入村镇，所做的任何事情都由他所包揽。美国人喜欢这样。[8]

这一早期的孤独总是看起来被作为一种文化遗产，与我们孑然的先辈、猎捕食物和捕获动物皮毛的猎人、边疆居民联系起来，他们所有人都过着一种相对隔离的生活，并且因之而骄傲。但是现在20世纪的我们已经不为身体上的孤独而烦恼。在这个收音机和电视的时代，没有人在任何时刻远离得了其他人的声音。我们提到过在《我从未允诺给你一座玫瑰园》中黛博拉的孤独；即使任何时间都有人在她的身边，她还是感觉透彻的孤独并且构建了她自己的神。我们经常被许为工匠之国；我们参加各种组织，从扶轮社（Rotarians）俱乐部到基瓦尼斯（Kiwanas）俱乐部，从兄弟会到姐妹会再到各种类型的妇女会社。这种永久性的联结行为，我保证，是一种反向形成，是为了掩饰内心的竞争性和孤独而采取的手段。

一些人来寻求治疗仅仅是因为孤独让他们难以忍受。我们治疗师现在接手了越来越多的病人，他们来寻求帮助，因为他们希冀找个人听他们讲话，不掺杂任何利益关系，仅仅希望他们安好。还是像第一章所提到的黛博拉，在我们这个因电子和卫星而可以即时通信的时代，患者人数超过以往的任何时候，因为他们不曾遇到真诚地倾听他们内心的人。人们和着披头士列侬（Lennon）和麦卡特尼（McCartney）的歌一起唱："所有孤独的人们——他们都来自哪里？"

孤独深入到我们美国的神话中。在纽约或者休斯敦或者洛杉矶的收费公路上，很多司机看起来就像被内心的孤独所追赶，急匆匆地赶往某个地方但却永远不知道那个地方在哪里。他们的表情显得有些孤苦伶仃，仿佛他们遗失了什么——更确切地讲，仿佛迷惘了。或者他们的行为似乎是被愧疚，或者被暴力的记忆，或者被疯狂的希望所驱赶？当今，人们的态度中所缺乏的是和平感——安静的、深切的、放松的和平。

孤独是对我们无根状态的一种表达。[9]现今很多人，与传统相割裂，常常被社会所驱逐，孤身一人没有任何神话指引他们，没有无可争议的仪式迎接他们进入社区，没有圣礼接纳他们进入圣洁的世界——所以几乎没有什么是圣洁的。无神话的孤独是所有孤独中最深切、最难以缓解的那一个。与过去失去关联，与未来难以连接，我们仿佛悬挂在半空中。我们就像奥德修斯在阴间遇到的鬼魂，祈求人间的信息但却无法感受到任何事情。

产生这一孤独的部分原因是美国历史缺乏根基以及我们只顾向前，以至于几乎不留给自己时间扎下根。当我们被敦促，我们就打起包，乘飞机、乘汽车、乘火车到某个别的地方。托克维尔记录了他的惊讶：一般人在建好房子之后，都会自然地期许在那里生活、享乐，而美国人刚刚建好了房子，一盖上屋顶就把它出售，动身前往某个新地方。

我们缺乏欧洲人感受到的那种历史感。一走出门，一位法国村民就立即看到了大教堂，将他与几个世纪以前的历史联结了起来；他的根在他的眼睛和心情中自然流露，而且那是对孤独的真实的缓解。无论他是否曾走进过教堂，或者他是否相信它的代理人所教授的东西，这些都无关紧要，因为雄伟的建筑就屹立在那里，将他和过去几个世纪的神话相联系。但是在美国我们却自豪于修建了可屹立于世近百年的摩天大厦。欧洲人在时间轴上前行，而美国人却在空间轴上前行。

暴力和孤独

我们是一个暴力的民族，但同时我们也非常民主，孤独就以这种方式被表达着。美国的暴力，即使在20世纪也都很容易看到，却很难被承认和解释。拿着我们的“小型廉价手枪”，我们杀死的同胞的数目50倍于瑞典人或者英国人；并且，我们的谋杀率远远高于中美洲以外的任何文明的国家。我们“和蔼的”美国人一般都认同那些所谓依神的旨意屠杀印第安人的拓荒者，还冠之以新的名称——昭昭天命。

我们在歹徒中制造英雄。在电影中我们认同罪犯，在禁酒时期，第一公敌迪林杰（Dillinger）①便有几分英雄的意味，其他的歹徒也是英雄式的，他们现在被克林特·伊斯特伍德所演绎。（我们对）电视屏幕上泛滥的暴力已经习以为常，但无论它是否在年轻的观众中滋生了暴力，它依然照顾了这样的感受：我们不能依赖任何人，除了自己。我们被潜在的敌人包围，这让我们认为自己应当身穿防弹衣，而且必须永远不放松警惕。确实，我们看报纸知道，得克萨斯州的一位当代牧师自从独自一人站在讲道坛上以后，就很容易成为刺客的子弹的目标，所以他就在他布道的时候穿着防弹衣。

因此，孤独以及对它的否认，或者逃避，在美国是很重要的神话。孩子们可以借看电视来逃避它；青少年以时常举办的派对和偶尔的性行为来掩盖它；中年人凭结婚—离婚走马灯似的更迭

① 迪林杰：20世纪大萧条时期活跃于美国中西部的银行抢匪，曾被指控与数名警察的死亡有关，组织过对至少24家银行和4家警察局的抢劫，还曾两次越狱。但是当时人们却十分尊崇他，认为他是现代的罗宾汉。——译者注

来压抑它。因此，交心小组（encounter group）在美国显得尤为重要；任何人都可以发起一个新的“成长”小组，一个个人就会群聚其中，在其中自发地学习生活和爱的新技巧，他们却没有意识到“自发性的技巧”（techniques of spontaneity）这一词组的矛盾之处。我们从小就听着位于普利茅斯巨礁的那个天堂的故事以及边疆地区神奇的成功传说，这些故事和传说深埋在我们的潜意识中，神话亦是如此，我们找不到任何取代它们位置的东西，唯有重复这旧的言说。

新生的诱惑

从一开始，我们早期的美国人向西推进，总会发现一些新颖的东西。我们给我们的州命名为纽约州、新墨西哥州。新生事物的神话总是向我们招手。我们相信上帝一定偏爱我们，因为每一天都会有新的发现迎接我们的猎人、边疆居民和我们的矿工；到处可以见到奢华的乡村。后来，我们在山上发现了矿石，山上的森林源源不断地为我们供应木材——所有这一切因 1849 年意外地在加利福尼亚发现黄金而达到了高潮。难怪在美国我们热爱任何新技术：一种电脑被新类型的发明挤出了市场；阿司匹林或者维生素的任何新品牌都被贪婪的胃口一抢而空。异教团体和专家权威的涌现，在我们西方尤为盛行，这是新宗教、新的生活方式、新天堂和到达这些天堂的新技术的表现，所有这些归结为一个词——“新时代”。

这也帮助解释了为何种目繁多的心理治疗在这新大陆如雨后春笋般成长，这与它们在欧洲仅仅作为研究兴趣而受到关注形成鲜明反差，尽管治疗的每一种早期形式——弗洛伊德学派、阿德勒学派、荣格学派、兰克学派（Rankian）、赖希学派（Reichian）——都是在欧洲发起的。治疗的新形式的代表如霍妮（Horney）、弗洛姆（Fromm）、亚历山大（Alexander）①、弗洛姆-里奇曼和其他人也作为欧洲的特使来到这个国家。我们对这些治疗的新方法如此趋之若鹜！我们在各个方面都渴望新事物。

在治疗领域，这成为改变中的自我的神话：在美国我们想要发现新的自我，一套新的期望。这一神话的最重要的道德含义在于，典型的美国人来治疗不是希望被治愈，而是希望找寻新的生活，进入一种新的生活方式。

改变（change）在美国是一个伟大的词汇；我们不仅相信它，而且崇拜它。我们认为它代表了我们的一切，并且将看到它表现在盖茨比全部的信念中，他相信他有能力改变他的口音、他的名字，创造他自己。托克维尔清楚地看到了这一点：

> 美国人没有时间将他自己系于任何事情上，他仅仅习惯于改变，并且视其为人类的自然状态。他感受到对它的需求，更甚者，他热爱它；因为不稳定，而不是对他意味着灾难，所以看起来会诞生神奇。

这样的改变，无论被评价为天佑（Providence）或者进步（Progress），这二者在美国都被视为好事情。在政治上，这是最典型的一种神话模式，新事物的神话极富重要性——参见新政（the New Deal）、新边疆（the New Frontier）、新成员、新视野。这个国家中没有人坚持保留旧的边疆。我们记得肯尼迪（Kennedy）在选举时的魅力，部分是因为他提出了新思路，青出于蓝而

① 亚历山大（1891—1964），美国精神分析学家，曾担任芝加哥精神分析研究所所长。——译者注

胜于蓝。但真正的问题是新事物的质量却几乎无人问津。在这个新大陆，人们假定，因为它是新的，所以它就是好的。这是改变的神话，在这里我们换上新的自我，在这里我们追随库埃方式(Cuéism)[①]，即“每一天在每一方面，我都越来越好”。

这一心境与以下事实相关：我们假定历史甚至其中我们国家所拥有的很小一部分并不重要；我们怀着一种解脱感丢弃了欧洲历史。当亨利·福特（Henry Ford）说“历史是瞎话”的时候，很多美国人私底下都相信他。对他来讲，历史始于福特廉价小汽车的发明。因为只将目光着眼于当下和未来，所以我们的神话忽视了美国历史那真正的富饶；因为仅仅喜爱新事物，所以在心理治疗中对所有类型的改变的期望与真实的进步都背道而驰。在治疗中的患者，在他对新生活的憧憬中，忽略了内心深处的自若和安谧所具有的更大价值。

但是在追随达至我们当前状态的神话的所有时刻，我们都有着潜在的怀疑：我们是否只是利用我们新时代的方法在逃避？当我们谈及改变人格时，我们需要一个更加神秘的术语。这一新诞生的术语是“转型”（transforming）：我们说我们忙于“个人转型”。在20世纪70年代，维尔纳·艾哈德（Werner Erhard）在加利福尼亚创办了EST工作坊[②]，这一运动如野火燎原般遍及全国。

> 大约50万人，大部分是年轻人、富人、白人……付给艾

① 指法国心理学家埃米尔·库埃（Émile Coué）提出的基于积极的心理暗示建立的新的心理治疗和自我提升的方法。——译者注

② Erhard Seminars Training，简称EST，由维尔纳·艾哈德创办。该培训从1971年延续至1984年，遍及欧美。EST关注人的转型和对自我生活的负责。但是，在其盛行之时，不少人对此持反对意见。由于其过分强调自我中心，排斥理性思维，所以造成不少人接受培训后精神崩溃，引起很多诉讼。——译者注

> 哈德和他的同事300～500美元，在一周之内实现转型，从迷惑的、未施展抱负的人到自信的、主导性的、“明了世事”的人——为他们自己的生活负起责任。[10]

但是这是一个短命的神话。5年之后这一转型的喷泉开始干涸，很快没有人听说任何关于EST的消息。毫不出人意料，艾哈德自己已经转型了，他现在为所谓的“转型性技术”（Transformational Technologies）的转型商业发展了一套“突破”系统。他转而去赚企业的钱了。正如这一新形式的报道者所讲：

> 在我们不断再生，习惯丢弃与取代的文化中，会话已经取代了对错误的更正，快速的转型对自我来讲已如快餐般容易。在转型的过程中你将成为什么似乎已经无关紧要，只要你被转型。尽管你掌握了有趣的新词汇，但如果你还同样是不完美的动物，只要再转型即可。[11]

普罗透斯的神话

希腊海神普罗透斯（Proteus）代表着改变的神话。无论何时普罗透斯处在任何危险或者困难的情境中，他总能够变成新的样子，动物或者树或者昆虫，以保安全。美国精神病学家罗伯特·利夫顿（Robert Lifton）极富洞察力地将这种总是处于改变中的人格描述为：变化多端（Protean）。在很大程度上，改变的神话，对新事物的无尽追求，对转型的热忱，是我们逃避焦虑的借口，正如普罗透斯那样。在《奥德赛》（*Odyssey*）中，当奥德修斯和他的伙伴遇到这个老谋深算的家伙，而且必须从他那里得到回家的方向时，荷马这样描述普罗透斯：

点毕，他在海豹群中息躺。

随着一声呐喊，我们冲扑上前，展开双臂，将他抱紧不放。

然而，老人不曾忘却他的变数和诡诈。

首先，他变作一头虬须满面的狮子，

继而又化作蟒蛇、山豹和一头巨大的野猪，

变成奔流的洪水，一棵枝叶繁茂的参天大树——

但我们紧紧抱住，以我们的坚忍和刚强。

当狡诈多变的老人用尽了浑身的力气，

他开口对我问话。①[12]

但是对改变的迷恋能够导致流于表面和心理上的空虚，就像培尔·金特，我们从未停下来花足够长的时间来倾听我们自己内心深处的洞察。利夫顿通过普罗透斯的神话描述了一种变色龙倾向：很多当代的美国人扮演任何环境所需的角色都是轻而易举的。最终，我们不仅无法诉说我们内心的诚实，而且常常深信从未活出“真正的自我”。

在这样的情境下，改变的神话可以等同于表面化(superficiality)。我们生活在他人的期望之中。当一位著名的电影演员在治疗中被问及他的想法时，他回答说：“我没有想法。如果你想让我说什么，你必须把它写到卡片上，转动摄像机，然后我就把它讲出来。”这个人与他的很多同事没有什么区别，尽管他变得很富有，成为一个名人，但是他也深深地陷入抑郁（中）而且感觉丢失了生活的意义——他确实丢失了。他用“失去了味道的盐”来描述自己那种无休无尽的心情。

① 转引自陈中梅译，北京燕山出版社，1999，62-63页。——译者注

无论我们是否用像“新时代”、“转型”、“新可能”或者其他的词语来对它“乔装打扮”，普罗透斯的神话、持续变化的神话，的确可以暂时使我们远离焦虑。我们美国人总是到处奔走，逃避对人类悖论的焦虑和对死亡的焦虑。但是逃避的代价就是深深的孤独和疏离感。伴随这些感觉而来的是抑郁和坚信我们从未真正生活过、我们被生活所驱逐的看法。

一位当代诗人 W. S. 默温（W. S. Merwin）讨论了普罗透斯的神话在当代美国的表现。他首先陈述道：“神话是定义当前诗人角色的最重要和最强劲的工具。”他认为我们在这个时代实践着普罗透斯的神话。在他对这个神话的阐述中，他试图抓住普罗透斯，将其作为一种寻求智慧与预言的天赋的努力，这些力量实际上是由人投射给神的，默温讲道：

> 我们通过仿效普罗透斯来逃离危险，普罗透斯不仅仅是我们时代的神经症人格，而且也是我们每一个人的人格。所以，在美国我们对改变的热情藏有我们逃避死亡恐惧，逃避任何我们认为威胁我们的危险的努力。[13]

“他转向我，面带着和我一样的表情。”默温继续讲道，这也就承认了他也一次又一次地陷入普罗透斯的诱惑。普罗透斯的神话由华兹华斯（Wordsworth）所展现，在这个神话中，我们被商业主义所奴役。

> 世界给予我们太多；但在我们的一生中，
> 我们只知予取予求，糟蹋自己的力量：
> 从大自然中，我们看不到任何东西；
> 我们放弃了自己的心灵，像丢弃肮脏的东西一样！

但是和所有神话一样，普罗透斯的神话本身并不仅仅是邪恶。我们的错误在于我们迷醉于商业主义，放任我们对金钱的热爱胜过我们欣赏身边自然的能力：

……伟大的上帝！我宁愿是一个
被过时的教条养育大的异教徒；
如此一来，我才有可能身处这乐园，
才有可能不会感到如此孤立无援；
才有可能看到普罗透斯从海中升起；
或者，听到海神吹响他那精心雕琢的号角。[14]

注释

[1] 恩斯特·卡西雷尔（Ernst Cassirer）在 *The Myth of the State*（New Haven：Yale University Press，1946）指出过这一观点。

[2] Kairos 是希腊词汇，被蒂利希（Tillich）和其他人用来指称“命定的时间”。

[3] Robertson，*American Myth/American Reality*，p. 33.

[4] Frederick Jackson Turner，*Encyclopedia Brittanica*，vol. 22 (Chicago：Willliam Benton，1983)，p. 625.

[5] Henry Nash Smith，*Virgin Land*（Cambridge：Harvard University Press，1975)，p. 55.

[6] 在我孩子小的时候，我常常时不时地带他们到“西部”去，作为他们的消遣和娱乐——或者至少我是这么对自己讲的。我知道故事情节一如既往：当印第安人骑马围绕着马拉篷车队奔驰的时候，车队停了下来围成圆圈保护那些仍然活着的拓荒者和他们的家庭，就在车队即将被围剿的千钧一发之际，军号响起，我们突然看到山上的星条旗和美国骑兵奔驰而来营救我们，领队

的是一位英俊的中尉。每一次我都告诉我自己，我不再有任何感觉。但是，当军号响起，旗帜飘扬，奔驰的士兵出现在山上，我一如往常那样激动万分。这就是神话的力量啊！

[7] 关于在欢悦的美国人中的孤独这一令人惊奇的现象在畅销书《孤独的人群》（*The Lonely Crowd*）中得到过描绘。(David Reissman et al. New Haven：Yale University Press，1973)

[8] Oriani Fallaci，*Interview with History*（New York：Liveright，1976)，p. 41.

[9] 提及重返欧洲，菲利普·斯莱特（Philip Slater）在他的书《追求孤独》（*Pursuit of Loneliness*）中谈到，在美国每个人都显得那么孤独。"通过对比真实的人们郁郁寡欢的面庞和电视提供的快乐的视像：男人和女人心醉神迷于刻板的消遣符号——奔跑着穿越原野、闲庭于海滩、跳舞和唱歌，这些（孤独的——译者注）感知被加强。美国人从很小就知道他们快乐的时候应该怎么展现以及他们为了快乐应该做什么或买什么，但是基于一些原因，他们的幻想难以实现，只留下失望与痛苦的交加。" Philip Slater，*The Pursuit of Loneliness* (Boston：Beacon，1976)。

[10] Mark Dowie，"The Transformation Game"，*Image* (San Francisco) (October 12，1986)：22-26.

[11] 同上书，16页。

[12] Homer，*the Odyssey*，trans. Robert Fitzgerald (Garden City，NY：Anchor Books，1963)，p66.

[13] Lillian Feder，"Myth in the Poetry of W. S. Merwin，" in *Poets in Progress*，ed. Edward Hungerford (Evanston，III.：Edward Hungerford，1962)，pp. 412-413.

[14] Wordsworth，"The World Is Too Much with Us".

第七章 Chapter Seven

个人主义和我们自恋的时代

在美国……我在全世界可以找到的最快乐的环境中看到过最自由和受过最好教育的人们；然而我感觉他们的眉间习惯地悬着阴云，他们看起来很严肃而且似乎在快乐中浸润着悲伤……因为他们从不停下来思考他们还没有获得的美好的事情。

——托克维尔

美国人执著于个人主义的神话，就仿佛这是唯一正常的生活方式，他们却没有意识到在中世纪没有人了解这种生活方式（除了隐士），在古希腊它会被视为精神病。我们认为作为美国人，每个个体都必须做好独自一人的准备，我们中的每一个人都追随着那个草原上孤独的小屋的神话。每个人必须要学会照顾自己并且不亏欠任何人的人情。当一个朋友因过着避世的生活而被指责时，詹姆斯·费尼莫尔·库柏（James Fenimore Cooper）让他18世纪的男主人公——莱瑟斯托金（Leatherstocking），讲出了下面这些话：[1]

不，不，法官。我在森林里已住了长长的40年，有一个时候整整5年没有见过一块比树林中落叶堆大一点的开垦地；我倒很想知道，你们到什么地方可以找到一个年已68岁的人过着更为安逸的生活，尽管你们有各种更好的生活条件和猎鹿的法律；至于谈到诚实，谈到在人与人之间行为正当，我不会不理会关于你的特许状的大吹法螺的骗人的话。①[1]

这一在政界被称为“坚定的个人主义”，被一些历史学家称为“激进的个人主义”的神话，对民主有显而易见的巨大好处。但是它也显现出基本的缺陷，即没有为我们留下任何属于我们自己的稳固的团体。没有人怀疑坚韧的、经历风吹雨打的童子军在建立和探索这个国家的时候所扮演的重要角色，他们穿得与其说像欧洲人，不如说更像印第安人，尤其是那些狩猎者和从阿勒格尼（Alleghenies）一路向遥远的西部前行的童子军——完全都是一个人单独行动。他们写就了孤独的个人主义的神话，把我们的孤独变成了一种奇怪而且崇高的道德成就。

沃尔特·惠特曼（Walt Whitman），被很多学生视为美国最伟大的诗人，（他）在《我歌唱自己》（Song of Myself）中写道：

我歌唱自己……

歌唱饱含热情、脉搏和力量的广阔生活，

心情愉快，支持那些神圣法则指导下形成的、最自由的行动，

我歌唱“现代人”。②[2]

以及

我赞美我自己，歌唱我自己……

我闲步，还邀请了我的灵魂，

① 转引自薛蕃康，费翰章译：《处女地》，上海外语教育出版社，1991。——译者注

② 转引自惠特曼：《我歌唱自己》，赵萝蕤译，上海译文出版社，1991。——译者注

我俯身悠然观察着一片夏日的草叶。①[3]

甚至在理应为共同体而努力的宗教中，这种个人主义在19世纪中期也在如野火燎原般横扫中西和远西的复兴运动中显现了出来。重点在于个体是独立自主的人物。当庞大的人群聚集在一起等待“被拯救”时，他们唱的歌并没有顾及在每个个体周围那许许多多的人中的任何一个：

我独自一人来到花园，
其时，露珠仍雕琢在玫瑰的花瓣上；
我听到一个声音，落入我的耳里，
人类之子出现了。
他走近我，他与我交谈，
他告诉我我是他的，
我们在那里逗留，分享欢乐，
从未有任何人知晓。

罗伯特·贝拉曾强调，在美国，我们的道德“如此专断地聚焦于个体的自我提升，以至于大的社会语境几乎难以进入视线”。[4]这一论断最初由本杰明·富兰克林（Benjamin Franklin）所陈述。这一个人主义的神话源于很久以前的一个古老时代的故事，尽管它有一个不同的名字。

那喀索斯的神话和神经官能症

可爱的仙女厄科（Echo）特别爱讲话，过着无忧无虑的生活，直到她遇见了在树林里打猎的那喀索斯（Narcissus）。她一

① 转引自惠特曼：《我歌唱自己》，赵萝蕤译。——译者注

看到这位年轻的男子就深深地爱上了他。

但是她所有的献媚都付诸东流，那喀索斯的冷淡让厄科绝望不已，她哀求阿芙罗狄蒂惩罚他，让他遭受单相思之苦。

阿芙罗狄蒂没有忘记可怜的厄科最后热诚的祈祷，一直等待时机惩罚倨傲的那喀索斯。一天，那喀索斯在持久地追捕猎物之后，匆忙地跑到一片偏僻的湖泊喝水解渴。

很快，他跪在草地上，弯下腰准备喝几口清凉的水；但是他突然停下来，震惊万分。在遍布卵石的湖底之上，他看到了一张如此迷人的脸庞，他立刻倾心于这面容，因为他认为这是某位水中的仙女在通过这透彻的湖水凝视他。

他心中突然迸发了热情，爱上了这美丽的幽灵；但是当他的手一触到水面，那仙女就悄然不见了。他惊讶而又失落，慢慢地向后退了一段距离，屏住呼吸等待仙女再回来。

褶皱的水面很快恢复了镜子般的光滑；那喀索斯踮起脚尖悄悄地走近湖水，小心地向水面上窥看，先映入眼帘的是那垂垂的卷发，然后是那一对美丽而又警觉焦虑的眼睛。他感到这位仙女就要从她藏身的地方出来侦察一番。

一次又一次，同样的哑剧在上演；一次又一次，仙女躲避着他的触碰。但是这位内心充满迷恋的青年无法忍痛离开这里，他难以忘却这甜美的形象，他那多愁善感的面庞写照了他的一喜一忧，他的面色也变得苍白而憔悴——显然，他也成了爱和绝望的受害者。

在那里，那喀索斯逗留了日日夜夜，不吃不喝，直至死去，并且丝毫没有怀疑过他爱慕的这位仙女只是他在这清澈湖水中的倒影。厄科复仇了；但是奥林匹斯山的众神们向下怜爱地凝视着这美丽的尸首，将他变成了一朵以这位年轻人命名的花儿，这朵花儿从此以后在静静的湖水边开放，水面清晰地映照着他那淡淡的身影。

我们时代的神经官能症

从这个内心孤独而且与世人少有接触的个体身上发展出了一个新的心理治疗类别，即“自恋型人格”（narcissistic personality）。弗洛伊德和他当时的追随者都清楚地引用和描述了自恋，然而，在弗洛伊德时代，这一神经官能症并没有那么显著。但是自从20世纪60年代以来的几十年里，尤其是在美国，自恋型人格成为病人中的最主要的类型。[5]

在治疗中遇到的自恋型患者体现了当代孤独的个人主义神话。[6]这个个体几乎与他人没有什么深厚的关系，缺乏满足或者在他仅有的关系中感受快乐的能力。他是典型的、忧郁的“穿灰色法兰绒外套的人”①，正如这部小说对这类人物的表述。克里斯托弗·拉什（Christopher Lasch）在《自恋主义文化》（*The Culture of Narcissism*）中对这种类型的人给予了很好的描述：

> 他已从过去的迷信中解放了出来，但却对自己现在的焦虑产生了怀疑……尽管他对性生活的放任而非清教徒式的态度得到古老禁忌的允许，他却没有从中得到任何持久的安宁。在他的渴望永无止境这层意义上说，他是贪婪的……他要求即刻的满足，并且生活在一种烦躁不安的、永不满足的欲望之中。②

① 《穿灰色法兰绒外套的人》或译《一袭灰衣万缕情》，索伦·威尔逊著。1956年，导演南奈利·约翰逊（Nunnally Johnson）曾将其改编成电影。——译者注

② 参阅陈红雯，吕明译：《自恋主义文化》，上海文化出版社，1988。——译者注

“在一个自恋主义的社会——一个不断推崇和鼓励自恋主义特点的社会里”，他似乎在井边仔细地往里看他自己的影子。拉什相信“目前盛行的态度从表面上看是乐观的并且着眼于未来，却渊源于自恋主义的精神匮乏”。①[7]

这些患者很难治疗，因为他们的自恋阻止了他们与治疗师建立任何深厚关系的可能。他们在表面上看起来很合作，因为他们知道一个人应当在治疗中怎么做，然后他们甚至不用深切地投入到任何关系之中就可以按规则办事。他们还是一个个疏离的、非常孤独的个体。所以对他们的治疗（往往持续数年）就会出现这样一种情形：治疗师成了“仆人”，他是对所有决定的道德建议的永久源泉，是你每次需要新的指导时就拜访的人。不言而喻，这是对良好心理治疗的嘲弄；在这种治疗中，人际间的关系这一必要条件缺席了。相反，患者获取关于在这一具体方面或者那一具体方面的决定的建议，恰恰导致了他对初始问题的确证，即他无法依靠自己做出决定。自恋破坏了个人主义，尽管看起来相互矛盾。

我们的社会含着两个层面，一层是乐观主义的，总是在微笑，尤其在电视广告中展现得淋漓尽致：乘船出洋旅游，船上娱乐设施应有尽有；或者在原野中奔跑、舞蹈以及开着卡迪拉克，几乎全球都是欢乐的。但这只是表层，在这之下是真实的抑郁——的确，对核灾难的恐惧，大量的无持久爱情根基的性活动。“现在人们常常抱怨失去了感受的能力。他们力图培养更生动的体验，想把慵懒的肉体鞭笞得再度充满生机，并指望衰退的欲望重新复苏。”②[8]治疗师，而不是神父，是受欢迎的助人自助

① 参阅《自恋主义文化》，中文译本，5-6页。——译者注

② 同上书，10页。——译者注

的传道者。即使当治疗师提及对“意义”和“爱”的需要的时候，他们对爱和意义的界定也仅仅局限于实现患者对情感需求的满足，而不是实现一段充满关爱的关系。自恋逐渐暴露出其两难境地所在，它让人们遭受内心矛盾情绪的折磨，阻塞了他们感情的自然流露，把他们送入了治疗室。

这些自恋的个体们有很多熟人，但却没有一个亲密的朋友。他们在性爱上是自由的，但却无法体验到任何激情。他们一般都接受过良好教育，但是他们却在从学校毕业的那一刻起就丢弃了大多数智力上的兴趣。这类自恋的人通常擅长股票和债券，但是这对他们来讲迟早就是场无目的的游戏。他们通常有可观的收入——有时在百万——但是他们几乎从中得不到满足感。总之，他们拥有电视广告中所许诺可以带来快乐的所有东西——旅行、锃亮的轿车和漂亮的女人——但是快乐躲避了他们。他们经常是名人，但是他们发现这同样是令人恼怒的空虚。他们摩登而且见多识广，并且他们中越来越多的人来接受精神分析，但是治疗进程往往艰难而且缓慢。

最糟糕的是，这些个体极其孤独。似乎他们唯一可以感受到的情感就是温和但却弥漫的抑郁，以及遗漏了生活的欢乐的沮丧感，尽管他们已经拥有了一切。正如托克维尔告诉我们的：“他们从不停下来思考他们还没有获得的美好的事情。”

自恋型人格在美国可以被认为是美国个人主义的进一步发展。但是这也带来了新的困难，因为精神分析的技术反而在不断地支持自恋而非将其赶走。心理治疗，基于许多原因——一些是经济上的，一些是理论上的，一些仅仅是我们传统的美国心理学中行为主义倾向的增长——向相互增进的自恋和过度的个人主义靠拢。我们当前的心理治疗与其说是以个人为中心，还不如说在向以问题为中心发展。

霍雷肖·阿尔杰的神话

托克维尔的洞见与威廉·詹姆斯的观点一致，詹姆斯将实现成功的压力称为对“贱货”（bitch goddess）① 的崇拜。我们怎么就发展了个人主义和成功之间的伪婚姻了呢？我们确实将此两者联了姻，这显而易见。正如 R. W. 怀特（R. W. White）所说：“（美国的）文化强调系于竞争之上的个人主义，挑衅性地直指其同胞兄弟，这就是个体和集体的安全的基础。每一个人为了努力争取他所想拥有的，都应当独立自主——这就是这一文化的哲学。”[9]

内战后，我们需要保持对获得成功抱有巨大欲望的新神话，这一神话主要是基于经济上的，不过也事关地位和声望。我们在对“贱货”的痴迷狂热中，需要抚慰和激励我们的神话。成功的欲求迷醉了人们，并且很快在著名的美国梦中与个人主义产生共鸣。

马萨诸塞湾殖民地的一位早期领导人约翰·温斯洛普（John Winthrop）曾经说过，上帝赐予人类财富，并与加尔文教的教义融为一体，教义说拥有财富的人是个好人，因为他的财富意味着上帝选中了他。这一新的神话很有可能是19世纪美国历史中最重要的神话，它在霍雷肖·阿尔杰的很多故事中传递给了我们。它为“组织人”（the organization man）提供了神话的范例。我将下面这个故事，“卢克·拉尔金的运气”（Luke Larkin's Luck）的勾

---

① “bitch goddess”，直译为“狗女神，下贱的女神”，詹姆斯在此指称金钱、财富。有译作“财神”，此处考虑到此词的讽刺寓意，译作“贱货”。——译者注

画归功于詹姆斯·奥利弗·罗伯逊和他的书《美国神话/美国现实》。[10]

这个故事首先在一本杂志上连载，恰当地被命名为《成功之路》（*Ways to Success*）。这个故事以平装书的形式卖了5 000万册，并且有更多的人读过这本书。故事从一场典型的美国式滑冰竞赛开始，兰道夫·邓肯（Randolph Duncan）的爸爸普林斯·邓肯（Prince Duncan）是一个银行家。兰道夫拥有欧洲贵族的所有特征，包括他爸爸的名字，普林斯（Prince）。他和穷小子卢克（Luke），一个木匠的遗孀的儿子比赛。卢克靠在学校看门谋生。他被描述为"热心工作，可靠而且慷慨"，并且他的脸上总是带有"愉悦、热诚而坚定的表情"。

卢克被兰道夫的一个同谋绊倒，输掉了这场比赛和奖品沃特伯里（Waterbury）手表。当卢克上前祝贺兰道夫时，兰道夫自诩清高地和他谈论起那块手表："你是穷孩子。它对你没用处。"卢克回答道："可不能这么说，兰道夫。时间对一个穷孩子来讲，和对一个富孩子一样重要。"这里暗示的是，对公司和它们的办公室来讲，时间就是金钱；所有事情都按着准确的时间运行着，然而对于一个农民或者看门人来讲，手表是奢侈品。

后来卢克被控犯了一桩莫须有的罪，然后他被一位"高个子、黑面孔的陌生人"救了出来。那个陌生人带他来到纽约城，在那里他遇到了阿姆斯特朗先生（Mr. Armstrong）。阿姆斯特朗先生认为卢克是"一个百分之百的好孩子，也是一个聪明机灵的孩子。我得想办法给他一次向上流动的机会。他看起来绝对可靠"。人们注意到那个关键词"向上流动"（rise）——成功意味着无期限地向上流动。

故事的结局是卢克发现那个银行家——兰道夫的爸爸，从阿姆斯特朗先生那里窃取了一些债券。故事以卢克发现了这一偷窃行为并且在纽约取得了成功而兰道夫和邓肯一家被驱逐到西部以找回他们的诚实告终。这个结局的迷人之处在于，它提到了西部所拥有的治愈的功效，这一点我们已经指出；它是人们找回他们的力量和诚实正直的地方。然后这一西部的力量——我认为这一力量来自于对美国神话的吸收——被个体所吸收，并且他重回东部，在这里这一神话被用于在大公司里向成功的攀登。

上面提到的这位黑肤色并且高大的陌生人是一个不寻常的人物。他让人想起易卜生（Ibsen）的戏剧《培尔·金特》（*Peer Gynt*）中那位“陌生的旅行者”，他对培尔·金特在最后找到了他自己的诚实正直起到了至关重要的作用。进一步来看，这位“高大的陌生人”极类似于科迪先生（Mr. Cody），那位给盖茨比找到第一份工作并送给他一件帆船运动员服装的富人。在故事中还有一个无所不在的元素，被喜欢你的人所照顾；这让我们想起了在《推销员之死》中所呈现的神话，威利·洛曼把太多的赌注放在成为“最受欢迎的那个”上。

这些阿尔杰故事给个体带来有力的支持，支撑着每一个在大公司工作的人。它帮助个体接纳他们的岗位，满足他们的渴望，熄灭他们的愧疚，并且带给他们道德感和身份认同的框架。我们拥有这样的成功范例：霍雷肖·阿尔杰神话的首席英雄就是安德鲁·卡内基，他作为一个移民的孩子来到这个国家，艰辛地工作，一路成为美国钢铁公司（American Steel）的总裁，后来他把他在公司的份额卖了几亿美元。他还写了一本书，名为《成功之道》，并且在全国巡回演讲，讲述他是如何走向成功的。

在我们努力向更高的职位奋斗但却遭遇到困难的时候，成功的神话抚慰着我们。什么时候我们会忧虑这些问题，例如我是否走得太远了？或者我是否爬得太高了？我们可以这样安慰我们自己：只有胆大的人可以攀到顶峰。当我们因压榨我们的同胞而内心涌现愧疚的时候，我们可以悄悄告诉自己我们不必替他人负责，他们必须学会独立，这样的个人主义的表达此时就将我们从愧疚中解脱出来。

卢克，在“卢克·拉尔金的运气”中，是无法预测的，我们没有任何可以控制的东西。人们如何肯定他们的努力将会诞生被吹嘘的“成功”？难怪研究当代人的溃疡和心脏病的医生声称“流行的霍雷肖·阿尔杰神话是A型行为的主要原因”。[11]它描述了在我们时代的那些奋发努力的个体的综合征：他们总是匆匆忙忙、紧紧张张、身材清瘦、富有竞争性并且易患与压力相关的疾病。研究者恰当地说，这“被霍雷肖·阿尔杰神话所滋养”。[12]

在卢克·拉尔金的故事中，“运气”（luck）这一词汇是文艺复兴的命运女神福尔图娜（Fortuna）的神话的重演。她常常和希腊的神话人物堤喀（Tyche）混同，堤喀在宙斯身边，和他一起到处游历。据说她脚踩不断旋转的轮子，在她环绕世界旅行的时候，她“随意地播撒数不尽的礼物，漫不经心地慷慨给予人们她最美的笑容”。在我们的文化中，“运气”在很大程度上仍是一个重要的问题；福尔图娜是无法预测的，她依赖于股票市场的阴晴变化和其他我们几乎没有任何控制力的事情。

天堂里的当代恶魔

所有事情中最具戏剧性的，莫过于前总统里根（Reagan）竟是霍雷肖·阿尔杰神话的发言人。他影响着从赤贫到巨富的发迹者们：他在记者招待会上告诉大家他在小时候如何不得不必须靠吃“肉片燕麦粥”（oatmeal-meat）度日。他现在已成为百万富翁，为每一个美国人树立起理想。当他在一次记者招待会上被施压，要求表明对支持富人还是穷人这一问题的底线立场时，他坚定地声称：“我想看到的最重要的是这个国家依然是一个谁都可以变得有钱的国家。”[13]在这里我们听到了霍雷肖·阿尔杰神话的声音——为这个国家还是在争取实现霍雷肖·阿尔杰神话而奋斗这一现状进行辩护。里根也非常骄傲地看到下面这一事实，在他看来——并且可能实际上也是这样——道琼斯指数和消费热潮的大幅上升导致了他所讲的“历史上最伟大的企业家成功的例子”。[14]

股票市场达到了前所未有的繁荣。资金自由地流动并装备着信用卡，这个民族看起来正经历着一场巨大的消费热潮。我们淹没在电视和收音机中，通过这些实践着柯立芝（Coolidge）曾说过的格言：“广告是创造对更美好事情的渴望的途径。”我们在电脑技术和录像机上的新发明，我们乘船乘飞机的旅行，都呈现着每一时刻的新可能。年轻人填爆了各个商学院，而报纸理想化了无数百万富翁在他们二十几岁就获得的“成功”。里根在这场他所称谓的“繁荣的奇迹”中也有部分功劳，这是个人主义在商业世界的全盛时期。

正如一位作者这样谈论收购：“这就是美国梦：他是一个来自布朗克斯（Bronx）的孩子或者一个来自威斯康星农村的男孩，在混乱的收购战正中间坐着，这场战争正在彻底改变华尔街和公司化的美国，而他将在35岁的时候收入数百万。”[15]

与金融业的繁荣并行的是赌博业的迅速增长。“在宾夕法尼亚，彩票的奖金达到了令人头晕目眩的1.15亿美元……曾经，大众的非理性行为被认为是对民主政府的威胁。但是在彩票的时代……大众的歇斯底里是公共财政的重要组成成分。”人们都知道，赌博对穷人的敲诈多于对富人的。赌博业充分利用了福尔图娜的神话——我们可以通过“运气”变得富有。然后我们就可以过上电视屏幕上所呈现的栩栩如生的那些开怀大笑的富人的生活了。

在我写这本书的时候，已有26个州拥有国家赞助的彩票，并且数目还在增加。《新闻周刊》（*Newsweek*）报道说：“美国的赌博热——是好几百万的美国人每周，甚至每天都要做的事情。”彩票收入以平均每年17.5%的速度增长。乔治·威尔（George Will）精辟地指出，“赌博是不光彩的投机行为，是人们对暴富的热望……这是一个彩票的时代”，这是一场大众的歇斯底里。[16]

在赌博和彩票业中，几个有影响力的神话被表达了出来。首先是母亲的乳房：只需张开嘴吮吸，乳房就会奇迹般地从天而降。另一个就是被某位伟大的女神在暗地里呵护着。在这种意义上，这个国家所宣称的目标——增加产量——被赌博业强有力地破坏了。越是希望在股票市场上或者彩票业或者在足球赛的赌博中赚取更多，一个人就会在诚实的工作中越少付出努力。然后工作变得不相关了：一个人会过着如神话般天降甘露的日子，或者更确切地说，一个人靠从恶魔世界流出的污水度日。

以下是乔治·威尔关于赌博的陈述：

> 赌博热反映并且夸大了被称为“民众的宿命论”的观念。人们越是相信运气、机会、随机和命运，就越不看重勤勉、节俭、延迟满足的能力、努力和对工作兢兢业业等苛刻的美德。我们沮丧地知道了，为何在国家的生产力、竞争力、储蓄率和学术成就都不佳的时候，彩票——技巧较弱的赌博、给懒人提供的赌博——却在风靡。

忧郁的时代

在美国，在彩票和购物热潮欢喜的噪声之下，埋藏着心理上的普遍性的抑郁。这被美国国家精神卫生研究所组织的历时两年多的影响深远的两个研究所发现。自从第二次世界大战以来，某些事情就已经发生。抑郁症目前发病率是第二次世界大战前的 10 倍[17]。马丁·塞利格曼（Martin Seligman）这位做这项研究的心理学家总结道："假如你在过去的 50 年内出生，与 50 年前出生相比，你会有 10 倍的几率患上严重抑郁症。"[18]

这项研究持续了两年多，有 9 500 个人接受了访谈。研究的问题有被访者是否情绪持续低落，是否有自杀念头或行为，是否对日常感兴趣的活动失去兴趣，是否长期缺乏动力，是否食欲不振，以及是否因患有抑郁症而被医生开了锂或者类似的药等。

塞利格曼博士指出，抑郁症的大范围流行，在过去 50 年一直与缺乏心理和精神上的指引齐首并进。在一个对上帝几乎没有信仰的文化中，家庭的影响已经消失殆尽。

可以让个体，尤其是年轻人，在遭遇失败的时候，寻求抚慰和指引的源泉已经完全丧失了。在最后申诉的法庭上只有他/她自己，而且这真的是很脆弱的法庭。塞利格曼说。我们已经引述过在 20 世纪 70 年代上升的年轻人的自杀率，并且这些研究将这一惨淡的数字融入它们的分析中。

为了对他们自己的偏见做出科学的检验，塞利格曼和他的同事们研究了两个原始文化。其一是宾夕法尼亚兰开斯特郡的阿米什（Amish），他们拒绝使用汽车，依然保存着 19 世纪早期的社群组织，不受我们所谓的当代美国社会的影响；另外一个是新几内亚的卡鲁利（Kaluli）。调查者发现，在这些社会里，人们拥有稳固的社会结构，当个体遭遇到失败或者损失的时候，他们可以寻求这个社会里的神话和仪式的帮助。神话的细目设置得很好，所以个体不必遭受内心的损失就可以振奋起来。

然而，当我们文化中的个体在一场失败后重振起来的时候，他/她除了向“非常狭小和脆弱的单元——自我”求助，别无他法。这又一次给出了心理治疗职业成长得如此迅速的一个原因，尽管很明显，这一职业不能被视为抑郁症流行的充分答案。美国人，大体上，几乎没有社会领路人，正如我们在前几章中指出的——在他们需要的时候，没有仪式、没有神话抚慰他们。[19]

个体极度膨胀的购买力、“宗教和家庭的权威以及对国家的承诺的下降削弱了对抑郁症起缓冲作用的信念”。

马丁·塞利格曼和他的同事们给出了一个尝试性的解释。一个“令人恐慌的可能是，我们将轻率地交出个人主义带来的甜美的自由，同时为了摆脱抑郁症、获得意义，不得不放弃个人控制和对自我的关照。20世纪充斥着那些用这种方法来治疗他们的疾病的惨痛的例子。当前在美国以及全世界，对宗教激进主义的热切渴望显得那么诱人”。而从礼拜中逃离出去是另一个例子，这在西海岸尤其突出。

但是塞利格曼提出了一个“更加有希望的可能：在具有危险的、自由的个人主义与为共同体谋福祉的责任之间建立平衡，这将会减少抑郁并使生活变得更有意义。

在此，我们强调塞利格曼所描述的大量条件中的一个症状，即我们缺乏可行的神话和仪式。重新发现神话是紧要的，这可以帮助我们建立一套心理结构以直面流行的抑郁症。不然的话，我们永远难以控制毒品的泛滥。

自恋、毒品和金钱

比尔·莫耶斯（Bill Moyers）来到纽约市的一个地区，在那里一个人可以在任何时间从街角的男孩子那儿买到毒品，尤其是“快克”（crack）① 和可卡因。附近没有警察；那里的人们告诉他，一个“警察”在几个月前被枪杀了，当时许多警力在那里待了几天，但是他们已经走了。莫耶斯听那些男孩们说，他们从 12 岁就开始卖可卡因和快克了。当他们这些成员中出现空缺时，总会有人等着填补空缺的位置。这是这个地区的唯一工作。在这群人中也有几个大学生聚集在莫耶斯周围。后来在访谈中，莫耶斯正面地问这些男孩他们为何卖毒品。他们的回答很简单：“钱，钱，钱。”[20]

他们已经知道，在我们的社会中相当一部分的日标就是钱。在电视上，他们看到伊万·博斯基，一位并购交易者，因贪污上百万美元而被判入狱。他们也提到，那些赚了百万美元的人被视为名人，他们的照片被放在报纸上以示敬意。这些男孩还提到那些获得 MBA 文凭的年轻人，在 30 岁之前就挣了 100 万美元；他们如何走到这一步却似乎无关紧要。莫耶斯试图了解他们是否有行为榜样。男孩们否认存在这样的人，不过他们提到了水门事件（Watergate affair），也提到了博斯基、诺斯（North）和全国其他这样的人物。这些男孩们知道宾夕法尼亚的彩票奖金已经升至 1.15 亿美元，而且联邦一半的州都设有这种形式的赌博，并且这个数目还在增长。

碰巧的是，就在莫耶斯的访谈报告发布之后，电视新闻上显

① 一种高纯度的可卡因。——译者注

示了前总统里根和他的妻子在日本机场降落的画面。报道说，在第二天，里根将收到两场20分钟演讲的200万美元报酬。我们怀疑当这些年轻人反复地重申他们的目标是“钱，钱，钱”的时候，他们是不是正确的。

通过惠特曼的诗和霍雷肖·阿尔杰的神话，我们追溯了对美国早期的定居者来讲非常核心的个人主义的初始神话。这些神话的影响自然形成和塑造了我们现在这几十年的神话和生活方式。我们将寻求阐明美国式生活的形成和再造的过程。在我们的意识之中，美国能够再造这些神话，进而形成我们在21世纪建设性地生活的基础。

注释

[1] Henry Nash Smith, *Virgin Land* (Cambridge: Harvard University Press, 1975), p. 63.

[2] Walt Whitman, *Leaves of Grass* (New York: Heritage Press), p. 25.

[3] 同上。

[4] Bellah, *Habit of the Heart* (Berkeley: University of California Press, 1985), p. 33. 这本书是我们在美国过度强调个人主义的充分的标示。

我在一场精神病学大会上的发言被全国多家报纸采用，尽管编辑同意我的大多数观点，但是他们极力地反对我认为我们国家的个人主义需要减缓的建议。无一例外，他们无法想象减少个人主义的样子。它处于他们的道德系统非常核心的位置，甚至都成了他们的第十一诫。

[5] Christopher Lasch, *The Culture of Narcissism* (New

York: Norton, 1979).

[6] 两位精神病学家在描述自恋型人格领域的核心人物，他们是汉斯·科胡特（Hans Kohut）和奥托·科恩伯格（Otto Kernberg）。

[7] Lash, *The Culture of Narcissism*, pp. xvi-xvii.

[8] 同上书，11 页。

[9] R. W. White, *Lives in Progress* (New York: Dryden, 1954).

[10] Robertson, *American Myth/American Reality*, pp. 165-168.

[11] 引自 1984 年 2 月 14 日的《纽约时报》。

[12] 这一强调的重点目前仍然很活跃，一档每晚播出的电视节目都以这样的话结束，“美国人不想幸存——他们想要成功”就表明这一事实。

[13] 引自 1983 年 6 月 29 日的《纽约时报》。

[14] 我听一位权威人士说，道琼斯指数的大幅增长是由于日本资金涌入股票市场，而非美国工业的实际增长。

[15] Moira Johnston, *Takeover* (New York: Arbor House, 1986), p. 1.

[16] 所有乔治·威尔的话都引自 1989 年 5 月 8 日的《新闻周刊》。

[17] 来自 James Buie, "'Me' Decades Generate Depression," *Monitor* (American Psychological Association) 19, no. 10 (October 1988)，马丁·塞利格曼博士的研究摘要。

[18] 这些摘要来自 1988 年马丁·塞利格曼向美国心理学会作的一篇报告《为什么在今天会有如此多的抑郁症》。这些调研经费部分来自 NIMH 基金 19604，NIMH 基金 40142，NIA（全

美老年研究所）基金AG05590，以及麦克阿瑟基金会关于促进健康和危害健康行为的决定因素和结果的研究网对塞利格曼的拨款。

［19］参阅第三章关于犯罪和家庭影响的削弱之间关系的讨论。

［20］例如迈克尔·米尔肯（Michael Milken）被罚款6亿美元，这样数额庞大的钱，巩固了这样一种想法，即认为在当代生活中吸引人的事情在于赚取这样大数目的钱。参见1990年4月25日的《纽约时报》。

第八章 Chapter Eight

盖茨比和美国梦

从那时以来，他的生活一直是凌乱不堪的……但是假如他一旦能回到某个出发点，慢慢地重新再走一遍，他可以发现那东西是什么。

——弗·司各特·菲茨杰拉德（F. Scott Fitzgerald），《了不起的盖茨比》[1]

1918 年第一次世界大战结束后，在美国有大量的精力无处释放。每个人似乎都充满了要在战争中效力的不受约束的热情，然而因《凡尔赛和约》的签订，大部分精力都悬置半空。我们的精力要怎么被释放？大量的精力于是被输送到了历时 12 年的神奇现象——“爵士时代”（Jazz Age）。

爵士时代

那个充满萨克斯管怀旧怨语的年代是对几乎任何事情都叛逆的时期。那时禁酒令和《沃尔斯特法案》（Volstead Act）[2] 让有

① 本章中《了不起的盖茨比》的选段都摘自巫宁坤译本，译林出版社，1999。——译者注

② 1919 年，美国国会不顾威尔逊总统的否决，颁布《沃尔斯特法案》（禁酒法案），该法案规定，实行强制性禁酒。但该法案的实施，引起了非法酿造、出卖和走私酒类饮料的新的犯罪行为，禁而不止，而联邦及各州政府又需要以酒税补充其财政收入，因而在 1933 年，美国国会颁布宪法第二十条修正案废止了禁酒令。——译者注

组织的犯罪获利丰厚而且滋生了蔑视所有法律和伦理的普遍观念。“清教主义”（Puritanism）是一个肮脏的字眼。叛逆的个性在妇女的服饰发型上表现得最为明显：长发已经过时，法国波波头正在流行，而且我们现在很难回想第一次看到剪成这样的女性发型时的惊骇。妇女开始反感起长及脚踝的长袍，然后突然之间裙子的长度都到了膝盖之上，正如在小约翰·赫尔德（John Held，Jr.）的卡通里的那样。伴随着查尔斯顿舞[①]和雷格泰姆音乐[②]，与人调情拥吻的随意女郎出现了，而汽车也为这些露水情缘提供了可移动的遮掩。

在20世纪20年代，资金自由地流动。在政治上，这是沃伦·甘梅利尔·哈定（Warren Gamaliel Harding）总统的执政期，他的执政历史却结束于绝对的耻辱，其时的茶壶顶丑闻（Teapot Dome scandal）[③]让我们当前的丑闻都相形见绌。有幸于总统柯立芝的宣告，“美国的商业就是商业”，股票市场上盛行着疯狂的赌博。直到历史性的日子1929年10月29日，过火的形势才被发现，这一天，股票市场崩盘，银行倒闭，大萧条的严酷煎熬开始了。

在这个爵士时代，我们经历了对“推销”任何东西的兴趣的激增，包括我们自己。关于如何向雇主推销你自己，以及如何向你的爱人和准丈母娘推销你自己的书籍被出版。关于为什么推销你自己是好的但是在街角出卖你的身体却是不好的这一点，从未有过明晰的区分。布鲁斯·巴顿（Bruce Barton）——

---

① 流行于20世纪20年代的快步舞。——译者注

② 早期爵士音乐，多在钢琴上演奏，20世纪初由非洲裔美国音乐家发展而成。——译者注

③ 又译蒂波特山丑闻，指1923年美国总统哈丁任内的内政部长福尔所犯的石油舞弊案。他将怀俄明州的蒂波特山和加利福尼亚州艾尔克山的海军石油秘密租给私人公司经营而从中受贿，事发后被判刑入狱。——译者注

一位成功的纽约广告人，写了一本将耶稣描绘成最伟大的推销员的书，即《一个无人知晓的人》（*The Man Nobody Knows*），当时全美国人都在阅读这本书。那个时候引爆了快速致富的主题；几乎每个人都因购买了佛罗里达州的房地产而引火烧身，因为那就是片潮湿的沼泽地。当时出现了一些异教信仰：如艾米·森普尔·麦克弗森（Aimie Semple McPherson）①、柯林神父（Father Coughlin）② 等。

我认为，爵士时代是美国梦崩溃的第一阵剧痛。美国依赖了4个世纪的神话的架构现在正在遭受根本的转变。

像弗雷德里克·杰克逊·特纳如此开明的知识分子领导者——他的“边疆假说”已成为边疆神话的主要公式，似乎也没有意识到时代的重要性。特纳相信，中西部各州的大学通过提供受过培训的领袖人物将会拯救民主。

> 我倾向于认为……教育和科学是强有力的因素，它们可以改善人类的处境，并为生活所遇到的种种问题找到合理的解决办法……我对具有这样素质的人抱有信心，他们寻求解决问题的办法是经过深思熟虑的……在寻觅适应环境的新途径时他们勇于探索……致力于世界和平。③[1]

特纳在1924年，爵士时代的中期，写下这些空想，丝毫没有预示大萧条的迫近以及美国一直以来扎根其中的神话的架构的根本转变。

---

① 1890—1944，是20世纪二三十年代，洛杉矶和加利福尼亚的福音传道者，也是一位媒体名人，利用现代的媒体，尤其是收音机来传播福音。——译者注

② 查尔斯·爱德华·柯林（1891—1979），罗马天主教神父，20世纪30年代天主教版电台脱口秀主持人，被喻为“收音机神父”，反犹主义的鼓吹者，孤立主义的煽动家，有时被视为本土的法西斯分子。——译者注

③ 转引自薛蕃康，费翰章译：《处女地》，上海外语教育出版社，1991，265页。——译者注

在这个爵士时代，一部记载了潜在的神话的恶化，并且预言了它们瓦解的结局的作品问世了。这就是由菲茨杰拉德写的经典小说《了不起的盖茨比》。菲茨杰拉德被公认为是爵士时代最卓越的声音。在他英俊、柔弱的身体和天马行空的想象力中，承载着这一心烦意乱时期的灵魂角色。他的名字是以他的远亲，美国国歌的作者，弗朗西斯·斯科特·基（Francis Scott Key）的名字来命名的。在明尼苏达州的圣保罗，他母亲的家族世代居住在一所房子里，司各特由一个过度专制的母亲抚养长大，在他母亲家族的眼里，他父亲是一个失败的商人。他的母亲过分关爱司各特，而忽视她不成器的丈夫。

我们看到司各特经历着与他在舞蹈学校上学的伙伴那青涩的初恋，但那时他已是一个进行文学创作的男孩；我们看到他后来在普林斯顿大学写了一部出色的音乐剧，但后来他因数学和化学考试不及格而辍学；我们看到他在纽约喝得酩酊大醉，和门卫打起架来，并且被揍得很惨，但是他康复以后继续写作；我们看到他重回普林斯顿，参加兄弟会聚会，结果又卷入了一场斗殴，他的双眼都被打肿了，并且因他不得体的行为被兄弟会立刻除名，那之后为了参加兄弟会，他甚至试过从窗户爬进去。

菲茨杰拉德的著作直指爵士时代的核心，包括它所有的骚动和所有的浪漫。除了疯狂地努力为摆脱债务而写的大量普普通通的故事外，他还发表了几本优秀的书和一部天才的作品——《了不起的盖茨比》。这部小说让读者“触及到了无限”，它的编辑马克斯韦尔·柏金斯（Maxwell Perkins）这样说。它是对爵士时代矛盾纠结、自哀自怜但却悲剧性的灵魂的最令人酸楚的描述。这部小说呈现了自从登陆普利茅斯巨礁就如此成功地指引着美国的美国神话的悲剧性色彩。

在他事业的某一时点，菲茨杰拉德从酒瘾和他花花公子的做派中撤离了出来，也从他雄伟的想象力中撤离了出来——这后来被埃德娜·圣文森特·米莱①（Edna St. Vincent Millay）比做一位老妇人拥有的一块巨大的钻石——孤独地尝试写一本对他的伟大才能来讲公平的书。这一直是他对他的编辑马克斯韦尔·柏金斯的承诺。就像他书中的盖茨比，现在他也寻求发现造成他生活一片狼藉的原因。对盖茨比来讲，这“事情”就是他爱上黛西（Daisy）之后所发生的一切。盖茨比（和菲茨杰拉德）的生活的障碍。

> 搬来一架梯子，通向树顶上空一个秘密的地方——他可以攀登上去，如果他独自攀登的话，一登上去他就可以吮吸生命的浆液，大口吞咽那无与伦比的神奇的奶汁……倾听一会儿那已经在一颗星上敲响的音叉。[2]

《了不起的盖茨比》是菲茨杰拉德的心灵自传。他经常在这本书中使用“永远”这一词；马克斯韦尔·柏金斯给他写信道：“你能够偶然地向天空一瞥，传递出一种永恒感。”它是一本解决当下神话的书；它有着“全球视野下的象征性真实”。

悲惨的成功

作为北达科他州碌碌无为的庄稼人的儿子，吉姆·盖茨（Jim Gatz）以一种形式，反映了普罗透斯的美国式神话。他相信他可以再造自己，否认他的出身和他的根基并且建立新的身份认

① 埃德娜·圣文森特·米莱（1892—1950），美国抒情诗人，剧作家，同时也是一位获得普利策诗歌奖的女性。作为追求自由和解放的女性主义者，米莱的私人生活比较开放。——译者注

同。在他的想象中，他根本从未真正接受过自己的父母。

在还是小男孩的时候，盖茨比就在一本漫画书的背面写了让自己获得巨大成功的自我提升的规则——他自己的霍雷肖·阿尔杰故事。“实际上”，菲茨杰拉德写道，“长岛西卵（West Egg, Long Island）的杰伊·盖茨比（Jay Gatsby）来自他对自己的……柏拉图式的理念……因此他虚构的恰恰是一个 17 岁的小青年很可能会虚构的那种杰伊·盖茨比，而他始终不渝地忠于这个理想形象”。[3]作为菲茨杰拉德的传记作者，安德鲁·列维（Andrew Le Vot）写道，这本书“比他所有的自传性作品都更好地反映了他和他的同代人面对的问题的核心……在《盖茨比》中，菲茨杰拉德常常被罪恶感和堕落感所折磨，自己承担了人性的所有弱点和腐化”。[4]

和霍雷肖·阿尔杰神话中的卢克·拉尔金一样，一开始盖茨比受到一位富有的游艇主人丹·科迪（Dan Cody）先生的友好对待，因为他划船过去警告科迪，他已抛锚的游艇可能会触到看不见的（暗）礁。[5]科迪雇佣了他并且给了他一件蓝色海员服——盖茨比一系列制服中的第一件——他穿着军装追求黛西，穿着白色套装后来在他的公寓里尽情地娱乐（“你看上去总是那么帅，”后来黛西这么评价）。

他之后被派往路易斯维尔接受军事训练，在那里与女继承人黛西相爱了。在春日盛开的丁香树下，他们的爱实现了圆满。他们许诺一直等对方直到战争结束。但是他认为她随波逐流的本性、软弱的性格，以及乐于安逸与享受的本质是靠不住的。当在欧洲听说她已经嫁给了汤姆·布坎南（Tom Buchanan）——一位来自芝加哥的富有的上层社会男子时，盖茨比发誓要重新夺回她。他全身心地投身于这个梦想中，并为此改变了名字和着装风格，还在牛津大学学习了5个月，在那里他习得了新的口音，然后回到美国并且变得富有，在长岛海湾买了拥有“蓝色草坪”的新公寓。所有这一切都聚焦于一个目的——赢回黛西，因为她和汤姆现在在长岛海湾避暑。

他拥有完满的信念，典型的美国人风尚，他可以将梦想化为行动。尼克（Nick）——（盖茨比和黛西的）一位中间对话者，在隔壁租了一座普通的房子度夏，有他自己对生活的看法——循规蹈矩、是非了然于心、清教徒式的，他的所作所为带有中西部的色彩，这些品德后来被耶鲁人所追随——这和盖茨比的想法恰恰截然相反。但是尼克被迫承认盖茨比“这个人身上有一种瑰丽的异彩，对于人生的希望具有一种高度的敏感”。盖茨比拥有“一种异乎寻常的永葆希望的天赋，一种富于浪漫色彩的敏捷，这是我在别人身上从未发现过的，也是我今后不大可能会再发现的”。[6]

盖茨比无条件地相信那个强大的关于“绿灯”（Green Light）的美国神话，绿灯是一个经常出现在这部小说中的象征。这盏绿灯在黛西家的码头的尽头，就像在诱惑着盖茨比。尼克第一眼看到他的邻居是在一天晚上，当时盖茨比站在他的草坪上，隔着海湾望向这盏绿灯，以一种向往的姿势将两只胳膊伸了出去。“我可以发誓我看到他正在发抖”，尼克说。

这永恒的绿灯是一部发人深省的美国神话，因为它意味着新的可能、新的边疆和即将降临的新的生活。没有命运这一说，就算有，那也是我们自己构建的。所有事物都在前方；我们可以拥有任何我们从生活中选择的事物。绿灯召唤着我们继续向前、继续向上，许诺着在越来越高的摩天大厦里更大更好的事物，而这大厦也会无限地增高直到无穷。绿灯变成了我们最大的幻象，完全遮盖了我们的困难，放任我们毫不愧疚地迈出邪恶的脚步，用它恣意挥霍的许诺隐藏了我们成为恶魔的能力和我们的问题，并且在途中摧毁了我们的价值。绿灯是应许之地的神话，它培育了霍雷肖·阿尔杰。

在霍雷肖·阿尔杰的意义上，盖茨比无疑是一个成功的人；他确实已经非常富有，尽管他很可能没有意识到这一点，但是他已经完全地忠于我们从19世纪继承下来的神话。他那半文盲的爸爸——我们之后就会看到，在芝加哥报纸上看到他儿子的死讯，从北达科他州赶来，看到棺材里的儿子时悲痛不已，但当他看到满屋子盖茨比巨大的成功的证据后又惊喜不已，这两种感情交织在一起："他是大有前程的……假使他活下去的话，他会成为一个大人物，像詹姆斯·J·希尔（James J. Hill）① 那样的人，他会帮助建设国家的。"[7]

显然，盖茨比拥有大量的钱——即使这些钱是违法获取的，爵士时代的很多人都是这样挣钱的。在美国，对致富的正确与错误的途径一直以来都没有进行过清晰的区分。玩股票？在得克萨斯你的小屋下面发现石油？在华盛顿州砍伐大片的道格拉斯冷杉？作为水门事件的一个骗子出狱后通过演讲收敛大量的钱？美国梦中重要的事情一直都是致富，然后那些大富豪们就会认可你的处境。你非常成功这一事实就是上帝向你微笑并且你身处被拯救的行列中的证据。不难看出，在真正的加尔文教传统中，致富是如何成为第十一戒条的内容的。

如果金钱可以买万物，那么盖茨比已经成了男人中最幸运的一个。但是成功和金钱全部充实了这巨大的美梦，它牢牢掌控着

---

① 詹姆斯·丁·希尔（1838—1916），美国19世纪末20世纪初的铁路大王，被誉为"帝国建造者"（the Empire Builder）。——译者注

盖茨比，但他却视之为自己真实的生活。金钱可以买到盛大的宴会，金碧辉煌的大厦，无限畅饮的美酒，以及当上百的人们在夜晚如飞蛾扑火般涌入宴会时，从乐队那里洋溢出来的爵士乐。如果这一切是重要的，只是因为这些巴比伦装备迟早将把黛西吸引来。对于他的神话来说这倒是真实的，因为盖茨比在这一点上确定取得了成功——黛西出现了，并且他们开始慢慢地重温那些如此贴近盖茨比心灵的对白。

盖茨比的悲剧在于他实现了他的梦想——美国梦。他完全地信仰它，而且从未怀疑过自己的转型和最终的成功不会被确认。尼克说："他的幻梦拥有巨大的活力"。如果克尔凯郭尔所言的"心灵的纯洁就是意愿做一件事情"是正确的，那么盖茨比的确心灵纯洁。奇怪的是，他是全书中唯一一个表里如一的人。他告诉尼克，他的目标就是让黛西承认爱过他，并现在只爱他，并让她在路易斯维尔的大房子里嫁给他，就像他们最开始计划的那样。尼克不同意，说："你不能重温旧梦。"盖茨比回答道："不能重温旧梦？哪儿的话，我当然能够！"[8]

尼克克服了他对盖茨比生活方式的憎恶——他通过走私以及为歹徒打前线赚钱。盖茨比用来达到他目的的卑鄙的手段并没有改变他诚实正直的本性，他心灵上的完整性，列维写道。他的手段反映了那个时代的堕落，它们是一位贫困的骑士改变其命运的唯一可用的手段。尼克发现，真正的堕落在那些欺骗盖茨比的人心中，尤其是在汤姆的心中。盖茨比的诚实包括了他敢于梦想并且忠于自己的梦想；他甚至从未想过要告诉别人撞死默特尔·威尔逊（Myrtle Wilson）的人是黛西，不是他。盖茨比本人是无可厚非的，尼克说："使我对人们短暂的悲哀和片刻的欢欣暂时丧失兴趣的，是在他的幻梦消逝后跟踪而来的恶浊的灰尘。"在同样的意义上，不是美国神话自身让我们误入歧途，而是在这一幻梦“消逝后跟踪而来的恶浊的灰尘”。当它已不再适用的时候，它还是紧紧抓着霍雷肖·阿尔杰式的神话不放；它还是在用过去的神话合理化世界上的贫穷和饥饿；它是向一个早已死亡的过去求援的偏执狂。

但是，盖茨比的幻梦太固执了。“你的要求太过分了，”当盖茨比执意要她对汤姆说她从未爱过他的时候，黛西在广场饭店这场最后激烈较量中就要抽抽噎噎哭起来了。菲茨杰拉德继续写道：“唯有那死去的梦随着下午的消逝在继续战斗，拼命想触摸到那不再摸得着的东西，战斗是失望的、绝望的。”[9]我们注意到菲茨杰拉德写的时候并不绝望。真正令人感到绝望的是缺少一种创造性解决问题的建设性情感，而这恰恰是爵士时代所无法感受到的。当盖茨比躺在他的棺材里而黛西一句话都没有送过来时，尼克陷入沉思，也许盖茨比“已经无所谓了。如果是这样的话，他一定会觉得他已经失去了那个旧日的温暖的世界，因为抱着一个梦太久而付出了巨大的代价”。[10]

关爱能力的缺失

菲茨杰拉德写道，在爵士时代，以及在我们的孤独背后，是真实的关爱的缺乏。他的同胞感到关爱威胁着我们的独立以及我们搬家迁往某个其他地方的自由。具体地讲，盖茨比的幻梦败于这样一个事实：人们缺乏关爱的能力。菲茨杰拉德通过汤姆和黛西的淡漠将这一点特别地表现了出来。“汤姆和黛西，他们是粗心大意的人——他们砸碎了东西，毁灭了人，然后就退缩到自己的金钱或者麻木不仁或者不管什么使他们待在一起的东西之中，然后让别人去收拾他们的烂摊子。”[11]

菲茨杰拉德基本上在每页都用到“淡漠”（careless）这个词。快到结尾，在盖茨比已经被杀害之后，尼克告诉我们他反复做的一个奇幻的梦。

> 这个小镇就像埃尔·格列柯（El Greco）画的一幅夜景：上百所房屋，既平常又怪诞，蹲伏在阴沉沉的天空和黯淡无光的月亮之下。在前景里有4个板着面孔、身穿大礼服的男人沿人行道走着，抬着一副担架，上面躺着一个喝醉酒的女人，身上穿着一件白色的晚礼服。她一只手耷拉在一边，闪耀着珠宝的寒光。那几个人郑重其事地转身走进一所房子——走错了地方。但是没人知道这个女人的姓名，也没有人关心。[12]

这一反复出现的梦境——可以被视作他自己的幻梦，因为它出现在他的幻想中——使菲茨杰拉德自己难以自制并且令人焦虑的酒后闹事更易理解了。他没有自己的房子，这场梦这样诉说着；他将无家可归，永远孤独。但是不止这些，他正被毫不关心的男人抬着，并且也许在表面之下，我们也不关心。这就是为何这本书始终难以排遣一种罪恶感和堕落感的神话。

应当在字面意义上理解“关爱”这个词：人们富有同情心、深入地交流和彼此相爱。它和弗洛伊德的厄洛斯神话①有一定关系。汤姆和黛西没有任何仁慈感，而仁慈感表达着关爱，并且通常可以依赖它减轻人类的残忍。

海德格尔视关爱（关照，sorge）为存在（being）的基础：没有关爱，我们的自我就会干涸，就会失去意念和我们自己的自

① 即生的本能，包括自我本能和性本能。——译者注

我。[13]有时菲茨杰拉德有一层暗示：关爱的缺失意味着原罪，一个人没有能力去感受，也没有能力与另一个心灵交流；他甚至暗示这不可避免地会造成对另一个人最深刻的情感和需求的伤害。菲茨杰拉德经常使用“难以言表”、“无法形容”和“难以传达”这样的词语，就仿佛他在奋力地与事实上不能交流的东西对话，奋力地解释为什么我们被抛在这个微小而不停旋转的星球上，热切地需要彼此关爱，但是我们却只能部分地做到这一点。在最后一天的诡异的早餐时刻，也就是在盖茨比在自己的游泳池被枪杀的前一个小时，尼克和盖茨比正谈论着前一天发生的悲惨事情，试图理出一些想法。盖茨比努力地说服自己，黛西也许曾经爱过汤姆“一阵子，在他们刚结婚的时候——就在那时她也更爱我，你明白吗?”[14]事实上他在等电话——黛西会打来电话或者送来什么信物吗？什么都没有出现。

当尼克离开的时候，他隔着草坪向盖茨比喊道：“他们是一帮混蛋……他们那一大帮人都放在一起也比不上你。”[15]尼克补充道，他一直“很高兴我说了那句话。那是我对他说过的唯一的好话”。尽管如尼克所言，盖茨比“代表我所真心鄙夷的一切”。[16]

这是菲茨杰拉德的两面，体现着拉奥孔（Laocoön）的冲突①，他在全书中将二者并置。斗争在爵士时代的道德观和菲茨杰拉德自己的诚实之间展开。菲茨杰拉德的诚实是极其敏锐的想象力，在一个层面上，带着惊人的清醒，他看到了20世纪20年代罪与地狱的主题；在另一层面上，他却恰恰被自己所憎恨的事情所诱惑。这就是让这本书如此悲惨的原因所在。

---

① 意指人与神的冲突，源自希腊神话，拉奥孔是特洛伊城的祭司，因破坏了众神要毁灭特洛伊城的计划，触怒了雅典娜和众神，于是雅典娜从海中调来两条巨蟒把拉奥孔和他的两个儿子活活缠死。——译者注

菲茨杰拉德的小说中的一个中心主题是孤独。在盖茨比的宴会上，在那些最富有的人之间，歌舞升平、觥筹交错都在以最放荡的形式进行着，却从未有真正的交流，只有“彼此始终不知姓名的人们之间亲热无比的会见”。当盖茨比站在阳台上，向离席的宾客“举起一只手做出正式的告别姿势”时，“一股突然的空虚此刻好像从那些窗户和巨大的门里流出来，使主人的形象处于完全的孤立之中”。[17]

尼克在纽约溜达的时候，自己对孤独的气氛很是敏感。“我有时感到一种难以排遣的寂寞，同时也觉得别人有同感——黄昏中的穷困的青年小职员，虚度着夜晚和生活中最令人陶醉的时光。”[18]在广场饭店最后的较量之后，尼克突然记起这天是他的生日。“30岁——展望10年的孤寂，可交往的单身汉逐渐稀少，热烈的感情逐渐稀薄，头发逐渐稀疏。”[19]

但是全书中最孤独的人物是杰伊·盖茨比，那些连他自己都不喜欢的荒诞宴会的主人。从我们第一次看到黄昏中他在他家前面的草坪上独自站着，隔着长岛海湾向往着黛西家的码头的那盏绿灯的那一刻起，直到他的葬礼，他都是孤独的原型。盖茨比不可能会这样认识它这一事实让它更加有力；对他来讲，这不是一种来来去去的情感，而是一种性格状态，一种存在的状态。在这个世界上没有一个人到过他强有力的意图背后；事实上他是一个白手起家的人，并且，就像所有白手起家的人一样，他的内心与任何深刻的关系都被切断了。每个人都抱着一个完全不同于这个宴会的目的——将黛西带到他身边——在他宏伟的房子里涌进涌出。

盖茨比的尸体躺在房间的棺材里，这时尼克好像不断地听到盖茨比在恳求他：“我说，老兄，你一定得替我找个人来……我一个人可受不了这个罪啊。”尼克安慰已死的盖茨比：“我一定给你找一个人来，盖茨比。别着急。相信我好了，我一定给你找一个人来——”[20]

但是尽管尼克打了所有电话，尽管葬礼的三辆车子又等了半个小时，盖茨比在葬礼上最终的孤独总结起来就是：无人出现。黛西既没有来电报，也没有送花。当不仅仅是一个男子被埋葬，而且，最重要的是，美国梦也被埋葬时，一场细雨增加了笼罩在墓地四周的悲伤情绪，似乎大自然自己也加入了这场难以言表的丧亲的时刻；美国首要的神话正被埋葬进它的坟墓。

在墓地前的一小撮人中有一个例外——曾经在盖茨比的宴会中喝醉酒的那些人中行为非常怪异的一个男子在葬礼上出现了。他大吃一惊，叫道：“啊，我的上帝！他们过去一来［宴会］就是好几百嘛!”他又加了一句话，和现在在每位读者的脑子里浮现的话一样，“真他妈的可怜!”和《推销员之死》中的威利·洛曼的葬礼一样，在盖茨比的葬礼上连讨论到底哪里出错了的人都没有。

菲茨杰拉德自己也感受到了这深深的孤独。只有视其为突破他的孤独的自我毁灭性的努力，我们才能理解他焦虑不安的放荡嬉戏和难以自制的酗酒习性。的确，无根之殇贯穿整个爵士时代；直到20世纪30年代的大萧条我们才被迫直视我们的问题，询问是否在我们和彼此的疏远中以及和生命之泉的疏离中出了什么差错。

美国风格的上帝

可以将这孤独和冷漠归结为人类已经脱离了上帝吗？在这里

这似乎是一个奇怪的问题，但是它已隐含于《了不起的盖茨比》之中。这是对的，当人们失去了体验神话的能力时，他们也失去了他们的上帝。这个问题以一个非凡的象征符号——T. J. 埃克尔堡（T. J. Eckleburg）大夫的眼睛，出现在《了不起的盖茨比》中，又一次证明了菲茨杰拉德的天赋。

在纽约和西卵之间大约一半路程的地方是一片面对着通勤者的荒原，那是一处和月球一样贫瘠的风景。菲茨杰拉德把这块荒原叫做“灰烬的山谷”（valley of ashes），在这里，灰烬堆成了小丘，像房屋和烟囱一样，看起来很怪异，“一个个灰蒙蒙的人，隐隐约约地在走动……一窝蜂拥上来，扬起一片尘土，让你看不到他们隐秘的活动。”[21]

> 但是，在这片灰蒙蒙的土地以及永远笼罩在它上空的一阵阵暗淡的尘土上面，你过一会儿就看到 T. J. 埃克尔堡大夫的眼睛，……蓝色的，庞大无比——瞳仁就有一码高。这双眼睛不是从一张脸上向外看，而是从架在一个不存在的鼻子上的一副硕大无朋的黄色眼镜后面向外看。显然是一个异想天开的眼科医生把它们竖在那儿的，为了招徕生意，扩大他在皇后区的业务，到后来……撇下它们搬走了。[22]

这全部的景象呈现出奇怪的——并且地狱般的——宗教意味。因其妻子在自家车库前面的马路上被盖茨比的车撞死而变得疯疯癫癫的乔治·威尔逊（George Wilson），正和他的拜访者米切里斯（Michaelis）站在灰烬的山谷的马路对面。在乔治丧亲之后，这个年轻的希腊邻居整个晚上都陪在他身边。但是威尔逊一直盯着这双巨大无比的眼睛。米切里斯努力地安慰他：“你应当有一个教堂，乔治，碰到这种时候就有用了。”但是乔治喃喃地说：

“我跟她谈了，我告诉她，她也许可以骗我，但她绝骗不了上帝。”然后他重复道：“我说，你可以骗我，但你骗不了上帝！”

米切里斯站在他背后，吃惊地看到他正盯着T.J.埃克尔堡大夫的眼睛，暗淡无光，巨大无比，刚刚从消散的夜色中显现出来。

“那是一幅广告。”米切里斯告诉他。不知是什么使他从窗口转开，回头向室内看。但是威尔逊在那里站了很久，脸紧靠着玻璃窗，向着曙光不住地点头。[23]

在他的成年生活中，菲茨杰拉德一直不断地奋力对付他的天主教背景。这奋战在这本小说中显而易见，罪和地狱的暗流也在他的其他作品中呈现出来。

在其对菲茨杰拉德的传记中，列维坚信是一位次要的神，如路西法，创造了这个世界然后遗弃了它。在任何情况下，他相信菲茨杰拉德的意义是清晰的，“并非人类抛弃了上帝，而是上帝将人类遗弃在一个无法居住的、荒谬的物质化宇宙里”。[24]

正是爵士时代的怀旧和自怜，导致了对所有的限制都报以满心憎恨的反抗，并且感受到自己被抛弃，这一情绪在菲茨杰拉德的自怜中显现了出来。（海明威曾努力将这一点传达给他；在一封写给菲茨杰拉德的信中，他写道：“从一开始我们就被挖苦——我们不是悲惨的角色。”）这种情绪部分是由于菲茨杰拉德小时候他母亲对他过度保护和过度关心造成的，而且当时没有一位他可以认同的强大而成功的父亲形象。但是更广泛地看，“被溺爱的孩子”的心理是20世纪20年代心理学研究的中心问题，当时人们相信自己的一切权利，法律和其他正义的标准被从上层到底层的民众所嘲讽，并且及时行乐的哲学似乎牢牢抓住了每个人。

T. J. 埃克尔堡大夫的广告牌的最重要的意义在于，它是一幅巨大的、被放大的照片。苏珊·桑塔格（Susan Sontag）曾指出，我们当前的时代混淆了照片和现实。很多人在旅行的时候认为只要在遥远的土地上照一张珍贵的照片，然后他们就可以拥有这片土地了；他们不必真诚地观摩一尊雕像，直到它成为他们想象力的一部分，并将它吸纳进他们的存在。有了在一瞬间“射击”（shot）下的照片，他们就“捕捉”（captured）到了这风景。我们注意到，这两个词——射击和捕捉——都是来自猎人或者战士的词汇表。从此，旅行者在他可以带回家的相机胶卷里有了瞬间定格的“珍宝”。它被归了档，只有一个名字和一个编码，以便在向其他人展示的时候方便找到。这就是“上帝已经遗弃了人类”的意义；上帝的替代品，被归档在这些照片中，使得真正的上帝无法回归。

这双巨大无比的眼睛，被乔治·威尔逊尊崇为上帝之眼。正如米切里斯所指出的，它是个广告。它的意图是出售眼镜；它被竖在那里是为了美化一份神秘的事业。商业主义，购买与出售，在人们的口袋里银色的美元发出的叮叮当当的声音，已经篡夺了上帝的角色。广告人是善于为了将商品出售而给它们制作照片的人，也是获取利润的赢家——这些能力是 20 世纪 20 年代重要的组成部分，是盖茨比和菲茨杰拉德的文化的重要部分，也是在这本书中呈现的悲剧。广告业和商业主义的胜利讽刺性地出现“在一个破坏是工业繁荣唯一残余下来的东西的地方”。[25]

考虑到出现在工业社会的新的神，埃德蒙·康科特（Edmund Concourt）给出了一个预言，这个预言刊登在巴黎的一本刊物上：

> 有时候我认为这一天将会到来，到时当代的人们将会被一位美国式的上帝庇护着……他的形象将不再有弹性，而且适应于画家的想象力，不再在维罗妮卡的面纱①上飘荡，但却以照出来的肖像被看到……是的，我描绘了一位将会出现在照片中并且将会戴眼镜的上帝。[26]

这位上帝不会有一张卡内基（Carnegie）或者洛克菲勒（Rockefeller）或者惠特尼（Whitney）的脸。的确，他将不会有一张可辨认的脸，只是一个穿着灰色套装、姓名未知的、不关心信仰为何物——的确，信仰是无关紧要的——但只关心他可以卖多少钱的广告人的镜面画像。他知道在爵士时代必须首先推销自己。崇拜这一商业主义的神的人是一个像机器人一样奇怪的人，并恰如其分地被这片荒原所产出，没有“上”也没有“下”，没有“北”也没有“南”，而且很可能什么都不想要。这一神话没有包含生产或者发明的先锋，却只有市场的先锋。新的目标——被列维称作“日常生活的新英雄”，现在仍然是令人信服的神话，是销售者、是骗徒、是“广告人”。列维说，由一位美国剧作家写的唯一真实的悲剧，并且“深深地植根于民众神话之中的那一部，就是《推销员之死》”。[27]威利·洛曼是一个十足的推销员。如果你在推销你自己——你脸上的微笑和你锃亮的鞋子——你将你自己变成了一件物品，然后你就没有了身份，所以当他们在他的墓地上时，他们应当说：“他永远不知道他是谁。”这是完全讲得通的。我们只知道他“曾经是最受欢迎的”。这符合很多技术都在向西部推进的路线，而且尤其是在美国，考虑到我们的主要目标，我们最为紧俏的神话，就是“ 让我们国家始终是一个谁都

① Veronica's veil，圣帕，相传耶稣背十字架途中，圣妇维罗妮卡呈献给耶稣拭面的圣帕，耶稣受苦难的圣容就神奇地印在帕上。——译者注

可以变得有钱的国家”。

美国的意识

盖茨比的葬礼之后，菲茨杰拉德通过尼克这个人，反思他自己的美国意识。在他的沉思中，盖茨比的悲剧与美国神话的丧失以及我们美国梦的破灭之间有着清晰的密切联系。他回忆起圣诞期间从预备学校回家的漫长旅途，和老朋友在芝加哥火车站的见面，穿越威斯康星的火车旅途，其时他和其他年轻人“在奇异的一个小时中难以言喻地意识到自己与这片乡土之间血肉相连的关系，然后我们就要重新不留痕迹地融化在其中了”。

> 这就是我的中西部——不是麦田，不是草原，也不是瑞典移民的荒凉村镇，而是我青年时代那些激动人心的还乡的火车，是严寒的黑夜里的街灯和雪橇的铃声，是圣诞冬青花环被窗内的灯火映在雪地上的影子。而我是其中的一部分。[28]

他现在明白了这个故事到头来是一个西部的故事——盖茨比、汤姆、黛西和他自己都来自中西部。不是远西，我们孤独牛仔的神话的源地；也不是霍雷肖·阿尔杰的神话，他所描述的正是这个神话的崩溃。但是，作为一个人们也许想要逃离的地方，中西部是当代美国道德和文学诞生的地方。也许，尼克沉思着，我们这些从中西部来的人“具有什么共同的缺陷使我们无形中不能适应东部的生活”。因为东部是巴比伦，在那里一个人只能坐在水边哭泣。这个国家的真正的灵魂远离了纽约，“回到合众国的黑黝黝的田野在夜色中向前伸展的地方”。

“盖茨比的全部故事，”安德鲁·列维写道，“以及在其背后，一个出了差错的雄伟的梦想以当代美国和它的同伴幻象为中心……盖茨比的幻梦的崩溃与美国梦的失败……含蓄地并行”。[29]

凭借一位伟大小说家的天赋，菲茨杰拉德试图努力弄明白美国过去以及现在正在经历的危机。这部小说与另一个神话有神奇的类似之处，这神话出自《创世记》，洪水到来之前，刚一开始，人们都围着方舟，奚落诺亚（Noah）准备与灾难抗衡的努力。

尼克决定离开东部，回他的家乡去。但是在他离开前的最后的日子里，他感到难以挥去盖茨比的房子在他心中的印象：

> 我仍然可以听到微弱的音乐和欢笑的声音不断地从他的园子里飘过来……
>
> 有一晚我确实听见那儿开来一辆汽车，看见车灯照在门口台阶上，但是我并没去调查。大概是最后一位客人，刚从天涯海角归来，还不知道宴会早已收场了。[30]

在最后那个晚上，他来到了海边，仰天躺在沙滩上，沉溺在他的回忆里。那些海滨大别墅现在已经关闭了，“四周几乎没有灯火，除了海湾上一只渡船所发出的幽暗、移动的灯光”。在这拥有着雄伟山峦和肥沃平原的乡村的繁荣中，美国也正处于它的开花时节。

> 当明月上升的时候，那些微不足道的房屋慢慢消逝，直到我逐渐意识到当年为荷兰水手的眼睛放出异彩的这个古岛——新世界的一片清新碧绿的地方。它那些消失了的树木，那些为盖茨比的别墅让路而被砍伐的树木，曾经一度迎风飘拂，低声响应人类最后的也是最伟大的梦想；在那昙花一现的神妙的瞬间，人面对这个新大陆一定屏息惊异，不由自主地堕入他既不理解也不企求的一种美学的观赏中，在历史上最后一次面对着和他感到惊奇的能力相称的奇观。

尼克然后想起了盖茨比和他令人惊奇的能力。

他经历了漫长的道路才来到这片蓝色的草坪上，他的梦一定就像是近在眼前，他几乎不可能抓不住的。他不知道那个梦已经丢在他背后了，丢在这个城市的那一片无垠的混沌之中了，那里合众国的黑黝黝的田野在夜色中向前伸展。[31]

“盖茨比信奉这盏绿灯”，就像其他数百万虔诚的美国人一样。但是尼克知道这个“一年年在我们眼前渐渐远去的极乐的未来……它从前逃脱了我们的追求，不过那没关系——明天我们跑得更快一点，把胳臂伸得更远一点……总会在一个晴朗的早晨。”

最后一句话匆匆忙忙地悬在了半空，没有句号收尾。在沉默中，尼克在短暂的绝望中摸索着。当他摸索的时候，他停顿了下来。这其中是否有着什么意义？这其中是否有可以阐明美国意识中明显的无望感的任何信条、任何智慧、任何思想？或者我们是否注定要生活在一个任何人都不能理解的世界中？尼克摸索着寻找一个可以点亮光明的神话，就像一个人在寻找灯的开关，去点亮整个天堂。他寻觅着一个可以吸纳这不断失败的神话；一个将永恒的回归变成某种我们人类能够忍受的东西的神话；一个可以给予我们荒诞的存在以意义的神话。尼克接着在这本书中加上最后一行字，自成一段，几乎就像后记：

“于是，我们奋力向前划，逆流向上的小舟，不停地倒退，进入过去。”[32]

西西弗斯的神话

在那个绝望的时刻诞生了这一历久弥新的神话，唯一一个符合这看起来无望的情境的神话，这就是西西弗斯的神话。作为与美国梦相反的一个神话，这个神话拒绝进步，没有任何地方可去，看起来就是一个重复，每一天和每一个动作都永远是一样的，夹杂着无尽无休的单调乏味的辛劳和汗水。

但是那就会忽略了它至关重要的意义。西西弗斯能够做的一件事是：他能够意识到在他自己和宙斯之间、在他自己和他的命运之间这场戏剧性事件的每一个瞬间。这——因为它是最具人性的——使他的反应完全不同于他向山上滚动石头的那个黑夜中的感觉。

荷马这样描述因为欺骗众神而被宙斯惩罚的西西弗斯：

> 踏着很多疲惫的脚步，发出很多叹息，
> 在这高高的山上他推着巨大滚圆的石头：
> 这巨大滚圆的石头，结果一跃而下，
> 一路惊雷般猛烈地震响。[33]

然后荷马告诉我们，“可怜的西西弗斯”能够听到“让其双耳销魂的迷人的声响”。这一说法源自俄耳甫斯（Orpheus）在冥王普鲁托（Pluto）的地府里吹奏的长笛。①[34]西西弗斯的神话有时被理解为：太阳每天爬上它的顶点，然后再一次沿曲线落下。对人类来讲，没有什么会比太阳的这些循环往复的旅行更重要了。

从盖茨比忧思的悲伤中，走出了所有人类都必须忍受的千篇一律的单调——这忧思是爵士时代在它的豪饮、歌舞、宴会和无尽的兴奋中陷入疯狂时，努力（想要去）去否认的，因为我们在自己所做的所有事情中都面对着单调；我们在我们生命的每一时

① 俄耳甫斯为了从地府救回他的妻子，用他的琴声感动了冥王。此处作者将俄耳甫斯的乐器写作长笛，其实竖琴是最准确的。——译者注

刻都吸气和呼气，呼和吸不断地更迭，这是最卓越的千篇一律。但是佛教徒和瑜伽修行者从这反复的呼吸中形成了它们宗教的冥思，并找到了达到更高的快乐境界的一种途径。

因为西西弗斯是一个具有创造力的人，他甚至尝试过消除死亡。他从来不会放弃，而总是致力于创造一种更好的生活；他是一个即使处在自己的绝望中也要继续奋力向前的英雄模范。如果没有这种对付绝望的能力，我们将不曾在文化的发展过程中拥有如贝多芬（Beethoven）、伦勃朗（Rembrandt）、米开朗基罗（Michaelangelo）、但丁、歌德或者其他任何伟大的人物。

西西弗斯的意识是作为人类的印记而存在的。西西弗斯是一根能思想的芦苇[①]，他拥有能构建目的的心智，懂得陶醉和痛苦，从绝望中区分出千篇一律，并且将这千篇一律——滚动石头——置于他的反抗的筹划中，而正是因为他的反抗行为他才被处以刑罚。我们不知道西西弗斯在重复他的行动时他心中的幻想和沉思，但是我们确实知道每一个行动也许都是对众神顺从的再一次反抗，或者每一个行动本可以是赎罪的行动。这就是我们建构的想象、意图和人类的信念。西西弗斯在那些英雄的行列中入座，他们宣布了对不胜任的众神的反抗，这些都是为了拥有更伟大的神——例如这鼓舞人心的一系列人物，包括普罗米修斯（Prometheus）、亚当，甚至是令人充满希望的我们自己的神话和诸神。正如西西弗斯所做的，从这一可以看到我们命运的永恒能力中，出现了超越那块石头、超越一天又一天的千篇一律的经历的勇气。

此外，西西弗斯一定曾经在他的旅程中注意到了那预兆破晓

① 源自帕斯卡尔，“人只不过是一根芦苇，是自然界最脆弱的东西；但他是一根能思想的芦苇。”——译者注

的一缕粉红色云霞；或者在他大步地往山下跑追赶他的石头的时候，迎面拂来阵阵清风，使他感到了些许快乐；或者他一定记起过可以沉思的几行诗篇。是的，他一定曾想起过某个神话，去理解一个毫无意义的世界。所有这些事情对西西弗斯来讲都是可能的——甚至，如果他曾是盖茨比，将会意识到过去不可能被重温，但是每走一步，他都可以将过去甩开。这些人类想象的能力，是我们自相矛盾的谴责和我们作为人类对真理的顿悟的特征。

西西弗斯的神话需要与绿灯并置，以赋予我们个体和这个国家一些平衡、一些辩证法。它保护我们免于被选中的人民那未被允许的自大所伤害，它也清楚地表明霍雷肖·阿尔杰只会让我们误入歧途。西西弗斯平衡了应许之地的神话：它要求我们暂停开采这片应许的"美丽的美国之土"，沉思我们的意图并且澄清我们的目标。

它恰恰是盖茨比身上明显缺乏的神话。西西弗斯的神话，在最小的意义上，可以帮助我们理解为什么梦想崩溃了；在最大的意义上，它可以展示给我们通往迷醉的路径，平衡我们的无望感并且激励我们走向新的时代，在那里我们可以直面我们的绝望并且建设性地利用它。

现在我们知道，人类存在的意义确定无疑要比盖茨比的幻梦和美国梦深刻。无论我们注定要在回到疲劳的过去和最终的死亡上走多远，我们已经胸怀一些令人迷醉的想法，我们已经试图弄明白也经历了一些辛酸痛苦的事情，还有在我们思考时的悲伤。一度，这悲伤从愧疚中解除，快乐从焦虑中释放。当永恒转入时间，就像它在神话中那样，我们突然明白了人类意识的意义。

因此，西西弗斯的神话使我们明白了我们的另一种毫无意义的努力；它给予我们千篇一律的单调些许热情。这是真实的，无论我们划着小船逆流而上，那水流却阻碍了我们的进步；还是我们像一个机器人一样在工厂里工作，一天又一天地用文字奋力表达某些看起来总是躲避着我们的桀骜不驯的想法。

西西弗斯的神话是对美国梦的最后挑战。我们被要求——“命中注定的”，如果你想这么说——去接受我们人类的意识状态，进步或者没有进步，点着绿灯或者没有点亮，有黛西陪伴或者没有她，伴随着我们世界的瓦解或者没有。就是这一点在我们微小的规则被证实无效的时候拯救我们于毁灭之中。

这就是为什么阿尔伯特·加缪（Albert Camus）在他关于西西弗斯的文章中这样结尾：“我们应该认为，西西弗斯是幸福的。”[35]

注释

［1］Smith，*Virgin Land*，p. 259. 但是特纳对未来明显表示担忧，他的评论有点抚慰人心的意味。

［2］*The Great Gatsby*（New York：Scribners，1925），pp. 111-112.

［3］同上书，99 页。

［4］Andre Le Vot，*F. Scott Fitzgerald*，*A Biography*（New York：Doubleday，1983），p. 142.

［5］我们记得科迪是水牛比尔的真名。关于此，菲茨杰拉德也显示了他与美国神话的联系。

［6］Fitzgerald，*The Great Gatsby*，p. 2.

［7］同上书，169 页。

［8］同上书，111 页。

［9］同上书，135页。

［10］同上书，162页。

［11］同上书，180-181页。

［12］同上书，178页。

［13］参见 Rollo May，*Love and Will*（New York：Norton，1969），p. 290.

［14］Fitzgerald，*The Great Gatsby*，p. 152.

［15］同上书，154页。

［16］同上书，2页。

［17］同上书，56页。

［18］同上书，57页。

［19］同上书，136页。

［20］同上书，165页。

［21］这一"荒原"与同样写于这个爵士时代的 T. S. 艾略特的同名诗有明显的联系。

［22］Fitzgerald，*The Great Gatsby*，p. 23.

［23］同上书，160页。

［24］Le Vot，F. Scott，Fitzgerald，p. 156.

［25］同上书，158页。

［26］同上。

［27］列维忘记了尤金·奥尼尔，但是他的观点是明晰的。

［28］Fitzgerald，*The Great Gatsby*，p. 177.

［29］Le Vot，F. Scott，Fitzgerald，pp. 147-148.

［30］Fitzgerald，*The Great Gatsby*，p. 181.

［31］同上书，182页。

［32］同上。

[33] Homer (Pope's translation), in H. A. Guerber, *Myths of Greece and Rome* (London: George Harrap, 1907), p. 144.

[34] 同上书，60 页。

[35] Albert Camus, *Myth of Sisyphus and Other Essays* (New York: Random House, 1959).

第三部分　西方世界的神话

第九章 Chapter Nine

心理治疗师和地狱之旅

像我一样，引诱出寄居于人类心间的半驯服的恶魔那最黑暗的部分，然后努力探寻如何对付它们，没有人可以期望从这场挣扎中安然而归。

——西格蒙德·弗洛伊德

心理治疗师从属于一个奇怪的行业。这一行业有些许宗教的性质，自从文艺复兴时期的帕拉塞尔苏斯（Paracelsus）[①] 的时代开始，内科医生——以及后来的精神科医生和心理治疗师——都披上了牧师的外衣。我们不能否认，我们这些心理治疗师要解决人们道德和心灵上的问题，而且我们承担了告解神父的角色，将其作为我们全部配备的一部分，正如弗洛伊德的位置，在告解的人的背后，那人是看不到他的。

心理治疗也兼具科学的性质。弗洛伊德的贡献在于让心理治疗在某种程度上是客观的，这样就使它可以被教授了。另外，心理治疗还具有——不可分离的一部分——友谊的性质。这一友谊，当然，比我们熟知的社会关系的朋友情谊要更易引起争议。心理治疗师通过“激起他们的阻抗”可以最好地治疗他们的患

① 帕拉塞尔苏斯（1493—1541），瑞士籍内科医生，医药化学运动（即将医学和炼金术相结合）的始祖。——译者注

者。即使是那些从未接受过治疗的一般公众都能通过出版的案例解析和如《不结婚的女人》(*An Unmarried Woman*)和《凡夫俗子》(*Ordinary People*)那样的流行电影，了解到这一有益的斗争。

这三个成分构成了一个强有力的混合体。四个世纪前莎士比亚(Shakespeare)让麦克白(Macbeth)把他的医生藏在窗帘后面，当麦克白夫人在她歇斯底里的愧疚情绪中呻吟的时候，这位医生观察和聆听着她。然后麦克白恳求医生：

> 你难道不能诊治那种病态的心理，
> 从记忆中拔去一桩根深蒂固的忧郁，
> 拭掉那写在脑门上的烦恼，
> 用一种使人忘却一切的甘美的药剂，
> 把那堆满在胸间、
> 重压在心头的积毒扫除干净吗?[1]

麦克白在暗示，人类需要某种新的职业的混合。医生当时的回答在我们这个时代看来已是陈词滥调：“那还是要仰仗病人/自己设法解决的。”麦克白很自然地反驳道：“那么把药丢给狗吧，我不要仰仗它。”因为药——无论我们发明了多少种形式的安定和利眠宁①——不会从根本上解决那根深蒂固的忧郁或者拭掉那写在脑门上的烦恼。

科学和技术在置换或者破除了旧的神话之后，当然，也提出了新的神话，但是技术的历史，一开始如此令人欢喜，现在却已逐渐地在驱逐它的信徒。现在，在后工业时代，人类感到自己完全丧失了信仰，就像马修·阿诺德(Matthew Arnold)在一个多

① 一种安定药。——译者注

世纪前为他垂死的文化而写的经典的墓志铭：

> 啊，爱人，让我们彼此忠诚坚贞……
> ……这个世界，它
> 像梦幻之地在我们面前摊开，
> 如此多样，如此美丽，如此崭新，
> 其实没有欢乐，没有爱情，也没有光明，
> 没有确定，没有平和，痛苦也没有助援；
> 而我们在此也如同身处暗夜的平原，
> 响遍了抗争斗杀的阵阵杂乱警鸣，
> 有如无知的队伍趁夜交兵。①[2]

在本书前面我们已经说明了这样大的损失如何没有遗留下任何可依靠的架构给全体的人们；我们每一个人都感觉像是小舟上的乘客，在大海上飘飘摇摇，没有指南针也没有方向感，而暴风雨却即将到来。那么，心理学——这个告诉我们关于我们自己的知识的学科，和心理治疗——这个能够阐明我们应该如何生活的学科，在我们这个世纪开始萌芽，这有什么好奇怪的呢？

但丁的《神曲》

我们给出另一个这样的神话——但丁的伟大诗篇《神曲》。我们会问，它如何让治疗过程更易理解。在《神曲》一书中，这一引人入胜的神话发生在维吉尔②和但丁穿越地狱的旅途中，他们的关系是治疗师—患者的关系。

---

① 此处选自王道余译本。——译者注

② 古罗马诗人，最重要的作品是《埃涅阿斯纪》，在《神曲》中，作为但丁的向导，带领他游历了地狱和炼狱。——译者注

很多治疗师对但丁的伟大戏剧一无所知。甚至就连弗洛伊德这样的人文主义者，当他在1907年被问及列举最喜爱的书的时候，他举了荷马、索福克勒斯、莎士比亚、弥尔顿、歌德和其他很多人的著作，但是他忘了但丁的著作。在后弗洛伊德时期的心理治疗师的教育中，很多学生没有接受过人文主义的熏陶，这是一个根本性的缺憾。纵观历史，我们的文学是呈现人类自我理解的最丰富的资源。相比于自然学家，这一危险对治疗师而言更大，因为想象力恰恰是他们的工具和研究的对象，在理解它的运作方式的时候，任何文化的删节都将显著地限制专业上的进步。

《神曲·地狱篇》开始于耶稣受难日，当时但丁35岁：

> 我走过我们人生的一半旅程，
> 却又步入一片幽暗的森林，
> 这是因为我迷失了正确的路径。①[3]

《神曲》的开场白给历史上的很多人物留下了不可磨灭的影响。詹姆斯·乔伊斯（James Joyce）曾说过："我热爱但丁的程度几乎与热爱圣经相差无几；他是我的精神食粮，其余的都是压舱物。"[4]

但丁是那么惹人喜爱，因为他在每一步都承认他人性的问题而且拥有从不自诩虚假的德行。他意识到他已经陷入了僵局，类似于阿诺德在《多弗海滩》（Dover Beach）中所处的心理位置。正如但丁在他的长诗的序言中写道：

> ……我迷路了
> 从那条笔直的公路，然后醒来发现自己
> 独自在一片幽暗的森林里。[5]

① 此处摘自《神曲》，黄文捷译本，I，1-3页。——译者注

“黑森林”不仅是罪恶的黑暗世界，而且是无知的黑暗世界。但丁不理解他自己和他生活的意义，需要某个更崇高的理由，某个提升的观点，以便全面地感知他的经历的结构。他看到那座喜乐之山，高高地在他之上，但是他却不能独自走到那里。在这个意义上，他就像我们的患者。在山腰，他被三个野兽拦住了去路：暴力的狮子、怨恨的豹子和贪婪的母狼。关于这最后一个，但丁这样写道：

接着又来了一头母狼，
它瘦骨嶙峋，像是满抱种种贪婪欲望，
它曾使多少人遭受祸殃。
一见它，我就不禁心惊胆寒，
像是有一块重石压在心田，
登上山峰的希望也随之烟消云散。①[6]

弗洛伊德洞察到，性功能障碍是神经官能症患者痛苦的始终不变的原因，这也得到了但丁的支持，但丁承认是贪婪的欲望驱使他逃离开愉悦的景色。但是我们不必狭隘地读这则寓言。对但丁来讲有罪恶倾向的，我们称之为合理化神经官能症的私密地狱的机制：压抑、骄傲、扭曲、伪装，等等。如果说相比于狮子、豹子和母狼，这些机制较少被人关注，但是它们也同样可以有效地阻碍我们的道路。

一个人的地狱也许包括了对抗他母亲从未爱过他这一事实；或者它也许包括了破坏一个人最爱的东西的幻想，就像美狄亚(Medea)② 杀害她的孩子那样；或者体验在战争期间被解禁的骇

① 转引自《神曲》，黄文捷译本，I，49－54 页。——译者注

② 希腊神话中科尔喀斯国王之女，以巫述著称。她曾多次帮助丈夫在紧要关头脱险，但是丈夫却变了心。为了复仇，她亲手杀死了自己的两个儿子。——译者注

人听闻的残暴，其时憎恨与杀戮被赋予爱国的意义。我们每一个人的私密地狱都在那里，祈望着被面对，并且我们发现，如果不去对抗这些障碍，我们就不能取得丝毫进步。

但丁在那个耶稣受难日的状态，现在会让我们想起无数的证词，也不排除我们自己的。他的处境让人忆起在埃尔西诺（Elsinore）的哈姆雷特，在多弗海滩的阿诺德，或者追溯到但丁自己的思想源头——圣奥古斯丁（St. Augustine）[①] 和圣保罗（St. Paul）[②]，前者将他在罗马的放浪的生活和由此而生的绝望比作地狱之旅，而后者在《罗马书》（7：18－19）中不快乐的告解在精神分析的文献中不断得到回应，其影响不亚于但丁的诗："立志为善由得我，只是行出来由不得我。故此，我所愿意的善，我反不做；我所不愿意的恶，我倒去做。"

维吉尔和移情

在诗中的这一最适当的时刻，但丁看到了在他附近有一个人影，便向他叫道："你是真人还是鬼？不管你是什么，请可怜可怜我！"这个人就是维吉尔，他被派来指引他穿过地狱。在做了一番自我介绍之后，维吉尔以下面这段话作结语：

> 因此，我为你安全着想，
> 我认为你最好跟随我，我来做你的向导，
> 我把你带出此地，前往永恒之邦。

---

① 古罗马帝国时期基督教思想家，欧洲中世纪基督教神学、教父哲学的重要代表人物。在罗马天主教系统，他被封为圣人和圣师，并且是奥斯定会的发起人。对于新教教会，特别是加尔文主义，他的理论是宗教改革的救赎和恩典思想的源头。——译者注

② 十三门徒之一。他是神所拣选的，外邦人的使徒，也被历史学家公认是对于早期教会发展贡献最大的使徒。——译者注

你在那里将会听到绝望的惨叫，

将会看到远古的幽灵在受煎熬。

但丁回答他道：

诗人啊！我请求你，

以你不曾见识过的上帝名义，

帮我逃出这是非和受苦之地，

把我带到你方才所说的那个地方去，

让我能目睹圣彼得之门，

看一看你所说的如此悲惨的幽魂。①[7]

所以，维吉尔作为向导和顾问，陪伴着但丁领会地狱不同层级的邪恶（或者，弗洛伊德会说潜意识的深度）。维吉尔曾在他自己的实践中，尤其是在《埃涅阿斯纪》（*Aeneid*）② 一书中展示了完全相似于他们现在将要穿越的危险的道德景观。最重要的是，维吉尔将会是一位朋友，陪伴在这位茫然失措的朝觐者身边。

在治疗师和患者的关系中，这一“在场（presence）”（见第八章）是一种启发式的方法，它最为重要但我们理解得最少。维吉尔将不仅仅诠释每一层地狱，而且将会是一个活生生的存在者，并且在但丁的世界里出席。但丁在这里既可以被认为是患者，也可以被认为是治疗师。一些治疗师，像约翰·罗森（John Rosen）在他对精神分裂症患者生动的治疗中展示给我们的，为了让他们自己深度进入患者的精神紊乱中去，需要有一些朋友在场。这个朋友，在罗森背后轻轻地走动，也许什么话都不讲，但

① 转引自《神曲》，黄文捷译本，I，112-116 页，130-135 页。——译者注

② 维吉尔最重要的作品，古罗马史诗。——译者注

是他的在场改变了这一磁场；然后罗森就可以投入到治疗中却不让自己陷入精神分裂。这一在场有时被称做共情（empathy），或者就是简单的关系。我相信，它对所有的治疗师的世界都具有核心意义，而且会对病人产生远远多于治疗师所讲的或者他/她所接受训练的学校告诉他们的强大效果。

在但丁的戏剧中，在和维吉尔的“合同”签完后马上出现了第一个障碍，和在当前的心理治疗中所发生的情况有着惊人的相似。但丁深信他不值得拥有这样的特殊治疗，他被这种念想深深折磨，他向维吉尔呼喊道：

> 指引我的诗人啊！
> 在你让我从事这次艰险的旅行之前，
> 请看一看我的能力是否足够强大。①[8]

多少次，在进行治疗的时候，我们听到那个问题，如果患者不能直接用言语表达它，至少用我们内心的耳朵也能听到：为什么在全世界所有其他的人中，是他被单独挑选了出来，接受这次特殊的引导？像我们的患者一样，但丁不能——用保罗·蒂利希的话——“接受被接受”（accept acceptance）。但丁向维吉尔回忆了圣保罗和埃涅阿斯（Aeneas）这些维吉尔的史诗中的英雄，断言他能够了解为何他们被拣选：

> 但是，我为何要到那里去？又是谁容许我这样做？
> 我不是埃涅阿斯，我也不是保罗；
> 我自己和旁人都不会相信我有这样的资格。
> 因此，如果说我听任自己前往，

① 转引自《神曲》，黄译本，II，10-12页。——译者注

我却担心此行是否发狂。[①]

他向维吉尔恳求着，然后又说了一句话，我们也许会将之称为正向移情（positive transference）的陈述："你是明智的；你必能更好地理解我说的理由。"[②]

维吉尔是否采用了很多缺乏经验的治疗师会采用的方法来回答他呢？也就是说，他是否为了打消对方的顾虑说"当然你是有这样的资格的"？完全没有。他回击但丁说：

倘若我对你说的话没有听错，
伤害你的心灵的是怯懦；
这怯懦曾不止一次起阻碍作用，
它阻挡人们去采取光荣的行动，
正如马匹看到虚假的现象而受惊。[③][9]

这可以被理解为一种挑战，我们在治疗沉溺于任何神经官能症（或者药物成瘾）的患者时会用到它。宽慰（reassurance）几乎是不应当使用的。心理学家一定不能从病人的手中夺走至关重要的主动性，尤其是在治疗的初始。

但丁所说的，"你是明智的；你必能更好地理解我说的理由"是以一种熟悉的措辞表达对治疗师的奉承。这样的恭维不会遭到口头拒绝，（的确，我们也许会暗暗地相信自己确实能够读出他的想法！）而是回馈以一个手势或者露齿笑一笑——任何露齿而笑的人都不可能是全智者（all-wise）。

在维吉尔对但丁的回答中有一句重要的话："我是悬在半空

---

① 转引自黄译本，II，31-35页。——译者注

② 转引自黄译本，II，35页。——译者注

③ 转引自黄译本，II，43，45-47页。——译者注

中的幽魂中间的一个。”①[10]我们都悬在半空；在那一特别的时刻，我们都在人类的处境中奋力挣扎，不管我们是王子还是乞丐，患者还是治疗师。但是治疗师不会只是把他们自己的问题告诉患者，来让患者理解这一问题中的人性。弗里达·弗罗姆-里奇曼睿智地谈道：“患者不必聆听治疗师的问题，他自己的问题已经够他受的了。”而且和病人最好的交流是通过手势和态度，而非道德说教，告诉病人任何一个生活的人都是悬在半空，告诉他们罪过（如果我可以将这个词汇置于但丁的语言中）不是我们出现了问题而是我们不能意识到问题、不能面对它们。

在任何情况下，维吉尔确实对为何他在那里给出了一些解释。天堂里的贝阿特丽切（Beatrice）派他来帮助但丁。但是维吉尔从始至终都很坚定，从不多愁善感。他总结说：

> 那么，你这是怎么了？为何，为何你又踟蹰不前？
> 为何你心中仍让那怯懦的情绪纠缠？
> 为何你仍无胆量，仍不坦然？②

这一指责对但丁产生了强有力的影响，他回答道：

> 正如低垂、闭拢的小花，在阳光照耀下，
> 摆脱了夜间的寒霜，
> 挺直了茎杆，竞相怒放，
> 我也就是这样重新振作精神，
> 鼓起我胸中的坚强勇气，
> 开始成为一个心胸坦荡的人……
> 现在，走罢！我们二人是同一条心：

---

① 转引自黄译本，II，52页。——译者注

② 转引自黄译本，II，121-123页。——译者注

你是恩师，你是救主，你是引路人。①[11]

因此他们走上但丁所称的“那条坎坷而危险的小路，向地狱”出发。

我们不必太关心这里的“指示性”的语言。我们必须不断地寻找但丁无法独自找到的、穿过人类苦难的路内在的意义。他不仅要求维吉尔提供的神话具有稳定性，而且要求这神话可以被他吸收到自己的意图中去。向导和朝觐者不能持有相矛盾的目的，也不能共享根本不同的文化的神话。同样，要成为隐喻性的主人，矛盾的是，治疗师必须仍然得是一位谦逊的朋友，一个可信任的人。

然而，维吉尔在这篇叙事中的某些至关重要的时点的确宽慰了他的朋友。在之后的一次经历中，当但丁被真正的、严重的焦虑所控制，他向维吉尔呼喊道：

啊！我亲爱的恩师啊，我在危险中的向导……

现在给我以支持吧……在我胆战心惊的时刻。

维吉尔的确回答道：

振作起颓丧的精神……

我是不会把你撇在这阴曹地府的。②[12]

这是一句宽慰，它把旅行的任务还是留给了患者，因此没有接手患者的责任。在我自己的工作中，我也到过类似的阶段，这个时候患者害怕再向前走，因为担心回不来，或者害怕我会放弃他。我会说：“只要对你有帮助，我都很高兴和你一起工作。”这句话将重点置于积极的帮助而不是被动（总是一个诱惑）或者停

① 转引自黄译本，II，127-132，139-140页。——译者注

② 转引自黄译本，VIII，107-108页。——译者注

滞。在《神曲·地狱篇》，人们都会对维吉尔的态度印象深刻，但丁这样描述它：他的“微笑温柔而鼓舞人心”。

地狱之旅

当他们开始这场旅程的时候，他们在地狱的前厅停了下来，在那里他们听到机会主义者凄厉的哭喊声。他们生前既不善良也不邪恶，但一心只考虑自己的灵魂。他们在天使的反叛中因为没有持有任何立场而被摈弃。在当代心理学中，这些机会主义者将会被称为适应良好的人；他们知道如何远离麻烦！但是但丁认为他们犯了保持中立之罪。因此他们既不在地狱里面也没有在地狱外面。因此约翰·西阿弟（John Ciardi）① 这么描述他们：“永远没有被分类，他们在肮脏的空气中，追着一面永远都在奔驰的飘扬的旗帜一圈又一圈地跑着；并且当他们在奔跑的时候，他们被成群的毒蝇和黄蜂追赶，它们叮咬他们，产生了一条不间断的血流。”但丁的地狱践行了象征性的报应法则：因为这些机会主义者没有任何立场，所以他们没有被给予任何地盘。西阿弟说道：“因为他们的罪过是黑暗，所以他们在黑暗中移动。因为他们自己愧疚的良心追赶过他们，所以他们现在被成群的毒蝇和黄蜂追赶。”[13]

非常有趣的是，经典文学，无论作者是但丁、索福克勒斯还是莎士比亚，都没有对人类的完美这一多愁善感或者肤浅的想法抱以同情。这些作家和神话的创造者看到了人对人的不人道，他们认为人类的生存处境本质上是场悲剧。任何既不善良又不邪恶的角色——像在易卜生的戏剧的第一部分的培尔·金特——仅仅

① 约翰·西阿弟（1916—1983），美国诗人、翻译家和语源学家。——译者注

是没有过一种真实的生活。伟大的剧作家关心着惩罚他们刻画的邪恶，但是他们深刻地认识到那驱使人类远离道德生活的激情。包括易卜生，他们都相信“成为真正的罪人需要勇气”。[14]保罗（Paolo）和法兰西斯卡（Francesca）① 这对恋人，陷入但丁在诗作的开篇就警告过的邪欲，他们为有缺憾的人性、因为缺憾而令人恻隐的人性提供了最复杂的一例。但丁，作为其作品中的角色，必须通过穿越地狱之行学会如何评价他目击到的那些繁多的罪恶的例子。其次类推是适当的，因为治疗中的患者学会了如何处理他的问题（而不是“治愈”它们），部分地是通过治疗师与那些紊乱的人达到高度亲近实现的，这些类型被圣奥古斯丁叫做“不一样的国度”。

我将不再描述随着但丁在地狱中下得越来越深，他经历的那些地狱的不同层，例如饕餮、贪婪和愤怒。这些邪恶的内容，作恶者因其而被罚入地狱，不同的时代都有变化；当代罪过的内容与中世纪的自不相同。重要的事情不是一个人拼搏的具体的邪恶，而是这趟旅行本身。在任何探险传奇中，对负面状态的发现导向了对自我的净化，抛弃死亡/患病的自我，选择新的生活。同样，精神分析的作用，从某个角度来看，是通过穿越一个人自己的病态的过去，向健康前进的行动。弗洛伊德所说的“歇斯底里症患者主要因回忆而遭受痛苦”也许可以扩展到囊括所有在内心被强迫进行自传性叙事的那些人。显著的不同在于，现代的患者，像现代的作家一样，更倾向于回忆个体生活，而不是但丁诗中的那些历史性人物和事件。

---

① 故事出现在《神曲》第五首。这是一个真实的故事，法兰西斯卡跟一个让人讨厌的家伙结了婚，但是她丈夫的弟弟很爱她，他们成为了情人，他们的爱情被法兰西斯卡的丈夫发现以后，他们都被杀掉了。——译者注

地狱包含着受难和无尽的折磨，却不会给承受着它们的幽魂、或者被外界强制去承受的幽魂带来任何改变。但是在炼狱，受难是暂时的，是净化心灵的一个手段，而且被灵魂自己的意志所热切地接纳。在到达天上的“天堂”前，二者都必须被穿越。我认为这三个阶段是同时发生的——所有人类经验中三个共存的方面。的确，传承了但丁精神性诗篇的史诗传统的现代文学，如乔伊斯的《尤利西斯》（*Ulysses*）、庞德（Pound）的《诗章》（*Cantos*）或者艾略特的《四个四重奏》（*Four Quartets*），都与道德景观没有根本的分离。

我现在希望转向治疗的局限这一问题。《神曲》是否阐明了我们作为治疗师的工作的局限性呢？我认为它是的。

维吉尔，我一直都视他和但丁的关系类似于心理治疗师和患者，象征着人类的理性。但丁一次又一次地体会到这一点。但是但丁所谓的“理性”根本不是我们当代所讲的理智主义、可教授的理性或者理性主义。它代表着生活的广泛的范畴，在其中人们反思或者停下来质疑经验的意义，尤其是苦难的意义。在我们这个时代，理性被认为是逻辑，因为它主要是通过大脑的左半球输送。这不是对维吉尔的描述：他是一位伟大的充满想象力的诗人，而不是逻辑学家。如果我们在但丁的宽泛的意义上去理解，理性可以在我们自己的私人的地狱中指引我们。

但是即使在其扩展的意义上理解，理性也不能带领我们进入天上的天堂。但丁在他的旅途中需要其他的向导。这些向导是启示和直觉。我不应当对这两项人类经验的功能给出什么介绍。但是根据我的经验，出于对缺乏经验的治疗师的督导，我确实希望告诉他们，如果治疗师不对除了人类理性之外的交流方式保持开放的话，他们就脱离了大量的事实。（我记得弗洛伊德说过，他的患者如此频繁地看穿他可能讲给他们的“白色谎言”，以至于他决定永远不再撒谎：他将此视为在心灵感应中他的“道德”信念。）我很感兴趣但丁竟会把直觉视为引导的最高形式。那些屈从于教条的理性主义之罪的治疗师，如果我可以被允许将这一罪列入但丁的地狱中，也许会考虑这一精神力量的合法性。

当维吉尔和但丁穿过了地狱，几乎要穿出炼狱的时候，维吉尔离开了但丁，这就阐明了治疗的局限性。当人间的天堂映入两位诗人的眼帘，西阿弟指出，维吉尔“说了他最后的几句话，因为他们现在已经到了理性的极限，并且但丁可以自由地追随任何冲动，因为罪孽的所有概念都被净化了”。[15]因此他们互道珍重，离别的悲伤、同志的情谊、孤独的情感混杂在心中，但抹不去对未来的渴望。一次，但丁呼唤着维吉尔：

> 我把身子向左转去，满怀企盼之情，
> 一个孩子害怕时或伤心时，
> 就会带着这种心情跑向妈妈怀中……
> 但是，维吉尔已离我们而去，
> 维吉尔，最最慈祥的父亲，
> 维吉尔，我为求得解救，曾委身于他，作为凭依！①[16]

贝阿特丽切作为一个救赎的、快乐祥和的存在出现，替代了维吉尔的位置。类似地，我们的心理治疗是生活的序幕，而非生活本身。我们，和维吉尔一样，寻求帮助对方，直到他可以“采集自由的果实”，那个时候，他必然会犯点需要治疗师在场的可以理解的小过失，不过没有关系，他可以继续前行，总有一天他会来到一个地方，在那里“他的意志是自由的、无偏见的和完整的”。

① 转引自黄译本，重登地面，第30首。——译者注

爱之自由

我们要注意到，但丁和我们的患者前往的这一自我引导的生活，是作为共同体的生活，更具体地讲，是爱之自由。这似乎就是在炼狱的最后和天堂中的向导都是女性的原因，也是贝阿特丽切被塑造成为首先派维吉尔到但丁身边来拯救他的人的原因。正是在贝阿特丽切的召唤中，但丁最能让我们想起现代的一位接受精神分析的人。

贝阿特丽切全然是一个私人的神话，一个但丁熟识的佛罗伦萨女孩，她的死亡激发了他的第一篇伟大的诗作——《新生》（*La Vita Nuova*）。她在炼狱的重现告诉我们，通过和这位他小时候心爱的人神秘地团聚（他们第一次见面时，他9岁），但丁成功地克服了病态的丧失感——或许是将他引到黑暗的森林里的精神创伤？她在但丁的心中是一个现实。人们会好奇在但丁的心中她代表着什么——我们认为是但丁自己的灵感、他的精神渴望以及他被超凡的方式所指引的感觉的核心（中心）。这一富于想象力的邂逅也许可以与威廉·扬森（Wilhelm Jensen）的小说《格拉迪瓦——庞贝城传奇》（*Pompeii*，*Gradiva*）中世俗的复兴场景相比，弗洛伊德还写了一本书来研究这部小说。在两本书中，来自主人公小时候的一位女性角色为了给她的仰慕者那热望的灵魂重塑爱和欢乐，在一个根本不同的场景中再次出现。我们还记得其他经典之作，同样把女性置于这一至关重要的位置：歌德的《浮士德》，那么多的笔触都赋予了海伦（Helen）和“母亲们”这启发灵感的力量，或者《培尔·金特》，培尔·金特重回索尔薇格的怀抱，实现他的救赎。在荣格关于阿尼玛（anima）的概念的文章中，他单独挑出 H·赖德·哈格德（H. Rider Haggard）的三篇小说——《她》（*She*）、《她的归来》（*The Return of She*）和《智慧的女儿》（*Wisdom's Daughter*）——作为补注力比多客体（libido-object）的最有力的描述。

我认为，这里的女性是共同体的象征。我们都首先在子宫中体验了生活，然后是从子宫到日光下的旅程。我们没有孤独地出生，而是和我们的母亲结伴。无论是女孩还是男孩，我们真实地或者隐喻地在母亲的怀抱中被哺育。以性的方式与我们的爱人重新结合，我们参与了种族的延续。在这种意义上，我们体验世界，就是在体验爱。因此在我们的地狱和炼狱之旅之后，生活自身就是治疗师。我们的患者离开我们加入到生活自身的人类共同体中。这就是阿德勒将社会兴趣——对共同体生活的奉献——当做对精神健康的检验的原因。

对治疗的局限的这一看法再一次暗示了我们的任务不是“治愈”患者。想到在聪明的男人和女人争执于心理治疗是否可以治愈患者，试图将心理治疗放进西方 19 世纪的药物的模式中，致使那么多的时间都被浪费了时，我就懊悔不已。我们的任务是在人们的个人的地狱和炼狱之旅中，扮演他们的向导、朋友和讲解者的身份。具体来讲，我们的任务是帮助患者到达某一时点，在那里他们可以决定是希望继续保持一个受害者的身份——因为作为一个受害者有真实的好处，他可以拥有驾驭家庭和朋友的权力和其他次要的获益——还是选择离开这一受害者状态，冒险穿越炼狱，希冀着收获某种天堂感。到最后，我们的患者已有可能为自己自由地决定是否抓住机会完成他们已勇敢开始的追求，然而他们却往往对这一点很是惊恐，不过，这是可以理解的。

纵观历史，只有通过穿越地狱，一个人才会有机会到达天堂，这是真的。地狱之旅是这一旅行的一部分，不可被忽略——的确，一个人在地狱里的所学是其后达至任何美好价值的先决条件。荷马让奥德修斯到访地下世界，然后在那里——只能在那里——他知晓了使他安然返回伊萨卡（Ithaca）的途径。维吉尔让埃涅阿斯进入阴间，和他的父亲对话，在对话中，他得到了关于建立伟大的罗马城，该做什么和不该做什么的指点。这是多么合适啊，他们每一个人都在坠入地狱后获知了至关重要的智慧！如果没有这一知识，就不会成功地找到何去何从的方向，也不会成功地抵达天堂——纯粹的经验，纯粹的心灵。但丁亲自完成旅行；他自己穿越地狱，然后才能够在旅行的最后发现天堂。但丁写下他的鸿篇巨制，让余下的我们也最终可以进入天堂。

人类只有经历地狱才可以到达天堂。没有受难——例如，作为一名作家奋力找到表达他的意思的恰当词汇——或者没有关于其根本目标的任何问题，一个人无法抵达天堂。就连完全世俗的天堂也有同样的要求。例如，庞加莱（Poincaré）日日夜夜地奋战，身受抑郁和无望的折磨，但还是继续奋力拼搏，最终历经了地狱达到了数学的一个新发现——他对他曾提出的难题的解答的“天堂”。

在这一章的开始，我说过但丁在耶稣受难日开始了他的旅程。这一点的显著意义在于，这一天的尖刻绝望是复活节的高奏凯歌之经历的必要序曲。极度的痛苦、恐惧和悲伤是自我实现的必要序曲。在欧洲，大众在耶稣受难日来到教堂，听到耶稣被钉到十字架上处死的证言，因为他们知道上升到天堂必须让地球上的死亡先行。在美国，根据我们的习惯，我们似乎能够忽略屈辱的绝望，只知道上升的兴高采烈。我们似乎相信我们甚至无需到访鬼门关就能够重生。这就是美国梦的精神层面的版本！

《神曲》，和很多其他伟大的文学经典一样，揭穿了如此过分简单的幻想。但丁那催人肠断又堪称典范的旅行仍然是心理治疗专业拥有的最伟大的案例解析之一，也是现代治疗最佳的方法和目标的神话的呈现，这个神话光芒四射。

注释

[1] Shakespeare，*Macbeth*，act. 5，scene 3.

[2] Matthew Arnold，"Dover Beach，" in *A Treasury of Great Poems*（New York：Norton，1955），p. 922.

[3] 对但丁的话的引用来自于，*The Divine Comedy*：*Dante Alighieri*，trans. John Ciardi（New York：Norton，1970）.

[4] Mary T. Reynolds，*Joyce and Dante*：*The Shaping of the Imagination*（Princeton：Princeton University Press，1987）.

[5] Dante，*Divine Comedy*，I，pp. 1-3.

[6] 同上书，I，47-51 页。

[7] 同上书，I，105-109，123-126 页。

[8] 同上书，II，10-12 页。

[9] 同上书，II，31-35 页。

[10] 同上书，II，51-52 页。

[11] Dante，*Divine Comedy*，II，pp. 4-35.

[12] 同上书，VIII，94-105 页。

[13] Dante，*The Divine Comedy*，西阿弟对第 3 首的介绍。

[14] Ibsen，*Peer Gynt*（New York：Doubleday Anchor Book，1963），p. 139.

[15] Dante，The *Divine Comedy*，西阿弟对第 27 首的介绍。

[16] 同上书，×××，43-51 页。

第十章 Chapter Ten

培尔·金特：一个男人的爱之问题

> 马拉帕加（Malapaga）① 的幻象，培尔·金特的幻象，所有的所有，似乎，现在都适用于我。[1]
>
> ——叶甫根尼·叶夫图申科（Yevgeny Yevtushenko）②

《培尔·金特》可以被称为20世纪的男性神话，因为它给当代男性的心理模式和冲突描绘了一幅迷人的图画。这一戏剧揭露了很多20世纪的心理治疗师在他们的实践中发现的模式。它以易卜生的一部戏剧的方式呈现给我们，它是我们这个时代独特压力的产物。[2]

培尔·金特就是神话，即被两个欲望所刻画的一个男人的生活模式，而且他的自我在二者的对立中迷失了。一个欲望是被女人所仰慕；另一个是被同样的女人所照顾。第一个欲望导致了大男子主义行为：作为一个自吹自擂者，他神气十足，华而不实。但是为了让第二个欲望得到满足，所有这一明显的力量都服务于取悦那个女人——隐喻性的女王。因此这一力量导致了被动，致使他依赖于那个女人，并且将以破坏他的力量结束。因此这两个

① 指欠债不还，不被信任的人。

② 叶甫根尼·叶夫图申科（1932—?），苏联文坛上一位重要的诗人，他的诗直接介入时代生活。——译者注

欲望是矛盾的。那个女人成为握有最终判决权，并且相应地拥有凌驾于他之上的权力的那个人。无论他看起来在他那些各种各样的女人们中间是一个多么神气十足的主宰者，事实上，他都是伺候女王的仆人。他的自尊和他的自我形象都依赖于她的微笑、她的认可。他将他的存在归功于她，就像侍臣依赖他的女王的赐封才能成为爵士。

自我的迷失

培尔·金特是发源于一个古老的斯堪的纳维亚传说的神话。但是它的意义远远超过了易卜生是挪威人这一事实，这一神话和戏剧对我们的时代具有普遍的意义。易卜生让培尔自己在剧中说："每个人都感觉和培尔·金特相似。"[3]当他写这部戏剧的时候，易卜生认为它不会在斯堪的纳维亚之外被理解。非常之快，他就发现它不仅在斯堪的纳维亚完全被理解，而且在世界上的其他地方也得到了充分的理解。培尔在每个地方都被称誉为国家的原型。乔治·萧伯纳（George Bernard Shaw）写道："易卜生的普适性以及他对人性的捕捉，让他的剧作来到了每个国家，就像回到老家一样，培尔·金特是一个挪威人，但他也同样是个法国人。"甚至在日本，人们也声称说培尔·金特是"典型的日本人"。当代俄罗斯诗人，叶甫根尼·叶夫图申科，在一首内省诗《我不理解》中写道，他感觉他就是培尔·金特。

事实上，培尔·金特被认为是所有国家的一个男子的原因在于，这一角色和神话是易卜生自己深刻的自我认识的产物。任何作家洞察他自己的个人经历的层次越深，这些经历将越典型，越会与其他的民族——日本人、法国人、俄罗斯人——有显著的共同点。易卜生在他的序言中写道："这首诗包含了很多扎根于我自己的童年的内容。"[4]具体而言，易卜生自己的母亲便是奥丝（Aase）——培尔·金特的母亲——的原型。

这部戏剧对我们有深刻影响的另一个原因在于，它产生于我们当前时代的祖先们所生活的那个时期。它写于1867年，这是一个紧紧追随着克尔凯郭尔的时期，在这一时期诞生了尼采和弗洛伊德。他们和其他先知一起，虽然是在19世纪宣讲，但是面对的却是20世纪，而这部戏剧讲述的是20世纪的当代男子必须面对的问题。

在这部神话以及易卜生的戏剧中，贯穿《培尔·金特》始末的是迷失的自我这一主题和寻回它的艰辛历程。易卜生很好地讲述了这一点——并且他就是这么认为的，和他说的一样简单而深刻——"问题在于如何做你自己"。这听起来非常像易卜生的斯堪的纳维亚同胞克尔凯郭尔，我们马上就会好奇易卜生在多大程度上受到了克尔凯郭尔的影响。他的翻译者之一，迈克尔·梅尔（Michael Meyer），说易卜生几乎没有读过克尔凯郭尔的书，对他了解得就更少了。但是，梅尔狡猾地指出：很多作者都无意识地被他们只部分了解的作家影响。我将进一步讲，并且提出以下看法：很多作者受他们只是部分了解的作家的影响大于那些他们完全理解的作家，因为前者在一个人的心中留下了未完成的工作，需要继续进行下去。最强有力的影响作为一个整体，在荣格会称作集体无意识的层面上抓住了我们。克尔凯郭尔是如此接近我们20世纪的每一个人，以至于往往很难看到他。在这部剧诞生前20年，他在丹麦生活和写作，他以亲密的、个人的和主观的持续地影响着人们。迷失的自我是克尔凯郭尔的核心主题：他最伟大的谴责指向"遵从的市民"（conforming citizen）。

这个戏剧这样开场，年轻的培尔·金特，现在是个吹牛大王，告诉他的母亲他骑着驯鹿来到燕汀山背（Gjendin Edge），越过冰河、越过悬崖、冲下绝壁。一开始，他的母亲相信了他的话，并因此变得十分焦虑，但是后来她才明白过来，培尔又像平时一样吹牛皮了。

然后培尔·金特启程去参加他前女友的婚礼，而事实上这场庆典并没有邀请他。易卜生马上在这部剧中呈现了这种类型的男子特有的破碎的自尊，以及他对羞辱是多么的脆弱。在去往举行婚礼的庄园的乡村小路上，培尔自言自语道：

> 他们准是在我背后讥笑呢。
>
> 他们嘁嘁喳喳说的那些话，会像火红的烙铁一样烫我的心……
>
> 看来我需要的就是一杯烈酒。
>
> 也许我能人不知鬼不晓地溜进去！可惜他们全认得我！
>
> 最好还是喝得醉醺醺的，那就任他们怎么嘲笑，我也都不在乎啦。①

他听到有人来，就赶紧躲到路旁的灌木丛里。一些去庄园参加婚礼的客人拿着礼物从他的身边走过，谈论着他。一个男人说："他爹是个醉鬼，他妈是个懒女人。"一个女人答道："怪不得养出这么个二流子呢。"

他羞红了脸，勉强地一扬头，"切，就让他们讲去吧。反正几句闲话也要不了我的命"。然后他在草地上躺下来，舔舐他受伤的自尊，凝视着天上的云彩，幻想到：

---

① 摘自《培尔·金特》，萧乾译，出自《易卜生文集》（第三卷），人民文学出版社，1995。——译者注

这云彩多妙啊！活像一匹战马……

那是我妈！她嚷着，骂着："你这畜生！你，培尔，给我回来！"

（慢慢合上眼）

对，现在她害怕了。骑在前头那匹马上的是培尔·金特，后面跟着一大群侍从。他那匹马身上的鞍镫龙头全是银子打的，马蹄上钉的是金马掌。他戴着长手套，身上佩着带鞘的利剑，穿的是华丽的锦袍。骑在后边的侍从也都个个神采奕奕，但是没一个比得上培尔那么威风。在阳光照耀下，谁也没他那么灿烂辉煌。①[5]

不能把培尔·金特和瓦尔特·米提（Walter Mitty）② 模式混同，这是很重要的。在这类男子身上没有任何瓦尔特·米提式的影子；培尔·金特类型是真正的天才。他们虚张声势，不假；但是他们用他们的实力——完全货真价实——在培尔·金特代表的时好时坏的道路上拼搏。他是一个以其破碎的自尊与外界对话的强大男子，努力地寻找着自己，培尔·金特将马上以很多方式告诉我们这一点，尽管在他的自我形象中有断层（我使用这个词来表示地面上的一条深深的裂缝）。这些人总是一事无成，不是因为他们没有才干，而是因为他们总是一个印象。他们的神话被作为一种慰藉建构了起来。另外某个人有权力给予他们认可，但那个人不是他们自己。他们就像是一辆汽车，发动机转动着，却总是无法和其他汽车并驾齐驱。

来到婚礼现场，培尔·金特见到索尔薇格，她那个时候尽管还是个小女孩，但已注定以女主角的身份再次回到剧中。培尔在

---

① 摘自萧乾译本，304 页。——译者注

② 指整天幻想的人——译者注

这初次的会面中体会了一场奇妙的陶醉：

> 她多美啊！没见过比她更漂亮的！她眼睛总朝下望着。她穿的围身多么白呀！还有，她扯着她妈妈的裙褶时候的那种神态！而且手里还拿着用手绢包着的祈祷书！我还得去见见她。①[6]

他请求索尔薇格和他跳舞，用词甚是恳切，这语气几乎只在这部戏剧的前半部分出现过唯一一次。她拒绝了，但是显然被深深地打动了，他对培尔抱以怜爱之情。尽管他又回去和另一个年轻男子吹牛皮（“总有一天我会像旋风似的从你们头上骑过去。那时候你们就会在我面前下跪嘞！”②），但是从始至终，他永远都没有忘记索尔薇格。我们知道，在心理治疗中，无论患者得的神经症或者精神病多么紊乱，总有这一时点，这时出现了真诚的、诚实的和充满人性的热情——这是爱的能力的中心。在此时，培尔的灵魂被打动了。

在婚礼上，争执在进行着；年轻的男子们设法让培尔·金特和铁匠打场架，但是培尔放过了他，因为他几天前刚刚被铁匠给打了。

然后培尔·金特带着新娘英格丽德（Ingrid）逃跑了，这是一个表明这种类型的男子具有戏剧性的魅力例子，他们对此很是擅长，但是仅仅是把性作为工具。他把她背上了山，在那里引诱了她，然后，尽管她可怜地哀求，他还是把她推开，“哦，够啦”，他说道，“从哪儿来，回哪儿去！”

现在，他身负死刑，不得不离开这里，开始了他的漫游。他

① 萧乾译本，309页。——译者注

② 同上书，313页。——译者注

遇到了三个牧牛女，她们奚落他，挑衅他敢不敢同时和她们三个睡觉。培尔答道："一会儿你们就领教啦！"然后接着完成了这一行动。

我们在我们治疗的患者中也看到了这类男子如何长久地表现出这种行为模式：引诱，然后离开。他有一个强烈的需求，让他的母亲在家里等待着他，然后他可以拉伸他的脐带去漫游地球，而那脐带总是和他的母亲连着。这种培尔·金特式的男子是性爱健将。但是这所有的力量都是用来为隐喻的女王服务的：如果那些牧羊女要求，他就必须执行。这样，就不会有关系的存在；它只是一个胜利再加一个离开。叶夫图申科认为这种关联性（relatedness）的缺乏具有基础性意义，因为：

> ……人们坚持着，但是我不能处理它，
>
> 我也不好，
>
> 与生活的纽带这么少。[7]

这些人不想要关联；从一个显而易见的层面上看，他们想要胜利。但是，在更加深刻的意义上讲，他们想要的，他们那么辛苦地奋力争取的，是保持这样一种权力：这种权力能够让他们依然能受到女王的关注，并逼迫她承认他们的重要性。活动肌肉意图向女王证实他们很强壮。结果却是无论他们离家多远，他们都依然依赖着自己的母亲。

在剧中的这一时刻，培尔·金特回顾了一会儿自己在做的是什么，他感受到自己欺骗成性和自尊中的矛盾之处。

> 在燕汀岭上奔驰——
>
> 真是想入非非，弥天大谎！……
>
> 同疯娘儿们厮混一气——
>
> 想入非非，弥天大谎！

但是他不能直接地面对这一切。他把这一想法赶出大脑，再一次让自己屈服于浮夸的幻想中。

培尔·金特，你生来就不凡，

很快你就要出人头地了！①[8]

他继续向前走，然后遇到了山妖王（Troll King）的女儿，她被培尔的油腔滑调迷惑住了。他们骑在一头大猪身上，却假装它是一匹上好的“喜马”，前往山妖王国。国王告诉他，如果他留下来，娶了公主，那么公主将会成为女王，他将会成为山妖王，并且继承这个王国，这就是她的嫁妆。这是在字面意义上对我们在前面得出的要点的呈现：这个男子的登基不是靠自己的力量而是凭借着他和女王的关系。

山妖王国的意义

培尔·金特的神话包括了人类与山妖的对立，山妖在此是指住在地下的黑暗之中的非人类，专门代表着人类天性中兽性的一面。作为神话中的生物，山妖经常被构想为侏儒，并且传说是住在山洞里。山妖王问培尔：“人和妖之间有什么区别?”

培尔：在我看来，一点区别也没有。

大妖要把你烤了吃，小妖要剥你的皮。

我们人只要放开胆量，也照样干得出。

山妖王：这一点不假，两者是有不少类似之处。

可是早晨毕竟是早晨，晚上毕竟是晚上。

只要你眼力好，那区别还是一目了然的。

① 萧乾译本，325-326页。——译者注

听我告诉你他们之间的区别何在。

那边，在蓝天之下，

人有句俗话："人——要保持自己真正的面目。"

这里，在山里，

我们的说法是："山妖——为你自己，只为你自己就够啦。"①[9]

所有的不同都悬在那个小字"只"（alone）上。根据山妖王的意思，它意味着：

把龙德山以外的世界从你心里抹杀掉。

你得躲避白昼，不理会其间的事物。

永远不在阳光底下走路。

根据这部戏剧的翻译者，这句话的意思是："让剩下的世界见鬼去吧。"

这些山妖的眼睛斜视；培尔必须放弃如实地看东西的能力，因为山妖的视力被扭曲了。山妖生活在黑暗之中，他们将培尔骑着来到山寨的猪看做战马，把他的少妇看做"女王"。当山妖王继续他的介绍，声称山妖直来直去地生活，"古老的亚当已经被安全地踢出门外"的时候，培尔接受了他们给他安的尾巴。所有这些，培尔都同意。但是当他被告知他永远都不能离开王宫时，培尔拒绝了。

我安上了尾巴，这是千真万确的；

我可以发誓把母牛说成是一个姑娘；

但是，倘若你告诉我再也不能获得自由了，

① 萧乾译本，329-330页。因本文行文需要，本段最后一句为译者自己所译。——译者注

像书上所说的……

我恐怕没法苟同。①[10]

国王然后要求培尔娶他的女儿，因为对她有淫欲的培尔已经使她怀孕。

你们人类都一个样。

你以为欲望无关紧要。②

当他拒绝以后，他们开始攻击他，狠狠地把他往死里鞭打。他抵挡不住他们的暴打，摔向了地面，喊道："救命啊，妈妈，他们要害死我！"这时，远处的教堂鸣起了钟，山妖们四处逃窜，一片喧哗和尖叫声。培尔又一次被母亲营救了。

让我们仔细思考那个关键的字，那个最初的规范中的核心措辞——"只"。山妖的规范是个人主义的最终陈述；它是易卜生对现代性神话的看法。与西方较早几个世纪的个人主义的意涵，尤其是我们国家17到19世纪的个人主义大相径庭，它现在是人类生活失败的陈述。它预测了未来，并且敲响了过度个人主义的丧钟，这就是这位充满创造力的剧作家——易卜生——的天赋才能。

个人主义在我们时代的最初几个世纪曾是高贵的价值观，激发了人们勇敢的自立和"健康"的自主，在我们焦虑于当代文明正在我们的下方坍塌时，这一价值观已经在20世纪的后半部分被恶化成弗里茨·佩尔斯（Fritz Perls）的座右铭，"我做我的事，你做你的事……如果我们没有相见，这也无可奈何。"[11]易卜生以其诗人的洞察力说道，"只一自我"（self alone）是那个引诱了英

---

① 萧乾译本，334页。——译者注

② 同上书，334页。——译者注

格丽德，然后当她哭泣着紧追他的时候，对其甚是轻蔑的人。“只一自我”是我们在第七章中已描述过的自恋性人格的本质。山妖对“不要关心那些超越我们边界的事情的运转”这一原则的坚持，在这个核时代意味着我们的世界和我们的文明的毁灭。无论一个人想到了什么样的基督教传统，这里的山妖王都会合乎逻辑地扔掉它，因为尽管它已经失败，它还是一直代表着兄弟之情，并对那些在我们疆域之外的人们投以关注。

“只为你自己”（Be thyself alone）这一准则，描述了以自我为中心的自我，没有世界的自我，没有爱的自我。其完美性在于与其他每个人毫无联系、并且带有令人十分不愉快的独立自主。这是一个没有内在依赖、彻头彻尾的自恋的自我。这是仅仅在意愿的层面上，努力形成的一个自我，不谈意志、决断或者责任。

山妖是非人类的神话中的生物，在心理层面上讲，他们是神话中的陈旧元素。易卜生自己在他这部剧的序言中说“山妖住在这个男子自己的内心”。

> 我写的每样东西都与我亲身经历的事情，有最细致入微的联系；每一部新作品对我来讲都是作为灵魂解放和精神净化的过程；因为每个人都共享着对他所属社会的责任和愧疚。这就是为什么我曾在一本我的书中题了下面奉献性的诗句：生活就是全心全意地与山妖战斗，写作就是对自己的褒贬评判。[12]

山妖总是“绕道走”，从不直行穿过任何东西。这在培尔·金特身上也显现出来：他在这部剧的前半部分的始末都不断地重复“我是万物的主宰”，这听来就像个人的力量，是维多利亚时代“我是我命运的主宰”的回声。但是事实上它就是这位维多利亚男子的陈述，他操控着自己，和一个人对运煤车和工厂的操控没什么两样。

然后易卜生在《培尔·金特》中提出了这一必然的问题：一个人如何才能成为人？和理解任何神话一样，我们在这里的问题是，经过这退行性的一边来到整合性的一边，退行性的一边由山妖和陈旧的生物所代表。答案将在这部剧的后面部分给予暗示，即，这一过程只有通过回应（responding）才可以实现。在培尔·金特所有的引诱中、所有环绕世界的奔走中和所有的自吹自擂中，他都没有做到的是，向另一个人做出回应：去建立一段关系，去体验共情，去进行营造。所有这些都是与另外一个人真诚联系的一部分，这恰恰是培尔做不到的。

在我们进一步去看这部剧之前，让我们再仔细看看培尔·金特和女人的关系。培尔·金特无法与索尔薇格待在一起，即使他知道她爱他，而且他也知道，至少后来，他也爱她。爱不是他所想要的。他更想要的是感觉"自由"，就像一个男子在具有无限弹性和能无限延伸的脐带的另一端遨游，同时有一个女人总是等待着他回家。音乐家格里格（Grieg）在他的《培尔·金特》组曲中展现了索尔薇格在她的小茅屋里一边纺纱一边唱歌，等待着培尔·金特的场景。如果她没有在家里等待，如果她没有"留在原地"，脐带当然就会断掉，所谓的"自由"也随之消失。

因此生活中的培尔·金特从不去解决通过付出自己而获得自由的悖论，他们的自由甚至不是免于某事某物的自由：它是冒充的自由，母亲总是在羽翼之上。因此他们的强迫行为是：他们必须总是要向那个女人证明一些事情，无论那个女人是在场还是存在于想象中，并且同时他们总是伺机从她身边逃走。用克尔凯郭尔的话说就是：培尔·金特努力地要做自己，却从来没有选择过自己。

几段有趣的对话阐明了这一两难的境地。在这部剧很靠前的一个部分中，培尔·金特如同幻想般对索尔薇格说："我的公主！我终于找到她并且得到了她！喏，我要在这坚实、真正的地面上建起一座宫殿！"然后他一把抓起斧头开始修建。林中空地上走来一位老女人，她说："晚上好，快腿培尔。""快腿"（Lightfoot）是指培尔偏爱从一条船跑向另一条船，从一个码头跑到另一个码头，如果允许我使用双关语，也可以指从不到达、停留，甚至最终落脚在任何地方。

培尔：什么？你是谁？

女人：培尔·金特，老朋友。我住的地方离这儿不远。咱们是邻居呀。

培尔：真的？这对我可是新鲜事儿。

女人：你的茅屋落成的时候，我的也在旁边盖起来了。

培尔：（想走开）我没工夫……

女人：你总是这样，小伙子。①[13]

这永久的匆忙是对他两难境地的一种表达：当他总是依赖女人的时候，他还需要显得不受其束缚。勃格（Boyg）这样谈论培尔："他的力量太大了。他有娘们儿做后盾。"② 之后，培尔让海尔嘉（Helga）告诉索尔薇格："我只是想说——求求她，不要忘了我。"培尔·金特这类人想要的不是女人，也不是爱，而是让女人做他的后盾，总是待在家里，做那脐带的基地。

我们注意到拥有这一神话的人看起来怀有丰富的情感：他持续不断地、充裕旺盛地表露自己的情感。但是不难看出他完全没

① 萧乾译本，347页。——译者注

② 同上书，339页。——译者注

有真实的感情。培尔·金特标榜自己很爱的女人——英格丽德以及后来的安妮特拉（Anitra）——这些他都一甩响指就丢弃了。在他生活的任何时点都没有建立真实的关系。他的情感就像烟花一样消逝：我们看到一幅热闹的场面，但是很快就成为泡影。他的行为是空虚的：他那许许多多的行动都没有成为情感。培尔·金特跑遍了世界各地，却总是停留在同样的地方。

培尔·金特似乎可以坐拥任何他想得到的女人，从新娘英格丽德到牧羊女，等等。但是如果一个人被赋予这样的强迫性行为的特征，他就永远不能停下来，甚至连减缓速度都不行。这有两个原因：首先，强迫性行为本身减轻了或者麻醉了他的焦虑。其次，那个人，如果他减缓了速度，就不得不面对自己，而这将使他的焦虑最大化。要点在于，在培尔·金特们身上，这类强迫性行为从来不是为自己而行动，也从来不是为快乐、权力或者趣味而行动。它是服务于逃逸这一目的的行动——他努力地奔跑，以避免面对自己。

在心理治疗的初始阶段，我们发现这类培尔·金特模式的患者往往在两性关系方面很强大。但是这强大的结果却是建立在无法持久的、不稳固的基础上——作为舞男来取悦女王。稍后，这样一个患者，当他变得更加一致，也许会经历一段时期的阳痿。他不能理解为何治疗师将这阳痿视为积极的信号。阳痿代表性地揭露了下面被损坏的结构，正如我们之前将神话作为结构，这就给了人们一个改变这错误神话的机会。

这一模式的原初根源在于婴儿和母亲独特而强有力的关系。培尔·金特的父亲曾是个酒鬼，在乡村路上闲谈的人们这么说，现在已经去世了。母亲把培尔·金特提到他父亲的王位上，这一做法在他父亲死后公开地进行着，但是实际上在他父亲还活着的时候已偷偷地开始了。这是俄狄浦斯模式，不是在小男孩想得到他的母亲或者选择他的母亲这一意义上，而是他被作为女王的丈夫推到了王位上。母亲就是那个把王冠戴到他头上的人。但是这实际上使他成为了傀儡君主。这很像阿德勒使用的模式——胜于他所描述的“被宠坏的孩子综合征”(spoiled child syndrome)。借此他指的是一个被宠坏的孩子同时也是一个患病的孩子。这一综合征在维多利亚时代频繁出现，成为这一时代的特征，这一点我们将在后面进一步阐述。

接下来，我们在摩洛哥发现了培尔·金特，在那里，他变得富有而且有影响力。他做起了黑奴贸易，并且发展出了一套完美的体系——把偶像运到原始国家，然后再把传教士送到那里去纠正那些偶像。他把《圣经》和朗姆酒也运到野蛮之地，以此让他们保持很好的平衡，这样在他致富的道路上就没有阻碍了。然后他宣布，“我必须完全地做我自己”，接着开始讲述这其中的意涵：

> 这金特式的自我——它代表着一连串的意愿、憧憬和欲望。
>
> 金特式的自我是种种幻想、向往和灵感的汪洋大海……
>
> 这些都在我的胸襟中汹涌澎湃着。
>
> 它们形成了我的“自我”。①[14]

因此，他的自我依赖是早期的、婴儿层面上的，为自我而生存。关系的世界，这复杂的、引人入胜的、困难但却充满无尽的新鲜事物的世界，虽然要求重重，但回报盈盈。简而言之，这世界在培尔的生活中被完全遗漏了。他说，这其中的奥秘，在于总

① 萧乾译本，364页。——译者注

是避免许诺：

> 培尔：……人生的秘诀很简单：把耳朵堵得严严实实的，不给毒蛇以灌进毒液的机会。
>
> 科顿（Cotton）：什么样的毒蛇，我亲爱的朋友？
>
> 培尔：很小，可是它总诱惑人们去采取那种无可挽回的步骤。成功的艺术在于无牵无挂、不作承诺地立于生活的陷阱之中。总是在后面留一道可以退到安全地带的桥梁。①[15]

在接下来的场景中，培尔站在岸边，向远处望去，看到他的朋友们偷走了他的游艇。一瞬间如晴天霹雳般，他被震住了。他呼喊着上帝来帮助他——他忘了上帝的名字，然后仅仅思考了一下马上又记了起来——并且还去指导上帝："现在认真听啊。"当然什么都没有发生：他的朋友开着游艇逃走了，培尔束手无策，被留在了海岸上。

在他重新穿越沙漠的时候，他还在沉思着自己宏伟的计划。随后他来到一个皇帝的帐篷，马匹、珠宝和衣服近在咫尺，等待着他。为了侵吞掉这些东西，他宣称自己是先知。这时安妮特拉跳着舞蹈出现在场景中，在戏剧和格里格的乐曲中都是这样安排的。为了引诱她，他告诉她，他是真主阿拉派来的先知，但是这一次引诱没有取得成功。安妮特拉骑上他的马扬长而去，就像他的朋友那样抛弃了他。

和典型的维多利亚人一样，然后培尔又一次宣告他的陈词滥调：

> 总之，我是万物的主宰……
>
> 为了捍卫最后的真理，

---

① 萧乾译本，362页。——译者注

挣脱一切束缚自我的障碍，

远离亲属、家庭和知己。①[16]

现在培尔开始对自己撒谎了，在典型的神经官能症中，在崩溃之前有一段常见的停滞期。易卜生当之无愧是19世纪后期那群引起了伟大的精神分析革命的人之一，这其中还包括了尼采和弗洛伊德。

然后，我们在埃及发现了培尔，他来到门农（Mennon）塑像前，门农是清晨之神。这塑像在努力地向他说些什么：

聪明无比猫头鹰，

鸟儿睡觉何处寻？

谜底倘若解不开，

那就注定要丧命。②[17]

这谜底是指培尔已把他的灵魂封锁，他必须将其开启，否则就得丧命。他却全然没有在意。

接着，培尔来到疯人院。在医院，他被介绍为“自我的先知”——一个保持自己真正面目的人。主任带他穿过医院，并且宣布培尔·金特将是这里的新主任。培尔·金特断言：“这里，据我所能理解的，问题在于没有保持自己的真正面目。”主任告诉他，他肯定搞错了，接着主任这样描述住在医院里的人们：

正是在这里，人们最能保持真正面目，纯粹是真正面目。

我们的船满张着“自我”的帆，

每个人都把自己关在“自我”的木桶里，

木桶用“自我”的塞子堵住，

① 萧乾译本，388页。——译者注

② 同上书，391页。——译者注

又在“自我”的井里泡制。
没有人为别人的痛苦掉一滴眼泪，
没有人在乎旁人怎么想。①[18]

培尔·金特和精神病医院的患者有着共同之处：他们无法为别人的痛苦掉眼泪；他们无法回应或者体验同情；他们听不到其他任何人的想法。基本的人类纽带丧失了。叶夫图申科准确地看到培尔·金特这类人“与生活联系的纽带这么少”。相反，他在自己挣扎和经验的基础上，陈述了另一个方面：

但是，如果我与那么多事情相联系，
我必须代表着什么，显然，
持有某种价值？
如果我不代表任何事物，
可为何
我依然痛苦而哭泣？[19]

现在，在医院有一个农民，背上背着一个木乃伊。它代表着过去，不是在木乃伊的意义上，而是在仍然附着在这个男人背后的、那宏伟的死去的自我——“阿皮斯王”（King Avis）——的木乃伊的意义上。农民问培尔他如何才能让人们看出他是阿皮斯王（也就是说，他自己是他背上的那个死亡的、陈旧的元素）。培尔·金特想到，如果他死了，他就看起来像木乃伊了，便答道：“上吊吧。”农民离开并照着做了。培尔对另一个人说：“割你的喉咙。”然后那个人也这么做了。这是一个对显现在培尔面前的真理的生动写照，即要想仅仅做你自己，你就会成为其他每个人一时幻想的受害者。这确实是一个强有力的悖论啊！

① 萧乾译本，397页。——译者注

培尔·金特快要抓狂了。他看到这些人们“最能保持真正面目，纯粹是真正面目”，并且意识到这就是他穷其一生所想实现的。在这部剧中，培尔第一次有了一些真正的洞见。最后，他明白了现在的他是空虚自我的极致——他明白了他生活的核心和基本的神话已经崩塌。

他哭喊道：“我是一页白纸，却没有一个人想在上面写字……我代表你一切的心愿。”①[20]通过既被崇拜又被照顾这种方式来做你自己这一悖论包括了这样一种意涵——从其他人的欲求和指导中得到对自我的认同。现在这就让这个圆完整了：最后培尔承认“我代表你一切的心愿”。

绝望的价值

在这个时候，我们通常在心理治疗中遇到这类人。易卜生让培尔·金特出现在疯人院并非偶然。当培尔·金特的神话结构坍塌到大地上的时候，我们几乎都能听到那木材倒地的劈啪声。用他自己的话来讲，直到现在他全部的生活都是“想入非非，弥天大谎”。他意识到他就是没有自我、没有中心，以此为特征的绝望状态和精神分裂症的自我—世界关系的瓦解非常相似。这是一场令人恐惧的经历，每个人都在某种程度上有这样的经历并不会减少绝望那令人恐惧的成分。

好不容易，培尔·金特才清醒过来，意识到他并不是他自己的主宰，一点都不是。他现在知道，如果有人跟他说，“跳进尼罗河里淹死自己吧”，他也许真的会这么做。这就是绝望和空虚的状态，蒂利希冠以术语——对非存在的恐惧。

① 萧乾译本，402页。——译者注

当我们回想起在这部剧的开场，培尔精力充沛、热情洋溢，现在想想却是悲伤的场景；我们看到一个男子的残影，他“命定要出人头地，一个男子骑着一匹身上的鞍镫笼头全是银子打的马，马蹄上钉的是金马掌，穿的是华丽的锦袍”。而现在我们看到了一个从来没有生效的神话那凄惨的残骸！

在意识到绝望之后，我们发现培尔乘上了一条返回挪威的船。看到跟他一起在船上的船员们，培尔突然想给这些贫穷的船员一些钱——面对他人的需要，他那真诚而慷慨的冲动第一次出现了。但是之后他听说这些船员都有老婆孩子等着他们回家，然而“没有人在等待老培尔·金特”时，怨恨和嫉妒一时间涌上培尔的心头，哭诉着那失去的光阴：

> 家里点着灯欢迎他们！我要给吹灭了！
> （因为）从来没有谁会想起我。①[21]

怨恨的问题非常有趣，因为它宣泄了痛苦的仇恨、挑衅和他要消除船员们的人类关系纽带的欲望；他想让“他们所有的爱都被毁灭！”这种对于他没有任何伤害的人涌动的仇恨和挑衅无论如何都看起来令人惊奇。但是至少它是真实的，是培尔·金特在整部剧中的第一次强烈的、真实的情感。这愤怒至少告诉我们，培尔·金特直接感受到了某些东西。

当我们的患者处在绝望和空虚的状态，前来接受心理治疗的时候，这往往会发生在他们身上。首先在他们心中涌起一股令人惊讶的对别人的爱与幸福的怨恨和嫉妒（往往以愤世嫉俗的复杂的形式出现）。显然这时对病人进行说教不会有什么帮助。他们充满了嫉妒和怨恨；他们曾经被欺骗，无论那是谁的错。我们的

---

① 萧乾译本，406页。——译者注

道德教育不仅没有效果、没有建设性，而且在更重要的意义上还是错误的。因为病人的嫉妒和怨恨是某些积极的事情，是某些可以被建设性地使用的事情的起点。一方面，它是一种真诚的情感；另一方面，它也是一种强烈的情感。在《培尔·金特》中随着戏剧的发展，和在我们的患者身上发生的一样，清楚地显现出，怨恨和嫉妒可以成为其他更加具有建设性的情感的序幕，而且怨恨和嫉妒让培尔·金特们可以使用他们之前从未使用过的一种力量。在适当的时刻，与我们的患者一起去面对所有问题中最重要的那个——“面对没人等你回家这一事实，你自己必须要怎么做?”

当然，培尔·金特所做的每一件事都与他内心的绝望想法有关系，他认为没有任何人在家里点上灯等他回家。绝望可以对存在于他主观性态度中的矛盾发挥功能，然后这种绝望又被投射到了外在的世界。因为客观上来讲，这是不正确的：有人在等待着培尔·金特，就是索尔薇格，并且在直觉的层面上，他也知道这一点。[22]但是培尔·金特无法允许这一事实进入到自己的意识层面，无法——用蒂利希精炼的短语来说——“接受被接受”。

现在他们路过一艘在暴风雨中触礁的船，培尔·金特有强烈的冲动想要去营救船上失事的人们。当船长拒绝掉头转而去搭救快要溺死的人们时，培尔·金特努力想要通过贿赂船员来救那下沉的船上的人。这里不仅出现了一些真诚挂虑的话语，而且出现了代表这些话语的积极的行动投入。培尔听到了船上传来的尖叫声，就在他附近并且越来越弱：

> 他们又在嚷着求救哪！风小点儿啦。
>
> 大师傅，你辛苦一趟吧。我会犒赏你的。①[23]

① 萧乾译本，407页。——译者注

培尔最后能够听到别人的痛苦了，能够“为别人的痛苦哭泣了”。当那只船沉没之后，培尔·金特自言自语道：“人们的信仰早已荡然无存了。”这故事让他难过得爆发出撕心裂肺的哭喊：“正是在这样的夜晚，我们的上帝才显示出他的威力。”

这里出现了恶魔，不是服务于挑衅和破坏，而是服务于敬畏和奇迹。这同他在摩洛哥命令上帝留心那次已是完全不同的情绪。这是一个人类对生命、死亡和它们力量的预示性抱以敬畏之情。与死亡的接近带来了诚实——一个人再也不能在陈词滥调中寻求庇护。培尔可以体验敬畏和奇迹、体验对存在的尊敬这一事实，就像他在往下的几行诗句中所做的，也让他可能去肯定他的人类关系纽带：

> ……一个人在海上永远不能做自己。
> 他不得不同其他人一样共生死。[24]

陌生人

现在一个被叫做“陌生人”（Strange Passenger）的这样稀奇的名字的人物来到在护栏前的培尔·金特身旁，向他提出了一个问题：“假如我们这艘船，触礁了，在黑暗里沉掉的话?”培尔害怕了，回答道：“您认为咱们的处境危险吗?”陌生人答道：“这我确实不知道。”但是他继续提醒培尔死亡的临近。当培尔抗议的时候，陌生人告诫他说：

> 但是，我亲爱的先生，请设想一下。这对您会有多么大的好处！
> 我会把您的尸首切开，把内脏一件件摆出来。
> 我要研究梦想是在人体里面哪部分产生的。

我要把您的尸首每一部分都研究个透——①[25]

这位陌生人确实是个稀奇古怪的人物。培尔处于愤怒的“阻抗”之中，并且把他叫做恐怖的“科学家……你这个讨人厌的自由思想家!”并试图摆脱掉他。难道这位陌生人没有扮演心理治疗师的角色吗？甚至是他的预言，尽管也许部分地是易卜生在打趣，听起来都像对精神分析的预测。

但是，最重要的是，和这位陌生人的对话实际上是培尔在同自己讲话。在深刻的意义上看，这一场景试图努力展现培尔·金特已经意识到在他的意识中正在进行的一切，期望这也许是某种重新整合的开始。

接着我们看到几处对这渴望已久的整合的变迁的象征性描述。在一个场景中，我们看到培尔·金特在树林里爬向他之前留下的小屋。他自言自语道：“老小子又回到妈妈身边了。”接下来是他在剥一颗洋葱的生动画面，而那洋葱恰恰是他自己：

……你这个老傻瓜！
你不是皇帝，你不过是个大葱头！
现在，亲爱的培尔，我要剥你的皮啦，……
这是一个快淹死的人在抓住沉船……
里面这层就是淘金的“我”了；……
这位是预言家，新鲜多汁：
……他浑身发臭，满是谎言……
……是个风流人……
当然我很快就要达到芯子？

① 萧乾译本，409页。——译者注

唉呀——它没有芯子！只是几层皮而已。①[26]

在他爬向的那间小屋里，他竟发现了索尔薇格。她在唱着歌："我一定等你回来，我的爱人。"但是培尔·金特还没有准备好去接受一段真实的关系；他站起来，对自己说："一个铭记，一个忘光。"

我已结束了全程，竞赛已经完毕。

好不捉弄人的命运啊，我的帝国就在这里！②[27]

他离开了，他知道他必须找到更加完整的自己，才能够回来。

一个又一个场景现在堆积起来象征着迷失的自我。一个铸纽扣的人想把培尔·金特熔化了，放到他的铸勺里去。培尔·金特从未有过什么作为，这个铸纽扣的人指责道，既然如此，为什么他不应该被熔化掉？培尔·金特抗议地喊道："我绝不是个死不悔改的罪人。"铸纽扣的人回答说："这就是麻烦所在。"

你并不是个了不起的罪人，说不定连中等都数不上……

你也不是个正直人……

一个人需要股力量和魄力才能成为罪人。③[28]

最后这句强有力的话，是对原始生命力（daimonic）的证明，尼采将会很喜欢。如果他曾是一个真实的罪人，培尔·金特会比现在发展得更好。他现在不得不承认这些评价是对的："我只不过是溅出来的点儿泥水……我从未成为过——？我都快笑出来了！"铸纽扣的人之后总结起来，归为一句声明："要成为自己就

① 萧乾译本，423-424页。——译者注

② 同上书，425页。——译者注

③ 同上书，429-430页。——译者注

是：杀死自己。”①[29]

在绝望的低谷，培尔·金特被告知他其实什么都不是。“只做你自己”这至理名言到头来什么也不是。这个神话的最终意义，在今天甚至比易卜生的时代还要真实，就是所有这样自恋性的自我中心主义都将导致自我毁灭。

但是生活在那意义深远的绝望低谷这一事实向我们展示的，正如在戒酒者互助协会的例子表明的，正是通向自我复苏的道路。

> ……一个人可以有两种方式保持自己真正的面目。
> 有正确的，也有错误的。
> 也许你知道最近巴黎有人发明利用阳光给人照相。
> 要么是直接拿到照片，
> 要么是拿到所谓底片——就是把光与暗都颠倒过来。
> 外行人不觉得好看，其实是惟妙惟肖的，
> 只要把它冲洗出来就成啦。②[30]

从长远来看，底片对正片而言是必不可少的——原件在那里，需要做的就是把它冲洗出来，尽管这一任务也许会很艰难。

偶然遇见了山妖王，为了算清很久以前的一笔旧账，他担保说，培尔确实没有辜负这句座右铭：“山妖，为你自己，只为你自己就够啦！”这个山妖接着说，无论什么时候他们在报纸上撰写文章来赞扬山妖的国家主义，他们就会引用他作为证明一个真正相信，“让剩下的世界见鬼去吧”的人最棒的例子。这一次培尔向山妖王做了短暂的忏悔，就匆忙上路，去寻找索尔薇格了。

他正经历着天堂的深渊，这时，他看到一颗流星划过天空，

---

① 萧乾译本，430，431页。——译者注

② 同上书，443页。——译者注

深深地为之敬畏：

> 你一闪而过，然后就熄灭，
> 永远消失在天空中。
> 深渊里没有人？
> 上苍也没有人吗？

他慢慢地平静了下来，然后说出了剧中最优美的段子之一：

> 这么说来，一个人的灵魂是可以凄惨地回到那虚无缥缈的灰色烟雾里去的。
>
> 可爱的地球，不要因为我白白在你上面踩了这么一辈子没有留下什么痕迹而生我的气吧。
>
> 可爱的太阳，你浪费了你的光辉，你那灿烂的光辉突然照耀在一间空屋子上。
>
> 屋子的主人走了，没有人来享受你所给的舒适和温暖……
>
> 然后，让雪把我埋起来，
> 在我的坟墓上写着："这里没有埋葬什么人。"
> 然后——喏，随它去。①[31]

爱与回归

放弃自恋自我的声明是真实自我的起点。现在，勃格最后一次上场，再一次向培尔·金特重复道："要绕道走。"但是，最终培尔向自己承诺："哦！不！这次我要走进去。"②[32]

---

① 萧乾译本，444-445页。——译者注

② 同上书，446页。——译者注

最后，他回到了索尔薇格身边。他们在结尾处的酸楚的对话对我们来讲意义重大：

> 培尔：那么你就说吧！我自己，那个真正的我，完整的我，真实的我到哪儿去啦？
>
> 我额上带着上帝打的烙印，到哪儿去了呢？
>
> 索尔薇格：你一直在我的信念里，在我的希望里，在我的爱情里。
>
> …………
>
> 培尔：我的母亲！我的妻子！你这圣洁的女人！
>
> 啊，保护我，用你的爱情把我保护起来吧！
>
> 索尔薇格：睡吧，我的心肝，我的乖！
>
> 我来摇你，守在你的身边。
>
> 我的心肝宝贝，睡吧，做梦吧。①[33]

对一些读者而言，这一结尾会带来一个问题。我们是假定易卜生仅仅是在说培尔·金特回到了母亲的身边吗？这是可以得出的一个结论，但是过于肤浅。在索尔薇格对他的关联，与他对索尔薇格的关联，以及他之前和他母亲关联的方式之间有很大的不同。索尔薇格等待他是出于她自己的选择和诚实，然而母亲依附于他是出于她的剥夺。当他做好了回来的准备，当他历尽了他必须经历的体验后，她允许他回来。那些体验让他最终有能力爱她。

索尔薇格象征着某位重要的人的在场，和她的联系使得培尔·金特体验人类的关系纽带和爱成为可能。因此他也最终可以成为自我。就像那位陌生人，索尔薇格完成了真正的人类医治者

① 萧乾译本，447-448 页。——译者注

的角色。人际关系的世界为培尔敞开了大门，在那里培尔可以最终体验并且发现他自己。这个世界以始终如一的连贯性为特征，在里面，住着某个人或者某些人，他（们）将会接纳培尔的拒绝而不撤离，接纳他的愤怒而不报复，并且因他自己的价值而始终重视他。

这些特征的结合，我们称作“在场”。船上的陌生人象征着在培尔低谷的时候的在场；他希望培尔面对存在迷失的最终状态，即死亡。将这一神话应用到心理治疗中，治疗师的作用，就是为病人提供构成了一个人类世界的在场，在那里面，患者不仅能够发现我—你关系的两极，而且必须发现它。

这一在场，以及让这样的世界成为可能，是索尔薇格在这部剧中的作用。就像但丁能够在炼狱漫长的守夜中幸存下来，并且当他见到贝阿特丽切之后，继续他的天堂之旅一样，所以培尔·金特现在能够在他对索尔薇格的爱之中，继续他那诚实和欢乐之旅。

注释

［1］摘自“I Don't Understand,” in *The Poetry of Yevgeny Yevtushenko*，*1953—1965*，trans. George Reavey（New York：October House，1965）.

［2］这又是一个例子，显示在艺术中呈现的生活的形象和视野不仅给心理问题提供典范，而且会预测它们。易卜生的戏剧写于 1867 年，早弗洛伊德关于梦的书 33 年，早《了不起的盖茨比》半个世纪，但是这一自我的崩溃的模式只会在我们的 20 世纪进入到我们公开的意识中。

［3］*Peer Gynt*，trans. Michael Meyer（New York：Doubleday Anchor Book，1963)，p. 29.

[4] 同上书，p. xxiii.

[5] 同上书，16-17 页。

[6] 同上书，26 页。

[7] “I Don't Understand.”

[8] Ibsen，*Peer Gynt*，pp. 36，37.

[9] 同上书，40-41 页。

[10] 同上书，37 页。

[11] 佩尔斯的这篇完整的诗是这样写的：

我做我的事，你做你的事。

我不是为了要实现你的期望而生活于这个世界上，

你也不是为了要满足我的期待而生活于这个世界上。

你是你，我是我；

如果我们碰巧遇到对方，那将很美丽。

如果没有，这也无可奈何。

[12] Ibsen，*Peer Gynt*，p. xxviii.

[13] 同上书，57 页。

[14] 同上书，74 页。

[15] 同上书，72-73 页。

[16] 同上书，99 页。

[17] 同上书，101 页。

[18] 同上书，106-107 页。

[19] “I Don't Understand.”

[20] Ibsen，*Peer Gynt*，pp. 111-112.

[21] 同上书，116 页。

[22] 翻译者认为这部剧的最后这一部分，从失事的轮船开

始，可以被视为在死亡之后发生的事情，培尔·金特仿佛在一系列快速的闪现中看到了他全部的人生。但是无论这是否是戏剧性的意义，我们可以看到易卜生描述的这种模式的生活的发展和意义的神话。

[23] Ibsen，*Peer Gynt*，p. 117.

[24] 同上。

[25] 同上书，119 页。回想一下，这部戏剧写于 1867 年，早于弗洛伊德关于梦的书 30 年。

[26] 同上书，133 页。

[27] 同上书，134 页。

[28] 同上书，139 页。

[29] 同上书，139，141，148 页。

[30] 同上书，153 页。

[31] 同上书，154-155 页。

[32] 同上书，156 页。

[33] 同上书，157-158 页。

第十一章 Chapter Eleven

重访布赖尔·罗斯

在某种程度上说，这则故事告诉我们，要想有能力去爱，一个人首先必须有能力去感受；即使这种感觉是负面的，也比没有感觉好。一开始，公主完全以自我为中心；她所有的兴趣都在她的球身上。当她计划着对青蛙的许诺食言的时候，她毫无感觉，根本不去想这对青蛙来说也许意味着什么。青蛙越是在空间上无礼地靠近她，她的感觉变得越是强烈，但是伴随着这些，她也更人性化。在很长的一段时间，她只是遵从着她的父亲，但是感受却从未如此强烈；然后在最后她以对父亲命令的违背，维护了自己的独立。因此，她成了她自己，青蛙也是；它变成了一位王子。

——布鲁诺·贝特尔海姆，

《魔法的功用》

马上跳出来的问题就是，这个故事的名字如何在我们社会中变成了《睡美人》（*Sleeping Beauty*）呢？如果你翻阅格林童话集，你不会找到那个名字的词条。这个故事被格林兄弟叫做《布赖尔·罗斯》（*Briar Rose*）[①]，并且理所应当是这样。隐含在这两

① 布赖尔·罗斯（*Briar Rose*）briar 指野蔷薇，rose 指玫瑰，下文作者要分别解释这两个词的含义，故作此解释。——译者注

个名字里的意义有天壤之别。尽管从几十年前就开始，“睡美人”隐含着好莱坞和我们美国人浪漫化这个成长中的女孩的趋势，但正如这则童话暗示的那样，“布赖尔·罗斯”蕴涵着这个女孩绝不会受到利用的伤害。

因为“野蔷薇”（briar）是女性保护和主张的一种形式。它表明即使是小女孩的“野蔷薇”，也是作为对任何在她没有做好准备之前，就想要闯进来的人的警告而呈现出来的。我们可以将“玫瑰”（rose）作为阴道的象征——一朵玫瑰因其美妙的褶皱、隐秘的承诺，和那未知的深度以及为选定的求婚者带来的欢乐而妩媚迷人。玫瑰的象征导致了很多类似于阴道的创造物，例如大教堂里的玫瑰窗户，逐渐被作为通往这样伟大冒险的象征而接纳。这个故事根本不是一幅被动性的画面，而是一个坚定自信的宣言，我在本章的后面将其称做“创造性的等待”。

在美国和西欧，几个世纪以来，女性只是男性欲望被动的回应者，并且在生理上是他们身体的囚犯。现在我们生活在主张女性自身权利的时代。随着避孕措施的发展，女性不必再经受怀孕这古老的惩罚就可以获得身体的愉悦。并且随着堕胎手术的发展，如不考虑困扰的道德问题，女性拥有了决定怀谁的孩子的选择权。女性现今能够选择建立自己的家庭——单亲家庭，自己选择一个男子或者从精子库中选择精液来受孕，或者领养一个孤儿。布赖尔·罗斯凭借棘刺实现对她天然的保护——这些野蔷薇是小女孩进入到成人世界时所拥有的保护。

考虑到女性对与男性的风流韵事的反应，这同样是真的。以前曾有一时，男人有大量的风流韵事，就像《国王与我》（*The King and I*）这首歌中的蜜蜂那样，采尽可能多的花朵，而花儿却必须被安置在大地上。现今女性对他们的性伙伴同样也有选择权。在这个意义上，“布赖尔·罗斯”永远都是这个神话恰如其分的标题，然而，我们冒险一说，它在过去的几个世纪被改造，以符合众人皆知的女性被动性的陈词滥调。

童话与神话

我们转向《布赖尔·罗斯》，这个故事的意涵还没有被清晰地意识到。当我们在格林童话中简单地读其字面意思时，它也有一个幸福的结尾，没有人需要修通任何事情——这就是童话和神话的一个区别。童话是我们在意识到我们自己之前的神话。在亚当和夏娃“堕落”的神话之前，在伊甸园里只有童话。然后，神话给童话增加了存在性的维度。神话要求我们面对我们的命运、我们的死亡、我们的爱、我们的欢乐。神话增加了普遍性的维度，因为每个成人都不得不面对他或者她在爱和死亡中的命运。童话可以成为神话，正如这则关于爱中的被动性和自由的童话适用于我们每个人，从男性到女性。但是，尽管《布赖尔·罗斯》仍是一则童话，我们却要通过贯入某些人类的奋斗和意识再来审视这故事。

我班上的学生总会留心指出（我也同意）我们文化中很多男性代表了布赖尔·罗斯，相反，不少女性是培尔·金特。无论是通过像培尔·金特那样积极的逃避，还是像布赖尔·罗斯那样筑城防御异性，我们都面对着我们自己的自由和对我们的自我的责任。

作为一个唤醒的故事，《布赖尔·罗斯》从对逐渐显现的女性气质的变迁的描述开始。它是对伴随着这一发展不可避免地出现的问题和动态变化的呈现。故事的矛盾和冲突在于，这个成长中的女孩布赖尔·罗斯希望得到发展，但是她发展的动力被控制在另一人手上，即那个将会到来并且亲吻她、让她成为女人的王子。

如果我们在心理学层面上看这则故事，它就非常像培尔·金特。布赖尔·罗斯在向她自己逐渐显现的力量前行，尤其是她的性能力，但是这一行动依赖于某种生物，某种外在于她自己的力量，即想象的王子。我相信这一现象——现在把这个故事视作神话而非童话——反映了在当代女性和她们的女性气质发展过程中的深刻矛盾。在过去的几十年，她们被文化所期望，恰恰通过再也不会产生这样的结果的过程来寻求她们的发展——将自己的自我依赖于王子，他会骑着白马突然出现，用他的剑在树篱丛中砍出一条小径。

在我们详细研究《布赖尔·罗斯》之前，我将先呈现一位接受精神分析的病人案例的几个片段，她也表现出这样的两难境地。这位女性30岁，我在这里不妨称为西尔维娅（Sylvia），已婚，有一个3岁的女儿和一个在接受咨询阶段刚刚出生的儿子。她的主要困难在她整个生活中都纠缠着她，这困难就是缺乏自发性——在社会关系中缺乏感觉以及在体验自己是个女性方面的总体性困难。除了这些困难以外，她还有一个特殊的性问题——她没有性爱的激情——以及可以理解的，一种深刻的情感匮乏的总体性感觉。她的丈夫在外面有女人，因为她的冷淡和对性事毫无兴趣，他们正考虑离婚。的确，她最初来接受心理治疗就是因为扛不过丈夫和家人的坚持。

和故事中的布赖尔·罗斯一样，她发育缓慢，初潮直到17岁才来，她的胸部和身体的其他女性特征也发育得相对迟缓。她有三个哥哥，以她在家里的位置，她有足够的理由视自己为小公主。与通常的情况如出一辙，在这样的格局中，她的母亲在表面上看来是个软弱的人，但却通过受虐狂行为来控制她的父亲。

西尔维娅通过非常巨大的被动性、惰性以及一种麻木的倾向表现了自己。尤其是在火车上，当她遇到问题的时候，她就会尽可能做出胎儿似的姿势。这一趋向在她接受精神分析、表现得昏昏沉沉的时候完全地显现出来。在一次启发性的会谈中，她讲了一个梦中梦：她在向我解释下面的话，“我没有向奥威尔·约翰逊（Orville Johnson）让步。”奥威尔·约翰逊是她七八岁时的男朋友。

在那次会谈中，她把入睡描绘成“蜷缩起来，像个胎儿一样”。“睡觉是回到开始的途径，重获新生的途径——重生而不被扭曲。”在之后的一次，她梦到她自己和她女儿在厨房里，并且她很害怕“在我长大之前我就要变老了”，这恰恰是发生在这类女性身上的事情。那晚在那个梦之后，她梦到了我在场：“你和我在同一房间正睡觉。我们被雪困住了。你在沙发上而我在帆布床上。当我们醒来时，你称赞我说，我睡得那么安宁。”她这个梦，指的是她的治疗，就如她在里面等待出生的子宫，而她因那么“纯真”而被治疗师称赞。

在这些简单的措辞中，我们已经看到了一幅取材自布赖尔·罗斯故事的场景，但却是令人印象深刻的假象：她甜美地睡觉，那个男性（我自己）在场，尽管她假托让我也睡觉而不是唤醒她。我对她的称赞产生了在生物学意义上构造她的效果。尤其重要的是，被动也可以带来积极的功能；这也许是转型的一个方法。

西尔维娅有着大量的被男人“运输”（transported）的感觉：被他们举起来，同时体验到性快感。她使用“运输”来指

“抬”——把她抬走；一个人被爱、性和迷幻“运输”。我们也被火车运输，而且当西尔维娅乘坐一列火车时，她就有同样的愉悦和性兴奋的感觉，就像她还是个小女孩的时候，她曾经被她的爸爸举起来并且背着走时体验到的感觉一样。当我问她这些经历出现的时候她的感觉时，她反驳道：“我不想谈它，我也不想剖析它，我害怕我将失去它。”在这段治疗过程中，她往往很容易生气；我经常能够感受到那没有玫瑰的“野蔷薇”。

让我们在这里暂停一下，来重温布赖尔·罗斯的故事，到后面再回到西尔维娅身上来发现构成这个故事的基础的动态。

这则童话是这样讲述的：

> 很久以前，有个国王和王后一直没有孩子，每天他们都说：“啊，要是我们有个孩子该多好啊！”但是，有一次王后正在洗澡，一只青蛙从水里爬出来，来到陆地上，对她说：“你的愿望就会实现了；一年之内，你就会生下一个女儿的。”[1]
>
> 这只青蛙所预言的情况真的实现了，王后真的生下了一个非常漂亮的女儿。国王高兴得时时刻刻爱不释手，决定举行一个大型宴会。他不仅邀请了他的亲戚、朋友和熟人，而且邀来了女巫师，让她们为他的女儿送来善良美好的祝愿。他的王国里一共有13个女巫师，但是，因为他只有12个金盘子来招待她们进餐，所以其中一个没有被邀请。
>
> 女巫师们给这个孩子送上了神奇的礼物：一个送给她美德；另一个送给她美貌；还有一个送给她富有；她们把世人所希望的，世上所有的优点和期盼都送给了她。
>
> 当第11个女巫师刚刚为她送上祝福之后，第13个女巫师突然闯了进来。她对没有被邀请感到非常愤怒，要对此进

行报复。她没有问候其他人，甚至连看都没有看他们一眼，就大声叫道："国王的女儿在15岁时会被一个纺锤弄伤，最后死去。"然后，一句话都没有多说，她转身离开了这间屋子。

所有在场的人都大惊失色；可是第12个女巫师还没有献上她的礼物，便走上前来，因为她不能消除那邪恶的话，只能将其缓和，说："她不会死去，而只是昏睡过去，而且一睡就是100年，直到王子出现。"

到目前为止，我们看到的是我们很久以前就熟知的一个故事。很多读者都很熟悉这个故事通常的生物学上和精神分析上的解释，也就是，公主被刺伤手指象征着初潮，之后有一段潜伏期，然后她被一个男子的吻唤醒，并且她的性意识和性兴奋也被唤醒。虽然这个生物学解释过分简单化，但它是正当合理的；确实可以从生物学的观点上接纳这个故事。

但是我们这里关心的是把这个故事看做一个神话，从一个更广泛的视角上理解它，不仅询问这个孩子作为生物有机体如何发育，而且问询她如何成为一个人。它是一个关于存在者——布赖尔·罗斯——在其生成（becoming）过程中的故事。它讲述了这个女孩陷入了被动，但是需要为她自己的生命而负责任地行动。我们的探索是为了澄清她关于自由和责任的主张这一问题。

这个故事开始于一个愿望。在某种意义上，每个故事、每个神话以及一个人发展过程中新元素的每次浮现都始于一个愿望，对存在某些新元素的渴望以及对某些梦想的向往。在这里，也同样合适，它是一个构想（conceiving）①。我们构想很多不同的东

① concieve，构想，有构成、生成、怀孕的意涵。——译者注

西：一个想法，一个计划，一件艺术品，一个婴儿。

出生被一个古老的元素即青蛙所预测。到现在为止，青蛙在很多篇格林童话里，以及各种各样的神话中出现。它是这样一种生物：它的一只脚在我们先前的进化发展中——水里，另一只脚在陆地上。它以其冰冷黏湿的质地，以及尽管很原始，但至少可以有力地端详外界的大眼睛，代表着古老的元素。青蛙在这里象征着我们人类的祖先爬出了沼泽和泥浆，但仍然保存着生活在水里的能力这一进化的时点。[2]有的人把青蛙看做交媾的象征，并因此得出结论认为王后在洗浴的地方遇到一个男子并且给国王戴了绿帽子。这完全可能，因为格林童话中的青蛙经常扮演这一性角色。

然后是女巫师，她们是非常重要的人物。我们可以将她们看做这个成长中的小女婴将必须认同的女性。这发育中的孩子将在她的妈妈、姨妈、老师，以及在这部神话后面出现的祖母的帮助下，获得美德和能力。这些女性以及其他女性——很有希望是真实生活中的智慧女性——将会践行着某些美德和能力，这会对这个小女孩有教育意义。正在进行的认同在所有的发展中都是正常的和健康的一部分。

但是，关于这一点有两方面需要提醒。其一，认同应当尽可能发生在意识层面。这就是说，一个人应当知道他所认同的是什么和是谁。认同一直都在继续；但是，事实是它不是盲目和冲动的，而是在主体的意识和潜意识层面都发生，我们的自主和未来的成长才会得到保护。

另外一方面在这个故事的后面变得很关键，那就是这个小女孩必须不仅认同这些女性，而且也要摆脱她们的束缚。认同和摆脱是一直以来反复出现的关于脐带的悖论，它在每一篇童话和神话中都出现过。这是所有人类个体发展的根本性问题：每个人为了获得他（她）自己的存在，进而超越它以达到完全不同的意识维度，就必须越过这生物性纽带。

恰恰在这戏剧性的时刻，邪恶的元素进来了，因为当我们迈出新步伐的时候，我们对邪恶最没有防备。如果我们想一想有关撒旦的更古老的宗教神话，就比较容易描述这一点了：就是在我们获得某种灵魂上的良善的时候，撒旦对我们的诱惑最为强烈。第 13 个老妇人体现了一种特别的邪恶——怨恨和嫉妒，这二者往往在一起出现，正如我们不久就要看到的。她诅咒说，布赖尔·罗斯将在 15 岁死去；而且在她完全拥有女性气质前就死去，这是很重要的。

现在进来了第 12 个善良的女性——这些数字，12 和 13，显然有重要的象征意涵——她可以将这最终的命运从死亡减刑为睡 100 年的觉。100 年是一个世纪：我们认为这意味着，这个小女孩将从一个时代睡到另一个，一个她的时代到另一个。换句话说，西尔维娅必须“向奥威尔·约翰逊让步”。

> 国王为了不使他的女儿遭到那种不幸，命令王国里的所有纺锤都必须被销毁。随着时间的流逝，女巫师们的所有祝福都在这个年轻的女孩身上应验了，因为她聪明美丽，性格温柔，举止优雅，人见人爱。

这里的国王在做每个父亲都会做的事情，即过度保护他的女儿。为了防止她的死亡，他努力把她包围住：用蒂利希对神经官能症的定义来讲，他试图通过阻止存在来避免非存在。我们害怕非存在，所以我们完全收缩我们的存在。国王认为他可以通过阻碍她的成长来保护她：通过烧掉所有的纺锤、停止所有的活动以及把她关在城堡里面来保护她。但是显然，这一收缩从未起过作用；我们将会发现布赖尔·罗斯以人特有的方式，向往着探索这个世界，她把城堡里的不同的房间都浏览了一遍，虽然这一行动不一定能称得上明智。

> 门上插着一把生锈了的钥匙，当她转动这把钥匙时，门一下子就弹开了，在这间小屋里，一个老太婆坐在里面忙着纺纱。“您好，老奶奶。”国王的女儿说道，“您这是在干什么呀?”“纺纱。”老太婆回答说，接着又点了点头。“那又是什么呀？这小东西转起来真有意思!”布赖尔·罗斯问道，说着，她上前也想拿起纺锤纺纱。但她刚一碰到它，以前的咒语就应验了，她被那纺锤刺破了手指。

在此，我们看到这个成长中的小女孩正向世界迈进。当她独自一人的时候，她这么做了，无论她的爸爸多么过度保护她，这就发生在她一直必须在家里的时候。“独自”（alone）这一词在这里意义尤其重大，因为这种发展，这种向自由的飞跃，总是必须含有某种独自去做、为自己的行动独自负责的元素。当她走进世界，她想学习女性的工作，那些女性所拥有的能力，比如纺纱。然后就是流血，生物学上行经的时刻，以及预示着从这一时刻开始，她将能够构想新的存在。“生成”现在变得有能力生育了。

在这个故事中，时间在此处就停止了。确实，行经（menstruation）是指时间，menses 是拉丁字根“月份”。在我们的方言中，我们也用时间的表达方式，即一个人的“例假”（period）来指称行经。

> 就在她碰到纺锤的那一刹那，她倒在了床上，深深地睡了过去。并且这睡眠蔓延到了整个王宫。国王和王后正在这时回来了，他们刚走进大厅也跟着睡着了，宫廷里的所有一切都不动了，全都沉沉地睡去。

但是，城堡的四周开始生长蒺藜树丛，每年都在长高，最终把城堡严严实实地围住了，所以在外面根本看不到它，就连屋顶上的旗子都看不到。

在这时间的停止中，就连自然都是安静的，也跟着停了下来。这确实是人类发展被阻碍的时候所发生的：成长被冻结，发展的层级被固定下来。但是，永远不可能让成长彻底地停止：神经症性的防御被要求达到停止的目的，而恶性循环就此开始了。象征性地讲，自然也参与了这个女孩的防御，蒺藜树丛在城堡周围生长，年复一年地长高，也就是说，神经官能症的模式越来越明显了。

神经官能症这一收缩进自身之中的特征由童话中长在城堡周围的树篱所象征。树篱不仅隐藏了布赖尔·罗斯，而且也隐藏了其他人，并且掩盖了这座城堡，所以即使屋顶上的旗子也不会被看到。王宫的身份丧失了。这个地方仅仅成为了一场记忆。

但是关于睡美人“布赖尔·罗斯”的故事——这就是公主被他们叫的名字，传遍了整个国家。所以一次又一次，国王的儿子们来探险，他们披荆斩棘想穿过树篱到王宫里去。但是他们都没有成功，因为蒺藜牢牢地缠在一起，就像是有无数只手抓住了他们，让他们难以脱身，他们最终都痛苦地死去。

这些年轻人要想突袭蒺藜，闯出一条路去找布赖尔·罗斯，但是时间还没有到，她还没有做好被唤醒的准备。

我们可以现在假设，从一个精神分析视角来看，在布赖尔·罗斯身上会有愤怒，因为她被那么完全地与生活隔绝。我认为，她的愤怒通过环绕着城堡的野蔷薇杀死了求婚者这一事实表现了出来。在每个神经官能症模式中，因为愤怒——在这个例子中是布赖尔·罗斯的愤怒，其他人都被拉下水并且遭受磨难。对这么“甜美”的人如布赖尔·罗斯谈愤怒，也许看起来比较奇怪，但是这就是神经官能症模式在其世界中拥有的意料之外的效果。

王子们代表着没有交互的愿望。当愿望没有考虑对方的需要和是否准备就绪，当它不是真正的人与人之间的愿望时，它就成了蓄意的违抗。对树篱的突袭发生在王子们被自己的需要和欲望所驱使而没有考虑到这个女孩的需要时。他们的行为具有强迫布赖尔·罗斯的特点，他们是强奸的态度而不是相互间的爱。他们的行为是把布赖尔·罗斯假想成一个将被得到的爱的客体，而不是一个将被爱的女性。他们象征着我们所讲的原始生命力的冲动：他们在元神的控制下乱了套。的确，王子们被卷入了布赖尔·罗斯的防御；否则她将只不过是他们欲望的受害者。如果在身体准备好之前被迫打开，将有可能造成大量的精神创伤，包括身体将从此永远都不会自愿地打开的可能性。

然后故事里有了新的发展。

> 许多年轻的王子曾努力进去，他们努力穿过蒺藜树丛，但是却被牢牢地缠在了里面，最终可怜地死去。听了这些，有位王子说：“所有这些都吓不倒我，我要进去看美丽的布赖尔·罗斯。”善良的老人努力地劝阻他不要去，但是这位王子不听他的话。

这里，关系间的勇气开始发生了，它是“存在的勇气”的一个方面，蒂利希会这么说。这位努力劝阻王子的老人让我们想起了著名的戏剧《俄狄浦斯王》中的伊俄卡斯忒。正如伊俄卡斯忒要求俄狄浦斯休息休息，放宽心，不要庸人自扰，不要坚持“让自己在场”一样，这位老人也努力劝阻王子，给他关于常识和因时应势的忠告。但是王子拒绝了这样的建议：“所有这些都吓不倒我，我要进去看看美丽的布赖尔·罗斯。”

> 但是这一次，时间正好过去100年，布赖尔·罗斯将被唤醒的一天已经到来。当王子来到树篱丛时，他看到的全是盛开着的美丽花朵，它们主动地向两边分开，不让他受伤害，王子轻松地穿了过去。

这是一个美丽的结局：由于“创造性的等待”，蒺藜变成了玫瑰，树篱变成了花朵。这则童话可以理解为，这一奇迹仅仅通过等待就发生了。我却认为是另一回事：这是内在的成长，是凯罗斯的外在显示。

这对时间的神话意义的理解与常规的——而且往往是乏味的——时间的概念不同，后者是“明日复明日”的自然流逝，“一日一小步”的悄然前行。这证明了这伟大改变的出现不是因为这位王子的独特禀赋（其他人也非常勇敢，但却在蒺藜中死去）。这位王子，我们认为，觉察到了凯罗斯这一“天地万物都在战栗并且呻吟”的时刻。

布赖尔·罗斯和她世界的每一样东西都在睡眠中，直到这个男子以王子的形式到来去唤醒她，随后蒺藜变成了又大又美丽的花朵，主动地向两边分开。这是对处女膜和这个女孩其他性的方面的保护意味深长而且逼真的象征，这些保护现在自愿地变成了它们的对立面。当时机成熟了，蒺藜变成了一朵花，一朵玫瑰花——一处阴道的象征，穷尽我们想象之美丽并且恰到好处。我们记得，在神话和文化的历史中，“奸污”（deflowered）[①] 这一词用来指女性在她第一次性关系中放弃了她的童贞的交媾。同样的象征重现在如《我的爱尔兰野玫瑰》（*My Wild Irish Rose*）等民

---

① 表示剥夺，flower表示花，译者注

歌中：

有一天，为了我

她也许会让我摘走我的爱尔兰野玫瑰

这个故事以象征的形式不仅包含了这一重要经历的生物学意义，而且还有其心理学意义。当她的时间达到圆满，王子出现了。故事说："他瞪大眼睛，连眨也不舍得眨一下。"这表明和之前的年轻人渴望攻破城堡非常不同，他们之间建立了一段人际关系。他吻了她，然后，她醒了过来——专门指性的唤醒，但我们也可以认为意义在于所有方面的苏醒。

现在，他们开始了一段人与人之间的关系。我们被告知：这就是爱；他们也有了为繁衍而创造新存在的能力，并且，和所有童话一样，这里有美满的结局。他们以一场华丽的婚礼进入婚姻生活，心满意足地生活直到老去。

但是，这时我们禁不住会想到《三便士歌剧》（*Three Penny Opera*）和它迷人的讽刺歌——《美满的结局》（Happy Ending），以及它的另一首歌——《遗憾的是它从未如此》（Sad To Say It Never Has Been So）。遗憾的是，如今现实生活中的任何女性的发展都从未如此简单：在青春期到来前的年龄入睡，然后，被王子的吻唤醒，她就从此过上了幸福的生活。发展和个性化的变迁在最好的时代都是困难的，尤其在我们这个心理疏远的时代，我们在某种程度上都是情感流亡者。

然而，在这个故事中，有更深的维度让这个神话不仅仅是童话。我们首先看到了"在场"这一现象。

在场的缺失意味着，我们没有完全地认识到我们自己，并且因此也没有完全地认识到他人。这个神话的核心问题是，布赖尔·罗斯对自己的在场的意识。当代西方文明中关于对自我的在场缺失的发言人是克尔凯郭尔和尼采；他们是先知，看到了我们与我们的文化、我们的朋友，尤其是生活的意义相疏远的后果。尼采充满热情地关心着我们自身已经变得枯燥、空虚、无力这一事实。他代表着在这个神话中的一个阶段：那些年轻男子努力地要攻破蒺藜和城堡，试图强行占取它，但是，因为时机还没有成熟，他们都失败了。

接下来的阶段是，这位睡着的女孩的在场只能通过等待才可以被恢复。海德格尔是这一阶段的代表，因为他意识到了上帝之死——如果我们把它放在一个神学的语境中——并且他生活在清醒之中，意识到这一在场已经迷失。借用贝克特的戏剧的标题，海德格尔知道如何“等待戈多”。

不管一个人是否喜欢这一独特的语言和这些示例，他一定会同意，对理解这一故事和神话来讲，在场是一个富有成效的概念。“人只是人，”海德格尔说，“当存在与他对话的时候”。这就是在这个故事中具体所发生的一切扩展的、普遍化的形式。女人只是女人，当她真正的存在与她对话的时候。当她的感觉、激情和能力不仅是她自己的，而且被其他的人、被她的共同体所引发的时候，她就获得了自己存在的在场。W. H. 奥登（W. H. Auden）的诗《焦虑的时代》（The Age of Anxiety），描述了同样的事情：

> ……因为自我是一个梦
> 直到某位邻居的需要而
> 凭名字创造了它[4]

这些都是强调人类关系的一个根本性方面的努力，这一方面就是，自我的诞生和发展在一个人际的领域中发生。我们相互呼喊，我们相互唤醒；令人满怀希望的是，我们相互在场，或者通过书籍、或者通过艺术、或者通过关系。

创造性的在场

我们现在再回到先前讨论过的一个话题——创造性在场的能力。我们已经看到了那些试图攻破树篱，却“最终痛苦地死去”的草率的年轻人，他们缺乏一直等待凯罗斯的时间和布赖尔·罗斯的睡眠完成的时间到来的能力。我指的是，在某些事情做好诞生的准备之前，一直等待——不管那是个婴儿、一个想法、一项发明，还是一种艺术想象。这种等待不是被动或者空洞的；正在等待的那个人是孕育的积极参与者。太多的笔墨放在有意识的意向上——就像故事中的那些草率的求婚者的主动的进攻——阻碍了等待的能力。意向性（intentionality），即每样事物都拥有我们意识所赋予的意义这一状态，只有在我们拥有创造性的等待这一能力下才成为可能。

将这则童话中的布赖尔·罗斯的等待和艾略特在《荒原》(The Waste Land) 中唤起的那个女子相比较是很吸引人的。那个女子富有而且美丽，但却对一切事物都感到厌倦乏味，包括性，尽管她和她的爱人在一起。她们二人都在等待。那个厌倦的女子说：“我们明天该做些什么。我们究竟该做些什么？”①[5]这些都是对渴望某种东西的表达，都暗示了也许会有“敲门声”[6]的某种希望。但是布赖尔·罗斯是纯真的等待，梦想的等待；她在睡梦中，她的眼皮是闭着的。然而艾略特别有意涵地告诉我们，他的女士按住“不知安息的眼睛”；她的眼睛不变地睁着，她无法将它们闭上。现在，在临床上为人所熟知的是：身处焦虑，一个

① 据赵萝蕤译本。——译者注

人的眼睛倾向于瞪大；在面临危险的时候，倾向于僵硬而不变地睁着。艺术家也发现了这一点；米开朗基罗的雕塑和绘画中，那些焦虑的人物都僵硬地瞪着他们的双眼。

布赖尔·罗斯处于前意识（pre-awareness）阶段；艾略特的女士处于后意识（post-awareness）阶段，她的悲剧不在于她没有获得认识，而在于她已经丧失了它。对布赖尔·罗斯来讲，认识的机会还没有到来，只有在王子到来的时候，这机会才会到来；对这位女子而言，认识的可能性就在当场，但是她被阻挡住而不能看到它，尽管她的眼睛在强迫地睁着。她没有处在纯真的状态中，而是处在绝望的状态中；她身处荒原。布赖尔·罗斯毫无意识地处于睡眠之中。艾略特的女士在性方面已被解放，对手头上的技术和文化的所有丰富的东西都“随心所欲地使用”；然而，她所体验到的不是满足，而是对性和欲望的饱食。艾略特在讲的是，一个人必须历经绝望的时期以等待孕育期的出现，而那孕育期将会带领我们实现更高层次的意识的诞生，即凯罗斯。

我们说过，这个神话代表着创造性的等待。被动性的等待在心理治疗中相当不具建设性。二者的区别在于一个问题：一个人在等待的是什么？当一个人，无论是接受治疗的患者还是艾略特的女士，对他或者她所等待的东西不负任何责任的时候，等待就是自我毁灭的、空虚的。

从临床角度来说，我敢肯定，这类病人拒绝去认知他在等待的为何物这种现象，会发生在当他事实上在等待某种婴儿时期的愿望的时候，这种愿望很有可能是无所不能的，并且让人感到称心：“妈妈将最终来敲门。”这其中也包含着相对来讲十分严重的焦虑，而且这焦虑必须在一个人敢于去问、去看待她/他在等待的是什么之前被面对。艾略特诗中的那个女子的等待回应了很多现代艺术和戏剧中的一个难题：在某种新的意义能够诞生之前，必须在虚无主义和餍足之中等待。

在本章的开头，我们引述了西尔维娅的一些梦，西尔维娅被我们当做布赖尔·罗斯主题的一个现代例子。随着西尔维娅的分析继续进行，模式出现了，但是根本不是年轻甜美的公主在等待被唤醒。她以很多种形式发出这来自彼得·潘（Peter Pan）的执拗的呼喊："我不要长大！"从这一童话故事的背景之外来看，这是一个反叛的表白。但即使是这一反叛也会是一些即将诞生的有价值的洞见的一个预兆。

西尔维娅带来下面这些梦：

> 你［治疗师］和我在进行一次会谈。这发生在某个疗养院。你称赞我说，我非常聪明和可爱。我的可爱和聪明一部分在梦中来得十分自然，一部分却是刻意为之。我不由自主地在你的脸颊上亲了一下。我穿着睡衣。然后你离开了。我照镜子，然后看到我得了腮腺炎，我的脸都肿了。然后我想到你一定会为我感到难过的。

她与这个梦的关联马上出现了：《胡桃夹子》（Nutcracker）。在这个故事中，一位公主因下颌肿胀而畸形，就像梦中的西尔维娅那样，只有一个从未刮过脸并且总是穿靴子的男子才能救她。很快那个年轻的男子来了，并且被公主亲吻，随即，公主从畸形中恢复了过来并且变得很美丽。但是那个男子背负了她所有的畸形，包括那肿胀的下颌，她却因此和他不再有任何关系。

这显然是一个关于性和愤怒的梦。她穿着她的睡衣，并且吻了我。在她的联想中，她把他的畸形转移给了我。没有人能够像西尔维娅一样忍受自己的才能被剥夺，西尔维娅被剥夺了自由和其他的能力——都囊括在她被致入睡之中——却没有经历愤怒。

并且她的愤怒应该直指谁呢？当然，很大一部分要指向那些命定要通过亲吻她来克服这一符咒的人。（“为什么我的王子这么久都不到?”）在治疗中，这愤怒就冲着治疗师表达了，并且这种做法是合情合理的。如果不理会这些动机，这样一位来访者就会感觉被欺骗了。如果其他的模式对她是开放的话，没有人会选择这一模式；但是当这种模式被强加于她身上——就像西尔维娅的经历——她有充分的理由愤怒。

现在产生了一个严重的矛盾。就是那些应当在布赖尔·罗斯毫无力量的时候从残酷的命运手中拯救她的人、那些应当确保她是一个女人和一个已被唤醒自我的人，通过她对他们的强迫行为得到了他们的权力。她的畸形被转移到他们的身上这一事实，给火添加了报复性的、残酷的燃料，这就让恶性循环一直维持了下去。

这是一个和我们在《培尔·金特》中看到的相似的矛盾——他从摧毁他的同一模式中得到了他的自我确证。然后，这样一个模式就变得越来越走向自我毁灭，直到它在神经官能症中崩溃。

当我们追溯时，对男性的愤怒包括，对那个男子没有把她从那个怨恨的女性手中救出来的愤怒。当我在她说到王子/胡桃夹子的梦的那次会谈中，向她提出这种解释的时候，她回应说：“我突然想到，我的妈妈她嫉妒我。她对女性的角色那么排斥，但是当时我，既聪明又可爱。”

在《培尔·金特》中，我们可以回想起培尔对那些有烛光在家里等他们的船员的怨恨和嫉妒。当时我们强调说，我们现在也要这么做，怨恨和嫉妒是第一个不完美但是诚实的情感，它反映了个体的自我肯定的浮现。这些不是无用的感觉，而是更加为人认可的情感将要到来的预兆。

作为一种神经官能症的感觉，这是对一个人处于未能完全使用其潜力的状态的表达。嫉妒是一个成长还没有结束的人的特征。因此嫉妒在女性气质的发展的整个故事中应当是一个难题，这是恰当的。嫉妒在那些恰恰通过阻碍成长的方法——把自己成长的权力交给其他人——来努力成长的人中被发现。如果布赖尔·罗斯不能把自己的感觉经验变为自己的；不能把她的性经验变为她自己的；不能把她生育的能力、她自发的认识经验变为自己的，却总是把自己抵押给一个忌妒的妈妈，无论多少王子亲吻她，她肯定总会有无力感。

但是我认为在刚才的那个分析中，嫉妒存在于那个女孩——西尔维娅——自己的内部。我们已经看到那个童话故事对象化了这一难题，将其置于个体之外，并且以一种天真的无辜呈现了它。但是神话将其置于个体之内；它添加了极其重要的主观维度，并且如果你可以想象这一神话被改写成戏剧，你将会需要假设这挣扎、这围绕着嫉妒的冲突存在于那个个体西尔维娅自身的怨恨中。她是那个未成长的人，嫉妒伴她而起，也伴我们所有人而起，一直到神经官能症这一形式阻碍了她的或者我们的发展。西尔维娅喜欢嫉妒别人，这是一种未发展的潜力在自己内部的神经性反常。作为这一冲突的表达，她的潜力被以一种负面的、破坏性的方式表现出来，这种方式是纯粹的权力，以其命令他人的权力来确证自己。这首先向男性显现出来（在胡桃夹子之梦中向我显现），随后向女性显现出来。对布赖尔·罗斯类型的治疗难题的一个中心部分在于，帮助他们发现并且体验积极的力量，这一力量在痛苦的鞭挞声中呈现出来。西尔维娅确实通过体验她在孩童时期曾经如何有能力控制她的哥哥们，并且在某种程度上控制她的爸爸，获得了大量的满足感。那伴随着嫉妒的负面的、怨恨的和报复性的权力需要被转换成为愿望和意志，它们将会建设性地帮助她得到她所想要的以及实现她自己的自由和责任所必需的东西。

就在最后一次治疗前，她在一次音乐会委员会会议上遇到了一位对她非常感兴趣的男性。他拥有很高的地位，并且似乎拥有真正的魅力；他的肤色和她不同。当她能够安排这件事，并且他也不工作的时候，他们约会了几次。关于这段关系的一个重要意义在于，西尔维娅结果竟有了强大的性能量。他们度过了一个个激情之夜，整夜风月，连觉都懒得睡。这看起来对她的婚姻没有任何特别的影响；她没有告诉她的丈夫，而把这经历作为她自己一个人的。但是她在家里更放松了。这些经历给了西尔维娅证据，那就是她有能力热烈地回应一个男性，并且向自己证明了她可以沉溺在一段情爱关系中。它从很多方面确认了她的女性气质。

在她的治疗即将结束的时候，她讲了下面这场梦：

> 有一个女人，她是一位作家。她和她的丈夫经营一家素食餐厅。丈夫站在柜台前，她在后面的炉子那儿。当丈夫接到订单时，妻子马上听到，并且开始做它。这是为了证明当你不得不将所有事情讲清楚的时候，家庭佣人的通常方式是多么不必要并且显得做作。这个女人比任何因她是一个家庭佣人而称赞她的人都更加聪慧、更加有能力。

西尔维娅解释道，这个女人以一种心灵感应的方式“听到”订单，然后她会不假思索地供应这个订单。从布赖尔·罗斯主题的角度来看，这场梦极具启发性。现在，这个女人如此有效率地听到某个人在房间的另一端给的订单，她赢得了对自己的钦佩之情和认同感。

这场梦似乎在说，最终这个女人找到了她独具的贡献、她特殊的能力和她在与一个男子的关系中自己独特的女性气质。也许是由于她们在生育和理解孩子们的生物学上的角色，女性往往在通过心灵感应交流方面优于男性。这场梦向以下事实致意：西尔维娅现在正发现自己所拥有的能力，她作为一个女性的独特的能力。她也指出，这个女人是个作家。这场梦是真正的人类进步的一个标志，并且我暗自为此而欢呼。

在睡美人这则童话故事中，这个青少年是一个从未进入到青春期的人，她/他想要被唤醒但却从不自己唤醒她自己（他自己）。这与未成熟的“稳定交往”的亲密无间有着相似性，这种交往刻画了很多年轻人的社交生活。很快他们就成为双方在场的来源，并且因此也就变成了无内容的在场。在性方面的未成熟的唤醒意味着，性可以被用来避免在自我的其他任何层面的唤醒。我们——青少年或者成年人——往往急匆匆地进入到性关系中，从而避免面对关系的意义。于是，亲密无间就包括了被删节的发展，这发展被限定于一个不完全的层面；女孩和年轻男子的一部分都依旧处于未被唤醒的状态。如果一个人的唤醒就包括只认识一个人——现在我们特指青少年——这个人就会对剩下的人类世界持有一种未发展并且不完全的态度。

重访布赖尔·罗斯

既然我们已经将睡美人童话变成了神话，我们必须要问的是，这会带来什么改变？如果易卜生或者阿瑟·米勒来写的话，它将会成什么样子呢？我们要感谢西奥多·赖克（Theodore Reik)，他为我们提供了在第二次世界大战中一个德国城市被炸以后，发现了一小片手稿的故事。这份手稿被严重损毁了，保存下来的一页刚刚勉强能够看清楚字迹。但是它自称是《布赖尔·罗斯》这则童话的最后一页。它是这么写的：

> ……从此以后，他们幸福地生活在一起。几个月过去了，王子开始感到不耐烦并且觉得无聊。他想要离开城堡，寻找新的冒险。一定会有，他想，其他的睡美人，他可以用吻来唤醒她们。并且他想象着她们将会睁开她们的眼睛——他有时把它们幻想成蓝色，有时褐色，有时深棕色——甜美地望着他。一天，当他在城堡内的空旷的地上散步时，他注意到那曾经的一墙花儿现在又成了蒺藜树篱，那么高、那么厚，他根本就无法设法出去。从那之后的每一天，他通过一个侧门悄悄地溜出城堡，试图在树篱中找到某个开口。每一天，树篱都长得更厚、更高。他带上了一把剑，试图开出条路来，但是这些蒺藜紧紧地纠缠在一起，就像它们长了无数双手一样。
>
> 最后，这个年轻的王子放弃了，回到他的妻子布赖尔·罗斯身边。她喋喋不休地跟他抱怨和厨师、厨房女仆的麻烦，男管家对洗衣女说了什么什么然后洗衣女如何如何回答的，还有她想对打扫房间的女仆说的但最终没讲的话。
>
> 当她在讲话的时候，这个年轻的王子的眼皮越来越重，然后，尽管他的妻子和侍从尝试了所有办法去阻止，但他还是睡着了，一睡就是100年。

以上就是西奥多·赖克对这一神话——童话的结局的回答。没有任何理由一个人不可以写自己的：

> ……他们在一起幸福地生活了几年。但是王后开始对城堡里封闭的生活越来越感到厌烦。没有一个人走出过城堡的

院子，几乎到这里来的仅有的几个人就是邮递员。

一天早晨，当她围着城堡散步的时候，她开始想到这些其他的男子，在古老的故事中，他们曾经在她睡觉的时候突围过城堡，她现在很好奇他们目前怎么样了，他们是谁。关于他们已经被杀死的说法其实是不实之词；她知道很多人都还活着，有一两个在下面的村子里，其他人遍及这片土地。所以她穿上她的宽松的长裤和毛衣，漫步到村上，在那儿的酒吧里她见到了其中之一。他已经成为写童话故事的作家，并且已在全国各地旅行过，他对她非常感兴趣。因此，她回到城堡后，招来园丁。“把所有的树篱都砍掉”，她说，“让我们铺一块草坪，一直延伸到村里。我厌倦了被关在这里！”

在村子里，她发现了一个画家，说也奇怪，这人结果竟是她往昔的求婚者之一。她从他那里吸取了一些教训，并且令她高兴的是她发现自己拥有大量的天赋。在村子的镇公所，她展放了她的展览品，在那里她遇到了另外两个曾经的求婚者。其中之一还是一位钢琴演奏能手，所以她举办晚会，邀请她村里所有的朋友来王宫听音乐。

一天，在她的音乐晚会上，国王走进来，在最后一排坐下。但是就在钢琴家弹奏一首肖邦的夜曲时，国王开始打盹，很快他就酣睡过去，并且还在打鼾！

王后看到了他，对自己哈哈笑道：“谢天谢地，我终于走出了这笼子！”

注释

[1] 和我讨论这则童话的一个女权主义团体认为，王后在这次洗浴之行中，另外一个男子使她怀孕。这当然是一种可能的解

释；它反映了我们之前所说的，现代的女性依靠自己采取措施，如果需要，就会让丈夫戴绿帽子来实行报复。

［2］水和泥浆的层次与弗洛伊德和荣格理论里的潜意识层次的关系，是显而易见的。

［3］时间对存在主义作家来讲，具有重大的意义。海德格尔写了《存在与时间》。尤金·闵可夫斯基（Eugene Minkowski）写了《一生的时光》。我在我的书《存在之发现》中有一章写了"关于时间和历史"。

［4］Rollo may，*Man's Search for Himself*（New York：Norton，1953），p. 88.

［5］T. S. Eliot， "The Waste Land"，in *Collected Poems*，*1909—1962*（New York：Harcourt，Brace，Jovanovich，1970）.

［6］Beckett，*Waiting for Godot*，p. 43.

第十二章 Chapter Twelve

浮士德：父权制权力的神话

今天，我们已经不再知道神话的意义，因为神话不仅仅是一种向自我展示某事某物的方式，只会给人带来审美上的愉悦；相反，神话是最具生命力的现实存在的一部分，它发掘着我们自觉意识中的每一个角落，并且撼动着我们的存在最深层的结构。……（神话）始终伴随着每一个人。尽管不能被直接观感，但是它们依然能被人们领悟到。它们在一种信念下被信仰，这种信念将寻求证据的想法视做一种亵渎。……过去人们并不“享受神话”。站在神话身后的，是死亡。

——奥斯瓦德·施本格勒（Oswald Spengler），《西方的没落》（*The Decline of the West*），第2卷

浮士德这个强大的神话适应了身处中世纪向文艺复兴和宗教改革时期急剧转型过程中的欧洲人深层的心理和精神需要。浮士德成为北部人的神话叙事，在那里出现了许多关于这个神话的不同版本：于1591年出版的马洛（Marlowe）的《浮士德博士生存与死亡的悲剧历史》（*The Tragical History of the Life and Death of Doctor Faustus*）；还有歌德的《浮士德》，这一作品的前半部分在歌德40岁时出版，而后半部分则在他80岁时，也就

是1832年出版。在第二次世界大战期间，托马斯·曼于1947年出版了他的《浮士德博士》（*Dr. Faustus*）。除此之外，这个神话还在戏剧、哲学及其他所有类型的创造性写作中得到了广泛的传播。莫扎特的《唐璜》（Don Giovanni）便是浮士德传奇在音乐上的表现。《了不起的盖茨比》本身就是一部类似于《浮士德》的小说。斯蒂芬·文森特·贝尼特的《魔鬼和丹尼尔·韦伯斯特》（*The Devil and Daniel Webster*）是另外一个例子，与《洋基输球的那一年》（*The Year the Yankees Lost the Pennant*）一样，后一小说后来被改编成音乐作品《该死的洋基队》（*Damn Yankees*）。

勒内·杜博斯（René Dubos）① 在他的当代作品《内心的上帝》（*The God Within*）中写道："令人沮丧的是，现代社会对我们的文明所贡献的唯一神话就是浮士德的神话。"[1] 当代对浮士德戏剧的重要性最有力的推进来自于奥斯瓦德·施本格勒于1918年出版的经典作品《西方的没落》，这一年也是第一次世界大战结束的年份。施本格勒学识渊博，他比较了诸如波斯和阿拉伯等其他文化与现代西方文化，在比较的过程中，他使用"阿波罗式"（Apollonian）和"浮士德式"（Faustian）作为比较的范畴。"阿波罗式"来自于关于阿波罗的希腊神话，代表具有理性、和谐、平衡与正义等特点的文化，阿波罗主义的代表符号是"圆"。

相反，浮士德主义的代表符号是"直线"，总是向前进，这正是我们当下的信念。但是我们面临的困境在于，这个前进的过程只适用于技术性的事情——我们发明了更好的汽车、电动洗碗机还有核武器。进步的概念并不存在于精神的和美学的领域，例

① 勒内·杜博斯，是著名的微生物学家和实验病理学家，又因富于著述而成为著名的文学家，其主要代表作品有《人类适应性》、《人类、医学和环境》、《人类是这样一种动物》等。——译者注

如宗教、哲学、艺术和文学，而所有这些领域在古典阿波罗时代都极为兴盛繁荣。施本格勒主张，西方（简单地指欧洲和美国）是浮士德式的，它钟情于竞争和过度的物质主义。

施本格勒的书立即引发了各方的恐慌和辩论。但是如果他能活到第二次世界大战结束，能见到原子弹的投掷和因为核武器爆炸而对长崎造成的毁灭，他将会更加明确地对西方的浮士德主义做出强调。

我们生存在有核时代，我们的武器库中装满了核弹头，这将我们时代的浮士德精神推到了极致。先前的时代仅仅只是敲了敲神秘世界的门，而我们却直接破门而入。我们的结局会是像马洛的浮士德一样自我封闭地毁灭吗？还是像歌德的浮士德一样，我们将会经历一些解围的事件或人，被赐予了在致命的午夜钟声敲响之前进行忏悔的机会？

核物理学家对于他们推动产生的这些危险知道得一清二楚。康奈尔大学的汉斯·贝蒂博士（Dr. Hans Bethe）[①] 就曾谈论过我们所面临的这种灾难性的浮士德式危险。当位于洛杉矶的洛斯阿拉莫斯（Los Alamos）核实验室的主任阿尔文·温伯格博士（Dr. Alvin Weinberg）[②] 被要求用一个词来描述有核时代我们所面临的危险时，他使用了“浮士德的神话”。考虑到我们能够被核弹头在一个小时内毁灭殆尽这一令人忧郁的事实，抑或是引发一场永久性的核冬天，加上处理核废物所面临的巨大困难（这些废弃物将有可能污染我们留给后代的绝大多数土地），温伯格博士想到了浮士德的经历。他在文章《我们的浮士德式交易》（Our

---

① 汉斯·贝蒂博士（1906—），生于法国的美籍物理学家，曾获1967诺贝尔物理学奖。——译者注

② 阿尔文·温伯格博士，核物理学家，并且管理橡树岭国家实验室（ORNL）。——译者注

Faustian Bargain）中得出了这样一个结论，即我们唯一可能的答案是“永恒的警惕”。[2]我们确实能够理解，当施本格勒说“神话背后是死亡”时，他想传达的是什么。

浮士德的故事

在15世纪，发生了一些有重大心理和精神重要性的转变，这些转变标志着中世纪的结束和文艺复兴的开始。我们能够通过比较但丁的《神曲》和浮士德这一出现在文艺复兴时期的神话生动地看到这一点。但丁将他的《神曲》视为表现通过地狱、炼狱、最终天堂的努力来在神圣之爱的顶点获得最终福祉的作品。在但丁的作品中，有一种安详，一种信仰感，有神圣的福佑，还有纯粹的爱。所有这些都由贝阿特丽切①这一形象得到表现，这一形象将这些伟大的能力与由教堂极力教授的东西调和在一起。

在中世纪，教堂给予了女性很高的地位。圣母玛利亚与上帝、基督一起构成了神圣三位一体，她在中世纪无以计数的“万福玛利亚”声中受到赞颂。像巴黎圣母院这样的大教堂也用女性的名字命名。

但是在德国和英格兰的宗教改革中，三位一体变成了“圣父、圣子和圣灵”。原来华美有时甚至俗丽的天主教大教堂在宗教改革中被转变成为带有男性气质的、严苛的——虽然仍旧是漂亮的——新教教堂。这是一个新的世界，在这个世界中，农民和市民心中都充满了惊惧，他们都在呼唤一个新的主导性神话的出现。

---

① 《神曲》中的人物，来源于拉丁语，含义是“祈神赐福”（she who blesses）。——译者注

米兰德拉（Mirandella）告诉文艺复兴时期的人们，作为个体，他们可以成为任何自己选择成为的人。而在15世纪早期，尼古拉斯·库萨努斯（Nicolaus Cusanos）就教导人们，每一个人在他们自身之中都拥有宇宙的中心。还有许多其他的人赞颂文艺复兴之后的个体所拥有的个人性权力。加尔文（Calvin）和路德（Luther）想要告诉人们，他们在宗教上是自由的；而开普勒、哥白尼和伽利略则向人们展示出星体运行的规律。这也难怪人们觉得他们失去了精神上的根基，他们需要一个全新的神话来重建这一根基！

浮士德这一新的神话叙事适应了被文艺复兴激发了的人们的需求。浮士德生在精神和心理发生极大震荡的时代，他拥有通过"魔法"获取知识的强烈欲望，因为在那个时候，各个方面的新发现似乎都被普通人视做如同魔法般不可思议的东西。这个带有神话色彩的浮士德将会带着他对知识的强烈渴求度过他充满奢侈逸乐的24年，但是他要将自己不朽的灵魂出卖给路西法，在这之后他将在地狱里遭受无尽的折磨。如同浮士德在分享神圣权力这一伟大目标中取得的成功一样，神话必须展现出一个这样的形象（figure）：它表现出像浮士德一样的市民们的希望与恐惧。神话因而也必须提供一个净化邪恶的渠道，以此来缓和浮士德在他拥有不可思议权力的生命尽头所遭受的惩罚对普通市民所造成的恐惧与负罪感。

浮士德神话来源于关于约翰·浮士德（John Faustus）事迹的真实故事，约翰·浮士德是真实存在过的人，他于16世纪中期居住在德国北部，一辈子都不断地对他周围的人进行不可思议的恶作剧。他一生中有一部分时间在监狱中度过，当他去世的时候，人们认为他一定去了地狱并在那里遭受到永恒的折磨。1587

年，在德国出版了一个小册子，名曰《故事集》（*Chapbook*），它详细地介绍浮士德的罪过，包括他与特洛伊的海伦（Helen of Troy）的风月故事，而这被认为是应该遭受永恒地狱劫难的罪行。被命名为《约翰·浮士德博士不名誉的人生及其理所应当的死亡》（*The Damnable Life and Deserved Death of Dr. John Faustus*）后，这本小册子在中世纪末期造成了极大的影响，人们根据其中的故事制作了一部巡回演出的道德剧。它将对新知识的渴求与负罪感、惩罚和地狱中令人畏惧的火焰与永恒的折磨糅合在剧中，而对新知识的渴求在当时的现实生活中被看做是如魔法般不可思议的。

尽管并不理解这部小册子的语言，当时居住在荷兰与比利时的人们依然似乎能够看到地狱中燃烧的火焰、闻到躯体烧焦的味道。他们能够体会到被宣判有罪的感觉，同时也急切地需要一个净化这些罪恶感的渠道。他们已经看到过博斯（Bosch）关于地狱与天谴的画作，也已经看到过格鲁尼沃尔德（Grunewald）关于死亡的惩罚的作品。无论是去关照这些被创造的神话，还是去听那些被诅咒的遭受永恒惩罚的人发出的呻吟声，人们都是在感受他们自己心中有意识的或是潜意识的恐惧。这些恐惧通过观看剧中浮士德在受惩罚的过程中遭受痛苦的折磨而得到宣泄。这一栩栩如生的神话给了人们这样一种感觉——有人在代替他们进行赎罪。浮士德在他们之前受了苦，从而他们获得了自由，可以去接受他们视做新时代魔法的那些东西。

马洛的浮士德——宏丽的事业与悲剧

作为一位文艺复兴时期的人，马洛的人生经历颇为多变。他出生于1564年，与莎士比亚同年出生，在牛津大学学习过一段时间，28岁时在一场争吵中被人杀死。但是他留下了几部极有影响力的剧作，其中任何一部作品都能为他赢得不朽的名声。正如一位评论家所说，他的《浮士德博士生存与死亡的悲剧历史》中充满了“令人惊惧的美”。

在这出戏剧开场的时候我们看到，作为一位受尊敬的教授，浮士德博士对他的生活感到极度厌倦，他一心扑在自己的研究上。尽管已拥有医学、哲学和神学的学位，但他依然被自己对大量的不可思议的新知识的渴求攫住了，这种渴求在文艺复兴时期非常常见。

> 哲学既讨厌又不得要领，
> 而法学和物理都只是为了耍小聪明，
> 神学在这三者中更是卑不足道，
> 不悦、严酷、卑劣和可耻；
> “只有魔法，魔法，它才使我心醉神迷！”①[3]

浮士德尤其强烈谴责神性（divinity）这一中世纪至为重要的主题，它被认为是“严苛的、卑劣的和可耻的”。马洛写道，浮士德就像伊卡洛斯（Icarus）②：

> 直到填满狡黠，自高自大，
> 他苍白的翅膀，已攀登至他所能达到的高度之上，
> 当翅膀融化，上天已经预谋了他的死亡。[4]

---

① 本章中所有关于马洛诗歌的翻译参考或直接转引了戴镏龄的译本：《浮士德博士的悲剧》，作家出版社，1956。——译者注

② 伊卡洛斯是希腊神话中代达罗斯的儿子，与代达罗斯使用蜡和羽毛造的翼逃离克里特岛时，他因飞得太高，双翼上的蜡遭太阳融化跌落水中丧生，被埋葬在一个海岛上。为了纪念伊卡洛斯，埋葬伊卡洛斯的海岛被命名为伊卡利亚。——译者注

这是一个关于良知的神话，源自人的骄傲、贪婪、欲望和绝望，这些将他推入了永久的黑暗之中。他拼尽全力，反对信仰，反对对上帝的仁慈与爱的信仰与悔悟，反对一切给予一个人恩典的东西。

当他计划向撒旦出卖自己的灵魂时，浮士德呼号道：

> 噢，一个充满利益与愉悦的世界，
> 充满权力、荣誉和权威的世界。
> 这个世界是允诺给勤奋的工匠的吗？
> 所有的事情都在宁静的各极之间移动，
> 是否有我可以支配的……

浮士德不能接受他仅仅是一个人，他想像上帝一样，实际上他想成为上帝。

> 但是你仍然只是浮士德，是一个人。
> 你能让人获得永恒的生命吗？
> 或是当他们死亡之后，使他们重获生命。[5]

于是浮士德放弃了他作为人的地位，试图成为上帝。他召唤来梅菲斯特，告诉他自己已决定加入撒旦的阵营。作为恶魔的代理人，梅菲斯特用这出剧中最令人难忘的段落，对浮士德被投入地狱之前提出的关于自己人生的问题做出了回答：

> ……试想我曾瞻仰过上帝的圣颜，
> 也曾品味过天堂中永恒的快乐。
> 如今永恒的幸福既然已经与我无缘，
> 我怎能不在无穷无尽的地狱中受着煎熬？[6]

在这个奇异的角色反转中，恶魔劝告浮士德放弃与路西法签订契约的计划，后者是地下世界的领袖。但是浮士德固执己见，他让梅菲斯特回去并将“这些信息传达给伟大的路西法”，从此，浮士德的“24年”人生将会：

过着奢侈逸乐的生活，
让你一直为我效力。

他将成为一个多么伟大的人！

……我将成为这个世界上伟大的帝王，
我要在流动的空气中建造一座桥梁，
使我能够与一帮人跨越海洋：
我要将隔断非洲海岸的山都连接起来，
使非洲和西班牙连成一片，
并让它们都拜倒在我的王位前。[7]

如此一来，浮士德既统治了自然又统治了人类。

成千上万蜂拥而至的人们因这部由马洛的神话改编的道德剧中的话语而战栗不已，因为他们在某种程度上意识到，这部剧中所讲述的，也是他们内心中隐秘的欲望。这种关于权力、控制和权能的新感觉、与神性所进行的竞争以及改变世界边界的力量，在给予人们极大的权力感的同时，也给他们造成了恐惧。现在他们生活在一个由哥白尼和伽利略勾勒的新世界中，对知识的渴望在各个方面给予了人们新的自由。生活得“极尽奢侈逸乐”是一个非常有吸引力的未来图景，但是与此同时，邪恶的身影也出现在这个图景当中。

这出戏剧刻画了浮士德挣扎着做出各种选择的连续过程，他会不会选择撒旦呢？当他刺穿自己的胳膊，以此来获取签署出卖自己灵魂的契约所需要的鲜血时，他的身体并没有跟随他的意图，因为血液凝固住了：“我的血液凝固了，我无法再书写。”他将这一现象视做一个身心相关的标志：

> 它是否不愿意我签订这个契约？
> 为什么血没有流出来使我能够接着书写？
> “浮士德将他的灵魂给你”——
> 写到这，它凝固住了。[8]

神话与下述现象扭结在一起，即我们的意识和潜意识之间存在着相互补充的关系，这一点我们在治疗中和自己的日常生活中都能看到。卡尔·荣格很清楚地阐明了这一点：当一个人处于愉悦的意识状态时，在他的潜意识中将会出现警告和一种相反的趋势。有一位患者，他是一位神学学生，在同性恋被视做严格的禁忌时，他便是一个同性恋者，他被所属教堂委以重要职务，他自己也十分珍视这一职务。但是在委任结束的那天晚上，他便径直来到中央公园，并和在那里遇到的一个陌生男性发生了性关系。在第二天的治疗中，他感到十分愧疚，同时也对他所面临的被发现的风险感到恐慌。像这个患者的任职一样，许多被予以重视的事件都伴随着一些与其精神背道而驰的行为，这种情况十分常见。[9]

当马洛问道是否浮士德的身体“不愿意”他出卖自己的灵魂时，他显示出一位伟大诗人所拥有的卓越洞察力。不仅如此，梅菲斯特也表现出这一相互补充的特征：他作为恶魔的代理人，居然反对浮士德与撒旦签署盟约！当我们看到马洛作品稍后部分中关于善良天使与邪恶天使之争的内容时，我们更为马洛的机智感到惊讶。一位老人（我们可以将他视作治疗师）也试图将浮士德拉回到他作为一个人最初的那种命运中去。但是浮士德掠过了这些警示，甚至血液的凝固这一障碍也没能阻止他，他最终实践了他那个时代每个人心中的渴望：“我就是想要肆无忌惮。”

浮士德于是问梅菲斯特："告诉我，人们称之为地狱的地方究竟在哪里?"恶魔回答道：

在这些要素的内部，
地狱并没有受到任何限制……
……我们所在的地方即地狱。
地狱在哪里，我们也必然在哪里。

这让我们想到了20世纪萨特的另外一种说法："地狱就是他者。"

但是，浮士德用性方面的讨论掠过了这些问题，他要求：

必须是德意志最优雅的女士，
因为我情欲正炽。

在此之后，他向梅菲斯特索取一本关于魔法的书籍。

……我将在其中看到所有的符咒，
只要我高兴，我甚至有可能召唤精灵。

当梅菲斯特将书给了他时，他又要求得到另外一本书。

一本我能在其中看到所有人与天空中的行星的书，
通过它我能知道它们的运动和分布的情形。[10]

连天使都参与了这场争夺浮士德灵魂的心理和精神争斗。在我们的理解中，浮士德不是恶魔；他并不像歌德的浮士德那样杀掉了任何人，或是参与了悲剧性的残忍行径〔像歌德的浮士德对格雷琴（Gretchen）所做的那样〕，或是由于他为了自己的成就试图夺取两位老人的住所，他的属下纵火从而导致了两位老人的死亡（如歌德的浮士德所做的那样）。马洛在舞台上所表现的，只是每一位观众心中都存在并与之进行了斗争的各种欲望。他刻画出的这些心理和精神上的怀疑、惊恐和冲突，由于文艺复兴所带来的重大机遇及伴生的邪恶，在每一个市民自己的生活中都切切实实地存在着。

正是浮士德否定上帝、将自己置于上帝的对立面这一事实构成了整个悲剧。这与托马斯·曼稍晚对这个神话的阐释是类似的，即浮士德是被他的意念、获得上帝般控制的欲望而不仅仅是他的行为抛弃。这就是为什么人们如此积极地做出回应的原因，因为每一个人都有这样的欲望——深植于内心的邪恶幻想以及不道德的白日梦。愿望而不仅仅是行动才是神经官能症的诱因，这一点弗洛伊德稍后将会再次向我们确证。

我们已经看到梅菲斯特他自己是如何恳请浮士德不要与路西法签署契约。从始至终，善意的天使与邪恶的天使都在劝导浮士德，希望他能在事情变得无可转还之前对自己的行为进行忏悔。当浮士德理性地认识到自己所处的困境并且谴责梅菲斯特诱使他堕落时，我们可以从一个不同的角度看待这场精神的争斗：

> 当我看到天堂时我忏悔
> 并咒骂你，你这邪恶的梅菲斯特，
> 因为你剥夺了我的这些快乐。[11]

但是梅菲斯特正确地回答道："这是你自己寻求的东西，浮士德，你应感谢你自己。"接下来，恶魔开始质疑天堂的美好，令人好奇的是，他采取的居然是人类的立场！

> 我告诉你浮士德，
> 对于你或在地上呼吸着的任何人来说，
> 它（天堂）还不如所想象的一半那么美好。

这反映出文艺复兴时期伟大的人文主义：一个人活着并在这

个世界上寻找乐趣，他觉得这样就很好。乔托（Giotto）在他的绘画中表现过这些乐趣，而当勃鲁盖尔（Brueghel）[①] 用收集麦子、滑冰和活着的欢乐来帮助创作他的油画时，他所表现的正是这一观点。这些浮士德式的神话敌视神圣世界，它们都试图找到人类生活的最好状态。在这段时期激烈的竞争中就有人文主义的身影，一方面是对科学的自由探索；另一方面则是教会绝对权威的残留。

当邪恶的天使主张浮士德必须继续他的交易时，善良的天使再次恳求浮士德去忏悔；（否则）上帝不会怜悯他。但是浮士德回答道：

> 我的心冷酷无情，
> 我不能忏悔。[12]

冷酷的心

“冷酷的心”是一颗不能爱的心。它表现出力量的父权制面相，这恰恰是那些专注于权力、野心和自我实现的文艺复兴时代的人们一直在寻求的力量。

善良的天使与邪恶的天使一次次地回来，浮士德从未真正变得冷酷无情。他是否愿意或者是否能够忏悔，使自己获得上帝的恩宠？这个主题在剧中一直都至关重要，这一点也是这出剧能够紧紧抓住其观众的原因之一。

接着，梅菲斯特带领浮士德踏上了一次证明其不可思议的威

---

① 彼得·勃鲁盖尔（约 1525—1569），佛兰德斯画家，擅画风景画，其《农民的婚礼》（1567 年）场面活泼。——译者注

力的旅程。但是这一极受欢迎的力量游戏已经开始变得索然无趣：浮士德开教皇的玩笑，拧他的鼻子；当他隐身的时候，他在坐在桌旁的教皇面前偷他的酒喝。

从始至终，浮士德都清醒地意识到，他的死亡之日在一天一天地临近。他反思道：

> 浮士德，你除了是一个早已被判处死刑的人外，你还是什么呢？
>
> 命运正在逐渐走向其终结；
>
> 绝望确实使我变得不信任。

一个老人进来了，恳求道："噢，尊敬的浮士德，放开这该受诅咒的技艺吧，否则它将成为将你的灵魂引入地狱的魔法。"

> 我看见一个天使在你的头顶上空盘旋，
>
> 它手中拿着一个充满珍贵的慈悲小瓶子，
>
> 想要将这恩宠也注入你的灵魂；
>
> 因此，求上帝慈悲吧，不要绝望。

这个老人似乎扮演着治疗师的角色。

浮士德提出了他最后一项要求，他恳求梅菲斯特让他与特洛伊的海伦共享风月。[13]

> 好伙计，我恳求你一件事，
>
> 这样我心中全部的愿望就全都得到了满足，
>
> 我希望我最近见到的那位绝世美人海伦
>
> 能够成为我的情人，
>
> 她甜蜜的拥抱
>
> 会将我背弃誓约的念头消除得一干二净，
>
> 并使我履行我对路西法许下的诺言。[14]

当代人经常把关于“绝世美人海伦”的幻想作为逃避艰难抉择的一种方式。许多男性都幻想过：“要是我有一位美丽的女性相伴身边就好了!”但是浮士德权力的父权制本性排除了这种解决方案。因为，当一个人的真实动机并不是爱而是权力的时候，他怎么会真诚地爱一个人呢？有仁慈才会有爱。

海伦的故事也是对伟大诗歌进行检验的试金石。在下面这些经常被引用并得到无数青睐的诗句中，马洛甚至试图超越他之前设定的场景来描述海伦：

> 莫非这就是那调动了成百上千的战舰，
>
> 还使得伊利昂（Ilium）那高耸的塔楼被焚毁殆尽的面容吗?
>
> 甜蜜的海伦，用你的一吻来使我获得不朽吧!
>
> 你的唇吸走了我的灵魂——看，它还在那里游荡!
>
> 来吧，海伦，将我的灵魂交还给我。
>
> 我将永远居留在这里，因为这唇便是我的天堂
>
> 除了海伦之外，所有的一切都是渣滓
>
> …………
>
> 哦，你的容颜比夜空更加美丽
>
> 尽管这夜空被成千上万颗星星装扮得璀璨无比![15]

我们之前提到过的那位老人站在近旁看着，他发表了一番所有这部道德剧的观众都心知肚明的言论，即如果一个人与魔鬼交媾，他将会自动地被排除在天堂之外。海伦在这里就是一个已逝者的魂魄，是一个魔鬼。

性与爱在16世纪的运用与但丁所处的中世纪是如此不同。在这里它是一个工具，一个为了再次取得自己灵魂而利用海伦的手段，性爱与权力为伍。在所有关于浮士德的神话叙事中，性爱都是

一种用以逃避罪责与悲苦的机制。但是在但丁那里，爱即仁慈；贝阿特丽切总是与天堂相连。在但丁那里，爱就是上帝的福佑。

当浮士德的死亡之日临近时，他的朋友十分悲伤，他们在最后一天聚集在一起向浮士德告别。他心中那些良善的天使也必须舍他而去，因为“地狱的入口已经开启”。[16]台下的观众此刻必然紧张得气喘吁吁，因为在这出令人惊奇的道德剧中，地狱在舞台上被公开地刻画与再现：

> 但是你将会看到，所有这些都不值一提，
> 地狱中那成千上万种刑罚将更为可怕。

至此，浮士德唯一能说的就是：“哦，我已经看得够多了，这已经使我痛苦不堪！”

11点的钟声敲响了，浮士德处于极大的精神痛苦之中。在马洛的诗歌中这一部分写得十分壮丽恢宏：

> 星辰依旧在运行，时间依旧在流逝，而钟声也终将会敲响。
> 恶魔即将到来，浮士德将不可避免地坠入地狱。
> 噢，我想要纵身跃向上帝！但是是谁在将我向下拉扯？
> 看啊，看啊，基督的鲜血在苍穹中涌出！
> 不要因为我呼喊上帝而撕碎我的心；
> 我将会向它央告：哦，宽恕我吧，路西法……
> 它现在去了哪里？它离开了。
> 看吧，上帝伸出了它的臂膀，愤怒地紧皱着双眉。
> 来吧来吧，无论大山小山，都让他们压在我的身上吧，①

① 参见《旧约·何西阿书》第十章第八节及《新约·启示录》第六章第十六节。——译者注

让我以此来躲避上帝的愤怒，

没有，没有……

那我只能一头钻进土里；

大地啊，你裂开个缝吧！噢，不，连大地都不肯庇护我。

我们能够想象，当这个神话表演到最后时，场面是多么的恢宏壮阔，这出剧一定也已经深深地抓住了每一个观众的心：

（午夜的钟声敲响了）

噢，钟响了，钟响了！现在，我的身体，求你向上飞升吧……

（电闪雷鸣）

噢，我的灵魂，愿你化作雨滴

掉入海洋，永远不被发现。

我的主，我的主，请你不要那么严厉地看着我！

恶魔到来了，它将浮士德带到毒蛇遍地的丑恶地狱，浮士德哭号着说出了他最后的遗言：“我要烧掉我所有的书，啊，梅菲斯特！”

这里的主题是从书中得知的秘密！自由的科学探索与教会独裁权力的遗留之间的争斗依旧存在并且十分激烈。浮士德最终发出的乞求原谅的承诺实际上指涉的是对学习知识的渴求，在当时，学习知识被认为是邪恶的事情。整个文艺复兴时期都充斥着这种渴求，以至于焚毁书籍被视做放弃由文艺复兴得来的权力的最重要的表现。

从希腊神话中得到启示的合唱诗这样唱道：

砍削只能应付那些可能充分生长的枝丫，

而对于作为阿波罗的主干则要焚烧殆尽，

因为有时知识的枝丫正是从这个博学多才的人中生发出来的。

在浮士德神话的这个版本中所表现的邪恶是人试图扩大自己的权能，篡夺上帝的位置。这是一种傲慢、一种不合时宜的骄傲，也是一种对谦逊与悔过等美德的拒斥。这里所犯下的罪是：人拒绝接受其作为一个人的角色。（我们已经谈到，梅菲斯特声称他将人的角色看得比天堂更有价值！）取而代之的是，人们要求自己成为自己的上帝。希腊人将这一罪过视为最为严重的罪过，我们记得，当阿伽门农（Agamemnon）① 从特洛伊凯旋时，就有人曾警示他不要因为自己的胜利而自高自大。苏格拉底曾多次强调，承认人所受到的限制是有必要的。但是文艺复兴时期的人们，在初尝过知识带来的喜悦之后，却并未将这些古老的故事转变成为他们自己生活的智慧。

在马洛的剧作中，浮士德曾两次呼喊道，他不能承认他“仅仅是一个人”这一事实：

然而你仍旧只是浮士德，是一个人，

除了是一个注定会死去的人之外，浮士德，你还是什么呢？[17]

它要求恶魔的使者——梅菲斯特去赞赏人类。这是人类意识发展出的一个十分奇怪的结果，当我们能够关照自身、能够觉知自己的处境地位的时候，对骄傲这一罪过的意识也同时出现了。这对于伟大的人来说尤其成为问题，他们大多数都面临着自傲的威胁，并且大多数都经常犯这个错误。在一开始，浮士德在这一点上是有罪的，这个故事并没有多少悬念，因为从一开始我们就

① 阿伽门农，源自希腊神话，特洛伊战争中希腊军队的统帅。——译者注

知道它会结局如何。这个故事令人心生钦佩，这既是因为这一神话本身所具有的巨大力量，也是因为马洛戏剧化的叙述视角和他美丽的诗篇。

神话的净化力量

这个神话给我们提供了很多机会去想象浮士德在剧中的死亡对观众的影响。剧中这种生理和心理上都很强烈的经历可能会使得观看这出剧的人感觉到他们似乎也间接地经历了同样的事情。他们将感受到和舞台上的浮士德相同性质的情绪，尽管情绪的程度可能有差异。每一个人都得到一种情感上和道德上的释放；每一个人都感受到通过出卖灵魂以换取魔法和力量的欲望；他们也同样感受到这样做可能招致的惩罚，就好像在浮士德做交易的时候，他们自己也做了同样的交易。

在包围着我们精神世界的神话中，我们通过认同舞台上的表演体验来进行疏解。通过将负罪感和恐惧及所受的惩罚间接地转移给地下世界的人，观众们似乎感觉到自己被净化了。这就是神话的开始：它张开双臂，所有身处其中的人都获得了一些疏解与净化的力量。在疏导过程中，同样存在着社会效应，即共同体的净化。我们分享同一个“身份”经历，现在我们被团结在一起了。

神话的净化体验让我们得以避免自己心中浮士德式的欲望，浮士德所做的一切都是为了我们。基督被钉死在十字架上的经历也建立在关于神话叙事的相似逻辑之上，我们被告知，基督是为我们每一个人而死的，这就意味着他的受难对于我们每一个人都有内在的影响力量。这出剧中的浮士德对它的观众有着同样的神话性影响。浮士德所做的都是为了我们，他的行为打消了我们自己采取同样行为的动机。这表明，在神话中存在共同体的意向以及一种沟通性的（communicative）力量。

浮士德的观众对遍地毒蛇、充斥着火刑以及其他地狱的折磨感到恐惧，但是他们不仅仅会感到惊恐，他们还从中得到了释放。这些内在活动都发生在比道德更为深入的层面上，这一深层的体验就是神话的净化力量。

注释

[1] Rene Dubos，*The God Within*（New York：Scribnvers，1973），p. 264.

[2] Weinberg，“Our Faustian Bargain：Social Institution and Nuclear Energy，” *Science*（Dec，27，1971），p. 27.

[3] Marlowe，*The Tragical History of the Life and Death of Doctor Faustus*，in *The Norton Anthology of English Literature*，vol. 1（New York：Norton，1974），p. 769.

[4] 同上书，770 页。

[5] 同上书，771 页。

[6] 同上书，778 页。

[7] 出处同上。马洛预测到了将来会发生什么；我们现在通过飞机确实建立了很多连接大陆的桥梁。

[8] 同上书，781 页。

[9] 当代宗教激进主义布道者，如杰米·史华格（Jimmy Swaggart）和吉姆·贝克（Jim Bakker）的出现是今天的例子，他们往往对追随者作出性方面的错误引导。

[10] Marlowe，*Doctor Faustus*，p. 782.

[11] 同上书，784 页。

[12] 同上。

[13] 理查德·怀斯曼博士（Dr. Richard Wiseman）在他的个人谈话中指出，海伦在希腊的意义体系中代表“形式的形式”，形式（form）指深邃与无尽的美。

[14] Marlowe，*Doctor Faustus*，p. 813.

[15] 同上。

[16] 同上书，816 页。

[17] 同上书，806 页。

第十三章 Chapter Thirteen

歌德的浮士德与启蒙运动

浮士德：既然人们管你们叫“蝇神”、“堕落者”、“撒谎精”。得了，你到底是谁？

梅菲斯特：……是总想作恶却总是行了善的那种力量的一部分。

——歌德，《浮士德》

在今天，我们一听到“浮士德”这个名字，就会立即设想说话的人是在指称歌德的伟大作品。歌德于启蒙运动时期居住在德国，《浮士德》这部巨著的写作跨越了他的一生，在80多岁的时候他才最终完成这一作品。《浮士德》是歌德命运般倾尽心力的作品，这也是为什么在歌德与席勒（Schiller）这两位文学巨匠之间频繁的通信过程中，席勒一直支持歌德的理由。这部讲述神话故事的作品之所以伟大，是因为它是一部令人叹为观止的诗歌，每一个人似乎都从其美学上的成功中获益匪浅。

这部作品之所以伟大还有另外一个理由，即它处理了一个深刻且常新的难题：我们应该如何活着。《浮士德》是一篇充满哲学思考的诗歌，在其中，“生活可以如何”（what life could be）这个问题得到了集中的探讨：这里有生活中的诱惑、生活中的灾难以及生活中的快乐。歌德提出了以下这些深刻的问题：生活是什么？诅咒与拯救又是什么？作为一个伟大的人文主义者，歌德从各个角度出发来试图处理下述问题：作为一个人究竟意味着什么？

歌德的《浮士德》是对现代社会的神话的一个尖锐且强有力的表达，在这个时代中，人们渴望相信进步（progress）这个神话，无论是强大的机器、大量的科技还是跨国企业，甚至是核武器，所有这些都是它的内容。我们渴望相信，进步将会为我们带来有益的影响并且将会极大地有益于人性的发展。与他在启蒙运动和工业革命中的同路人一样，歌德陷入了一个两难困境。在他的桌上一直放着一个新型蒸汽机车及其轨道的模型，这一轨道从利物浦一直延伸到巴斯（Bath），它是上述伟大希望的一个常见的象征。

这个神话之所以能够抓住现代人的注意力，原因在于那些在马洛笔下的地狱中被视做严厉诅咒的邪恶，在歌德的诗歌中都成了善好。在歌德剧作的前面一部分，当浮士德要求知道诱惑者是谁时，上述令人惊异的"绝技"就已经开始显露出来了。恶魔回答他说，他是一个想变得邪恶但却总是变得善好的魔鬼。依据歌德在此处的立场，的确，撒旦是冲突、剧烈活动甚至残忍的使徒，但是，他在杀戮之后仍然以行善告终。欧洲的知识分子将歌德尊为他们名义上的领袖，在他去世的时候，马修·阿诺德写了下面这些纪念他的句子：

> 当被告知歌德的离世时，我们说：
> 从此，欧洲最贤明的头脑就此沉没；
> 歌德已经完成了他的朝圣。
> 他是这个铁器时代的医师。[1]
> 他感受众人正在蒙受的苦难，

他清楚地读取每一处伤口、每一点虚弱；
他用手在这些地方敲打，
并说："这儿，还有这儿，都是你生病的地方！"
他注视着欧洲正在逝去的时间，
带着时断时续的梦境和狂热的力量。[2]

浮士德的故事恰好开始于复活节的前一天，歌德将其描述成在这个时间人们都在：

……庆祝主的复活，
因为他们自己也复活了，
从商店和手艺行业的束缚中，
从低矮乏味的屋舍里，
从令人压迫的房顶和山墙，
从人群摩肩接踵的城市街道上，
从教堂外森严的夜晚中，
他们被一起带到光明中来了。①[3]

歌德关于工业主义将会带来什么这一问题的伟大见解为他同时代的多数同辈作家所共同拥有。歌德的人生跨越了德国的启蒙运动，在这个很值得人羡慕的生活时期，莫扎特还在世，贝多芬还在创作的早期，还有许多重要的哲学家，如康德（Kant）、谢林（Schelling）和叔本华。歌德 27 岁的时候，《独立宣言》在美国写就。当我们意识到，在一个相同环境中产生了我们自己的政治宣言，它宣称"人人生而平等，造物者赋予他们若干不可剥夺的权利，其中包括生命权、自由权和追求幸福的权利"时，我们

① 本章中所有关于歌德的《浮士德》的翻译都参考或转引自绿原的译本：《浮士德》，人民文学出版社，1999。——译者注

当然会兴奋到发抖。阅读《浮士德》这部作品似乎就是在参与那个时代的生活，当时难以计数的人都在致力于通过特殊的方式阐释邪恶，经过这些阐释，邪恶最终成为良善。

浮士德由此开始思考一个古老的问题，即在这个由仁慈的上帝主持的世界中，邪恶究竟是什么？创造性的努力是否也包含那种会无可避免带来破坏的冲突与竞争？还有关于工作的古老难题：是否存在一个如此虔敬的上帝的仆人，即使在人类可能的最为恶劣的遭际中他还是能够保持对上帝的信仰？几乎每一个敏感的人都会思考这些对于人之存在至为根本的问题，一个现代的例子就是荣格的著作《答约伯》（*Answer to Job*）。

上帝与梅菲斯特

这出剧由一场天上的会议开场，上帝与梅菲斯特都参与了这场气氛友好的序曲，上帝询问梅菲斯特："我从不曾憎恨过你的同类。"[4]梅菲斯特是怎么想的呢？这个恶魔回答说他"知道人类是怎样在把自己折磨"，由于他们拥有"理性"，人类已经开始变得"比任何野兽都要残忍"。上帝也认为人类太容易变得懈怠；他们需要保持警惕，尽管"人在努力的时候难免犯错"。上帝建议人类应该"永远保持活力、永远进行创造"。

这些开场的句子引出了在歌德整部戏剧中的一个重要主题：行动、奋斗与努力。从古至今，积极的行动都拥有比人类的其他存在方式更为重要的地位。歌德描绘了这样一幅画面：浮士德在思考圣经中的句子"太初有言"（in the beginning was the Word）[5]，他对着这句话摇头，觉得"言"（word）这种说法太唯智主义了。也许感觉（sensibility）能够处于这样的位置，于是他假设将这个句子改为“太初有感”（in the beginning was the Sense），但是这个假设稍后也被否定了。最终他想到“太初有为”（in the beginning was the Deed）这一假设，不错，就是它。浮士德把这一强调行动与直觉努力的表达接受为最终的结论。

随着这个神话——或戏剧——情节的展开，我们立即发现自己似乎身处治疗师的咨询室之中。这再次表明了这样一种观点，即当患者进行抱怨时，他实际上是在谈论那些在他的生活方式中发生崩解的神话。在这里，浮士德正在抱怨他在寻求地位、荣光或财富的过程中遭遇的失败，他讲述着这些失败带给他怎样的感觉：

> 我每天早上都在绝望中醒来，
>
> 我几乎泪流满面，眼看着一天又一无所成地过去……
>
> 我惴惴不安地躺在床榻上，
>
> 那时我也得不到什么安宁，
>
> 一些狂乱的意象搅乱了我的梦境，使我夜不能寐，胆战心惊。
>
> 生存对我而言似乎只是一个沉重的负担，
>
> 我宁愿死去，活着只是一个令人厌恶的玩笑。[6]

由于这些病态的祈愿，浮士德曾经想到过自杀，他给这些想法做出了如下的总结：

> 诅咒信仰！诅咒希望！
>
> 尤其要诅咒忍从！[7]

梅菲斯特于是出现了，他用一种非常不同的生活方式来引诱浮士德：

> 别再放纵你的绝望，

它将会像秃鹫一样啃噬你的心肠。[8]

契约签订了。浮士德同意他将会永不满足、永远向前进、永远努力奋斗，否则一切就将结束。

只要我有一刻游手好闲、虚度时光，
那么就在那一刻让我完蛋！
只要我有一天被你谄媚的话语麻痹，
就让那一天成为我的末日！……
到那时你便可以在我的脚上装上镣铐，
到那时我便会心甘情愿地走向毁灭！[9]

浮士德用他的一滴血签署了这份契约，他说：

任由苦与乐、成与败按它们自己的意愿相互交替，
君子唯有自强不息。[10]

歌德在这里展现出了现代人行为的本质：极少平静地安于现状，总是在努力奋斗，总是完成一件又一件的任务并把这个过程叫做进步。这个神话向我们展示的正是浮士德通过出卖灵魂所换取的那种生活方式。

浮士德的第一个冒险是与格雷琴的爱情，格雷琴是一个清白无辜的"处于豆蔻年华的小姑娘"，他们发生了关系并且格雷琴还因此怀孕。这场发生在老于世故的浮士德与仙女般的小姑娘之间的风流韵事是由梅菲斯特一手导演的。歌德在这里表现出一种相互矛盾的感情，因为他在内心深处同情不幸的格雷琴，这个可怜的小姑娘在怀孕之后，由于自己内心悲苦，也由于她同村人的谴责，开始变得神志不清。而浮士德又接连对她做出残酷的事情，他与格雷琴的兄长瓦伦廷（Valentine）决斗，瓦伦廷是一个士兵，为了保护他妹妹的荣誉，他从战场回到了故乡。在这场决

斗中，梅菲斯特挡住了瓦伦廷的剑，浮士德最终冷血无情地杀死了这位兄长。在他死去的时候，瓦伦廷向可怜的格雷琴发出了他最后绝望的诅咒。

我们可以仅仅因为浮士德与格雷琴的关系而指责浮士德，虽然到目前为止他确实是爱她的。这是歌德对女性这一根本问题的首次揭示，我们将会在整部戏剧中始终看到这个问题的影子，实际上，这就是一个关于父权制权力的神话。歌德描绘了这样一个浮士德：那位因他受孕的仙女般的小姑娘承受着巨大的痛苦，他也似乎因此预见了自己被罚下地狱的结局。浮士德为这位小姑娘所遭受的巨大苦难而感到悲伤，他也被梅菲斯特冷酷的言语激怒了，因为梅菲斯特说："她可不是第一个。"浮士德呼喊道：

> 这一个人遭受的苦难都使我痛彻骨髓，
>
> 而你却在一旁面对着千万人的命运不负责任地狞笑。[11]

毋庸置疑的是，浮士德多少是有一点爱格雷琴的，尽管这份爱并不充分，当他听说格雷琴不得不在监狱中生下孩子时，他也曾深深地动摇过。但是格雷琴却哭喊着说在浮士德的吻里已不再有过去曾经有过的激情。

拿到监狱的钥匙之后，浮士德请求格雷琴出来，只要她"愿意"她就能离开这儿，但是格雷琴却并不愿离开，她要为她怀孕这件事情承担应有的责任并接受应有的惩罚。

最后一个场景变得越来越紧张并达到了高潮。格雷琴在监狱里大声呼喊："你现在要离开了吗？哦，海因里希（Heinrich）[12]，我多希望能和你一起！"

> 浮士德：你能，只要你愿意！你看，门是开着的。
>
> 格雷琴：事情一定不是如此，对于我而言已经没有任何希望了。逃跑有什么用呢？他们依然会在那里等着你……

浮士德：哦，亲爱的，你在胡言乱语，只要你愿意，再跨出一步你就可以离开了！[13]

但是格雷琴在精神狂乱中，将执行她的判决的那一天也当做了她举行婚礼的日子。“这一天是我毁灭的日子。”她哭诉道。梅菲斯特却只是在旁冷笑着说：“像个娘儿们一样徒劳地喋喋不休、磨磨蹭蹭。”[14]当格雷琴一眼瞥见梅菲斯特时，她知道这便是要将她带往地狱的恶魔。浮士德叫喊着：“你得活下去！”[15]这一举动再次将他和我们当代的治疗联系在了一起。

这个结局应该如何解决呢？歌德对这个小姑娘和他为她制造的麻烦感到万分同情，但是为了他作为一个作家的完整，他不得不将她定罪。他通过梅菲斯特的嘴宣告：“她被审判了。”[16]

但是歌德在这里插入了一声惊呼：“被拯救了！”我们通过歌德做的笔记看出来，这句话在《浮士德》的第一个版本中并不存在，而是在后来的一次再版时加入的。换言之，歌德最终也必须向他自己内心的命令屈服。他必须发出一些“救赎”的声音，无论这些声音是否有意义。因此，格雷琴在一个瞬间被审判了，同时也被拯救了。

《浮士德》的第一部分以这样一个声音结尾：“［从内部，消失］海因里希！”

关于不受限制的权力的神话将歌德引入了对人类最为复杂之处的思考。我们可以想象歌德回忆起《浮士德》的另外一节诗，我们在想这节诗是否适用于他自己和他的剧作：

精灵唱道，
哦，哦！
你已经摧毁了它，
用你有力的拳头摧毁了这个美丽的世界。[17]

这是否就是奥尔特加（Ortega）认为歌德从未真正找到他自己、从未在生活中找到他自己的方式、他真正的命运的原因？

神话的痛苦

《浮士德》的第二部分是在第一部分出版之后的40年中被慢慢地整理出来的。我们对歌德的一些想法感到惊异，当歌德在这些年中一遍又一遍地想着这个神话时，他肯定已经有了这些想法。那么，他将会为这个神话带来怎样的结局呢？

在第二部分中，歌德集中处理了关于性和权力的问题。其中的一些章节是一场闹剧，比如梅菲斯特用金子模铸出一个巨大的男性生殖器，并用它来威吓女性或使她们感到惊慌。但是在一个更深的层次上，性和权力是浮士德式神话的本质性面相。性在很大程度上成为权力的一种表达方式。在今天，我们在色情文学、性商业主义以及以甜美的金发美女或身材姣好的浅黑色美女为卖点的广告中都可以部分地看到这一点。在我们社会，对权力的态度与对性的态度之间存在着一种奇异的关系。

工业革命中，出自工人之手的产品与工人和产品使用者之间的联系开始出现急剧的分离。事实上，除了自己所付出的一点劳动之外，工人们在其生产的产品中看不到其他任何东西。劳动的异化增加到人们对自身、对他人的异化中，使得他们的人格遗失了。随着工业和资产阶级的成长，性开始从人的身上分离出来，就像人生产出来的产品一样，性也被买卖。

浮士德要求见特洛伊的海伦并让她做他的情人，而海伦是美与爱的象征。[18]他以为对梅菲斯特来说，召唤海伦是一件轻而易举的事情。

浮士德：我知道，你不过咕哝几句，但肯定能把事情办好，转眼之间你就可以把她带到这里来。[19]

但是梅菲斯特的观点非常不一样。他告诉浮士德，（想要召唤海伦）他必须先找到母亲们（Mothers）。“母亲们”是一个奇怪的群体，从歌德写作这出戏剧开始，这个群体就引发了无数的问题。母亲们好像是唯一一个拥有威胁与震慑梅菲斯特的权力的群体。

梅菲斯特：我憎恶触及更高的秘密——

女神们都离群索居在高贵的地方，

空间对于她们来说什么都不是，时间更是如此；

谈论她们都煞费周章。

她们就是——母亲们

浮士德：（吃惊）母亲们！

梅菲斯特：你感到惊奇吗？

浮士德：母亲们！为什么听着这么离奇呢？

梅菲斯特：确实应该如此。凡人会损害女神的神圣，我们这种人要心怀敬畏地叫她们的名讳。钻到最深处去寻找她们的居所，我们将去拜访她们，这个麻烦可是你自己惹的。

浮士德：路在哪里？

梅菲斯特：没有路！我们要去的是没有经过同意的地方、无法到达的地方，我们要去的是无人求去之境，也是无法可求之境。

你感觉怎么样？[20]

我们在这里暂停一下，上面的这些句子无论如何看起来都像心理治疗的一个场景，尤其是那一句“你感觉怎么样”。而母亲，她是人降生之处，她给予我们得以开始这一切的形体，她在她的子宫中延续了人类种族的生存，因此，没有任何其他主题可以比母亲更为重要了。每一个患者在学习如何去爱的过程中，都不得不面对母亲印刻在他/她心理上的东西。梅菲斯特一直强调这一点，他要求浮士德为他自己的焦虑与悲痛负责——“这个麻烦可是你自己惹的”[21]。

歌德是不是在通过写作这个神话来缓解他自己的负罪感呢？这一节诗歌在缓解他的同时代人的负罪感方面做了些什么呢？在歌德的描绘中，母亲们当然似乎是充满敌意的。据我所知，从25岁一直到去世，歌德从未去看望过他的亲生母亲，即使他常常途经他母亲居住的法兰克福，他也从未去看过她。我们也知道，歌德迷恋女性也被女性们迷恋。他可能会像暴风雨一样迅速而热情地与一个女人建立关系，但是也有可能在找不到任何乐趣之后就离开她。他漫长的一生都使人迷惑不解：为什么只有当一些女性出现的时候，他才能写出重要的诗篇？歌德很晚才结婚，对方是他的情妇，她是最后一个似乎适合他的人，他把她称为“床上的兔子”。在他16岁的时候，她是一个快活的小姑娘，虽然不是非常漂亮或是特别聪慧，但是未经雕琢、浑然天成。

现在我们来谈海伦。

我要再次强调一下，海伦在这三个讲述这一神话的路径（马洛、歌德和托马斯·曼）中都有一种神话品质。在歌德的作品中，当海伦被问到她与阿基里斯（Achilles）① 的关系时，她自己如是说：

> 我不过是个虚幻的神话，跟他那个虚幻的神话结合而已，

---

① 希腊神话人物。——译者注

这是一场梦，就如传说的那样。

我就要消失了，甚至对我自己也只是一个虚幻的神话。[22]

这一节告诉我们，海伦在历史上从始至终就是一个虚幻的神话，而在特洛伊战争中，希腊人是在为了一个伟大的神话奋战，这个神话是关于终极形式（ultimate form）的。海伦代表的是女性形式（feminine form）①，虽然她经常有可能被赋予性别的意涵，但是在这里却是指希腊人的德行，她秉有希腊文化中这个名字所代表的全部的完美品质。[23]因此，“形式的形式”（form of forms）这个短语在这种情况下刚好适用。它指的是上升到伦理层次的女性美，它是德行发展的目标，在古希腊人的眼中一直备受珍视。正如梅菲斯特已经告诉过我们的，只有通过母亲们，我们才能找到通向海伦的路，也就是说，这条路只有那些已经面对过他们的母亲这一难题的人才能找得到。

当提到母亲们时，梅菲斯特问道：“你感到惊奇吗?”浮士德所感受到的惊奇表明，他内心深处发生过的一些冲突被触及了。

梅菲斯特然后给了浮士德一把钥匙，并且劝诫他“跟着它往下走吧——它会指引你找到母亲们”。听到这里，像所有在治疗过程中较为敏感的患者一样，浮士德战栗了：

浮士德：母亲们！一听到这个字眼我就好像挨了恐惧一击。

这个字眼是什么意思，我竟这样经受不起?

梅菲斯特：难道你被蒙蔽了双眼，居然因为一个新的字

---

① 这里在柏拉图的意义上使用“形式”（form）这一概念，意指抽象的共相世界。——译者注

眼暴跳如雷？

浮士德：我的幸运并不在于迟钝麻木，

惊奇是人类最好的一部分品质：

无论如何稀少，世界也会表明这一点——

在惊奇中我们深深地感受到世界的广阔无垠。

梅菲斯特：既然如此，沉下去吧！或者应该说，飞起来吧！它们都是一回事。[24]

的确，不管一个人是通过沉沦还是通过飞升到达母亲们那里，事情都是一样的，她们都十分重要。现在浮士德拿到了钥匙，他可以“让她们走开”，他突然因所面临的挑战变得振奋：“对，抓着它我感到自己的力量倍增，我大步迈向我的目标，心中再无纷扰。”[25]梅菲斯特告诫他：

一个灼热的三角香炉会最终给你提示

你已经到了最深最底层的圣殿，

凭借它的微光，你将看到母亲们……

她们有的坐着，有的立着，还有一些人在走动，就看你的机会。

造形也好，变形也好。

都是永恒心灵的永恒消遣。[26]

然后他指示浮士德：“顿着脚沉下去，再顿脚你将会上升。”[27]于是浮士德顿了一下脚，接着便沉入看不到的地方去了。

下一个场景是在舞厅，舞厅中各种展示自己的嫉妒与巧妙应答之才能的人往来不息。梅菲斯特突然大声叫道：“噢，母亲们！母亲们！你们不能让浮士德过去吗？”[28]难道他在浮士德身上感受了一些与母亲们反常的关系？随着浮士德继续通过母亲们寻找海伦，梅菲斯特又呼喊道：“母亲们！母亲们！给予吧！”于是，在海伦能力所及范围之外发生了一些重要的事情，正是这些事情使得“母亲们”有了最为根本的重要性。“形式的形式”参与了宇宙中物种的再繁衍。它就存在于达·芬奇油画中蒙娜丽莎的微笑中，尽管他内在的表现力已经由艺术家搬到了画布之上。那个在子宫中创造生命的人，那个培育新生命的人，她也拥有那些可以在知识与魔法之间转化的力量，如直觉。

到这里，我们必须要退回一个基本的事实，即伟大的诗人歌德拥有一定程度的预见能力，能够探知其身处的社会深处无意识的部分。无论是诗人还是任何文化中的其他艺术家，他们都在向我们讲述一些远远超出他们主观意识的神话。在这个意义上他们是未来的预见者。作为拥有女性气质的巫师，她们（母亲们）必须被援救以帮助我们形成与改革新的文化。母亲们有繁殖种族后代的天性，不管她们是有意识地承担起这个责任还是无意为之。她们掌握了转变形式的能力，正如她们在怀孕的时候拥有形成胎儿的能力。

但是工业化时代是父权制权力控制下的一种社会形态。这种权力通过战胜竞争对手来获得；它通过攻讦、进攻及机械性活动来发挥作用。工业化时代有很多丑恶的面相，如血汗工厂、吃人的流水线、童工与女工、利物浦与底特律之间烟尘满布的天空以及装满竞争性与对抗性系统的武器库。理想的女性气质是感受性而不是进攻性，是柔和性与创造性而不是毁灭性。

歌德是在为他对进步的崇拜和对工业的顿悟而忏悔吗？表面上他信仰这些父权制的信条，而在他的灵魂深处关于这是好还是坏却进行了很长时间的争斗。浮士德后来“为了数百万人性命”而建造大坝的行为，实际上是超出了上述这些信条的行为的一个方面，这时他是站在有创造性的那一边。

虽然有点陈词滥调，但是有必要进一步确信，权力、进攻及攻讦的这些模式都被称为男性气质的和父权制的。歌德陷入了一个关于现代主导神话的悖论，这个时代既包括歌德的时代，也包括我们所处的20世纪。这一悖论来自于歌德诗意的灵魂，当他将母亲们视做爱、温柔、关心而非严苛、残酷和杀戮的源泉时，这一悖论便产生了。“魔法”是否能成为我们的希望，使得我们在转型过程中能够避免生命的巨大失落与众多残酷的现实？在戏剧的结尾处，有一部分讲述了格雷琴的拯救，这似乎可以被视作对浮士德最初残忍行为的改正，而浮士德心中所残留的不朽的部分也由成群的天使带往了天国，他也获得了最终的救赎，所有这些内容都对上述问题给出了一个积极的回答。歌德这样做也许是在为“进步”喝彩，这便是这部伟大诗篇全部的影响。我们在这里将这出戏剧当做下述结论的一个证明：极端的父权制权力一定会走向悲境。[29]

文化的创造力

浮士德最终见到了海伦并和她有了一个孩子。他当时似乎改变了自己的性格，变得对人类的需求更为敏感。这是否意味着，浮士德性格的改变与他爱上“形式的形式”有关？

他谴责梅菲斯特道：

> 你怎知人类的需求？
>
> 你的这种心灵怎知人类的渴望？[30]

在此之后，浮士德成为一个富有的人，住在一座城堡中，还成了大元帅和国王。他的权力不断增长，并且为了改善人类的生活而制订长远的计划。浮士德的领土在他的面前向前延伸，他现在可以说："从这座宫殿开始，世界尽在我的掌握之中。"[31]他已经全神贯注地投入到这场文化的创造活动中：

这个星球依旧在运行着
因为高尚的举动确保了其宽广的范围，
我感受到令人震惊的成就，
感受到那因勇敢地跋涉而充满我的力量。[32]

剧情发展到这里，作者将我们引向了居住在这片土地上的一座小农庄里的老夫妇。歌德称他们为博西斯（Baucis）和菲勒蒙（Philemon），这是古希腊神话中的两个人物，天神到访他们家，他们在不知道其身份的情况下热情地款待了他们，并为此而得到好报。

博西斯非常温柔细心地照顾比她年迈的丈夫菲勒蒙，为了不惊扰菲勒蒙的小憩，她特意提醒远道而来的客人放低声音讲话。这对老夫妇被告知，浮士德计划清理这片土地，但是他们也同时得到了允许他们留下来的承诺。但是浮士德的内心是矛盾的。

但是我不得不说，我简直不堪忍受。
那对老夫妇必须搬走，
我想在他们的菩提树下安家。
…………
一座瞭望塔即将建成，
可以望到无涯的天边。
我似乎看见了为那对老夫妇所建的新居，
他们会铭记我善意的帮助，
并在那里欢度他们的晚年。[33]

他派梅菲斯特去向那对老夫妇传达他们即将搬到新居的讯

息。但是梅菲斯特回来报告说，他们在那里和一个陌生人发生了恶斗：

> 他们不听，他们不肯搬走……
> 那对老夫妇倒没受什么苦，
> 一下子就给吓掉了魂。[34]

而他们的房子：

> ——现在那里大火冲天，
> 三个人都在火堆里丧了命。

浮士德暴跳如雷，他对梅菲斯特叫嚷道：

> 你们把我的话当做耳旁风！
> 我是让你们交换，没叫你们去抢。
> 你们这样鲁莽地蛮干，真是混账！
> 我诅咒你们每一个人！[35]

但是现在浮士德发现，他自己已经完全被卷入了他伟大的文化创造性活动中：

> 尽一切可能为我招募更多的人手，
> 用哄诱和严规把他们的干劲提高，
> 报酬、引诱或强力，这些手段都要用到！
> 每天都要向我报告，
> 他们又将渠道挖了多远。
> 将这个传播疾病的臭水坑排干，
> 这将是我最后的业绩，
> 我为数百万人开辟了生存的空间。[36]

这当然是工业革命最好的写照，是值得赞颂的进步的一个例证！堤坝的修筑和农田的开垦都得力于工具的新运用。肯尼斯·克拉克（Kenneth Clark）在他关于各个时代的艺术的图画中，在表现19世纪的艺术时，他在照片中展示的不是画作而是火车、隧道、桥梁和其他工程建构，这是男性而非女性的作品。与文艺复兴时期意大利的瓦萨里（Vasari）写的《画家们的生活》（*Lives of the Painters*）形成对照的是，19世纪英格兰的塞缪尔·斯迈尔（Samuel Smiles）写成《工程师们的生活》（*Lives of the Engineers*）的时候，父权制权力离它的完全成功已经不远了。

但是这还没有结束。浮士德始终无法接受忧愁（Care）——这是一个被派来考验浮士德的古怪角色。[37]忧愁对浮士德说：

> 人生在世通常总是当了一辈子的睁眼瞎，
> 浮士德，你在人生行将结束的时候也是如此。[38]

最终，浮士德说出了那些意义重大的句子，这些句子让他几乎打破了他与梅菲斯特最初订立的盟约：

> 是的——我完全坚持这个主意。
> 它是智慧的最后演绎；
> 只有每天重新争取自由和生存的人，
> 才配享受这两种权利。
> 因此，即使这里被危险包围，
> 也请这样度过少年、成年和老年这些有为的岁月。
> 我真想看见这样一群人，
> 在自由的土地上和自由的人民站在一起。
> 那时我才可能对正在逝去的瞬间说：
> “逗留一下吧，你是那样美！”[39]

梅菲斯特没有听到“可能”这个词。但是在任何情况下这个陈述主观上都是向恶魔的沉沦。用弗洛伊德的话来说，浮士德考虑到了这种令人满意的情形，而根据最初的契约，这实际上就是向梅菲斯特认输。以浮士德处在梦境或其他无意识的状况下来否认上述结论没有意义，只要一个人在心里一想到这件事或这个人，就足以表明他已经离背弃契约不远了。在剧中，浮士德最终想到了宁静和幸福，如此一来，他就在这场伟大的赌博中输掉了。

浮士德的救赎

浮士德向后倒下了，梅菲斯特扶住他的身体并说道：

> 肉体躺下了，灵魂却想逃掉，
> 我要向他直接出示那个由他的血写的契约。[40]

舞台提示语讲道：“可怕的地狱之颚在左方打开。”

但是大大出乎我们意料的是，恶魔的计划被一群年轻天使组成的合唱队打断了，他们是恩宠的传达者，他们在梅菲斯特面前洒满玫瑰花，并唱道：

> 玫瑰花，耀眼的玫瑰花，
> 馈赠香膏的玫瑰花！
> 飘荡吧，飞翔吧，
> 悄悄助兴吧，
> 春天……突然繁盛，
> 绿叶红花；
> 把慈悲的香味
> 带到已逝者那里去吧。[41]

梅菲斯特不仅被到处飘落的玫瑰花瓣弄得迷迷糊糊，更为重要的是，他被那些年轻的天使们紧紧地吸引住了。这的确是一个滑稽的令人意乱情迷的场景——恶魔自己陷入了性欲这个陷阱！歌德在写这一段的时候必定也是乐不可支，因为这个恶魔居然还因为他自己无法控制的情欲而徒劳地试图与天使们保持距离，“他们全都一下子看起来如此可爱”。而天使们接着唱道：

> 祝福的花朵，
> 快乐的欲火，
> 它们传播爱情，
> 它们引起欢欣。[42]

梅菲斯特一定为自己的状态感到崩溃，他不得不承认：

> 我的肝火烧火燎，我的心，还有我的头也是如此，
> 这是某种比恶魔的力量更甚的因素造成的。
> 远比地狱之火更为灼痛。
> 这就是你为何如此痛不欲生的原因，
> 不幸的害相思病的人啊，你们迷失了，被遗弃了，
> 还回过头来把你们的心上人顾盼。
> 我也如此不堪！[43]

现在，他只是一个害了相思病的家伙，他忘记了浮士德，因为他对那些年轻的天使们产生了情欲而使得他失去了判断力。他叫喊道：

> 我是怎么回事！——像约伯一样，
> 浑身上下都像煮沸了一样，
> 我忍受着所有的伤痛，连我自己都嫌恶我自己。[44]

梅菲斯特陷在这奇怪的晕眩中，既撩起情欲又展现着美丽，

浮士德的不朽部分飞升至天国，在这个场景中，不仅有天使，在神父周围，还有庞大的“神佑孩子的唱诗班”。那情形就仿佛上帝现在亲自带着浮士德飞向天国！陷在他自己的悖论中的歌德，现在必须再次为这个充满活力的男人赞美：

任何不畏艰辛努力奋斗的人，
都将得到救赎。[45]

在结尾处，歌德回归到处于核心地位的情感和心理的主题，也就是说，回归到女性的重要性，现在这一主题以圣母玛利亚的形式表现。从“最高、最纯净的房间中”传出了歌声：

这里眼界开阔，
精神昂扬。
忽见女性飘过，
正在上方飘荡。[46]

这一人类可及的精神完善的最高境界，与在这出戏剧一开始所出现的浮士德博士沉闷神秘的研究形成鲜明的对比。最终，歌德被但丁拯救：格雷琴模仿了贝阿特里切在《神曲》中代表但丁所做的代祷（intercession）。当歌德在他 80 岁时最终出版他诗篇的末章时，他与但丁这两位伟大诗人的思想实现了契合。现在，格雷琴以被拯救者这一拥有神圣的优势地位的身份出现，与其他人一道共同歌唱，迎接浮士德走进上帝的福佑荣光。歌德在这里列出了四种我们应该服侍的女性：圣母玛利亚、母亲、女王（Queen）以及女神（Goddess）。整出戏剧再次以一节赞颂行动的诗作为结束，不过现在这些诗句又再次歌颂了不朽女性的拯救特质：

万事万物都是可改变的，

它们都无非是幻影；
那些难以做到的事情，
在这里却开始付诸行动。
人类的洞察力，
在这里却被轻轻掠过；
不朽的女性，
将带领我们飞升。

看到这一结局，我们马上会想到，马洛的浮士德最终被投进了地狱，而在歌德的神话中，浮士德却被带往了天堂！我们应该如何解释这种对同一个神话做相互冲突的阐释的事实？实际上，在歌德的版本中我们看到的不仅仅是一个“喜剧结尾”。它是一个令人愉悦的场景，在其中有象征着对浮士德的饶恕之爱的格雷琴，有在梅菲斯特对那些“甜蜜的可爱的小东西”不可控制的情欲中所表现出来的同性之爱的诙谐，还有每个人都被一群跳着迷人芭蕾的天使包围的愉悦。

人类历史中的每一个神话都是根据它所反映的那个社会的需要来进行阐释的。马洛所处的文艺复兴时代需要用地狱的敞开来表现观众自己心中的负罪感，只有通过马洛带到舞台上的用文字表现的那个地狱，人们才能体验到他们所需的宣泄。但是歌德所处的启蒙运动时期的社会需要另外一种十分不同的宣泄方式。这个时代的人们需要在他们离开剧院的时候带着完全不同的情感：上帝站在他们这一边，他们会得到上帝的眷顾；他们的文化是一个巨大的进步，而进步是神圣的；还有，用歌德的话来说，最高的召唤是：

将这个传播疾病的臭水坑排干，
这将是我最后的业绩，

我为数百万人开辟了生存的空间。[47]

这些之所以有意义，是因为在启蒙运动时期，经济生活得到了极大发展，新的想法不断涌现，美国的《独立宣言》和《人权宣言》都是后者有力的例证。

我们已经说过，对浮士德的宽恕中所含有的神圣因素体现在这出戏剧的最后两行中：

不朽的女性，
将带领我们飞升。

歌德写作这部伟大戏剧的目的之一在于，他试图探索关于人文主义生活的神话，试图找寻到每一条能够帮助人们发现并践行他们最伟大天性的召唤道路。据说歌德临死的时候说的最后一个词是“进步”。进步对于他来说不是意味着简单的机械上的成就或是所获致的财富，而是意味着人类学习着认识他们最为丰富的独特能力，并由此掌握“生活并使生活更加丰富”。因此，他将对复活节的描写作为他的浮士德神话的开始，而复活节是基督重生的时刻。

在歌德的作品中有一种不朽的元素，也有一种真正运用神话的判断力。他在作品中向神圣世界延伸，他的作品似乎总是在与超验的存在保持联系。这从他最后一句诗可以看得很明显：“不朽的女性/将带领我们飞升。”我们已经说过，宽恕之爱的原则已经在格雷琴这个人物身上得到表现。这也被体现在“不朽的女性”中，不朽的女性是一股力量，它是解围的人或事件（deus ex machina）的一种表达。这让我们再次回想起梅菲斯特初次见到浮士德时所说的话：他邪恶的行为变成了良善。这个恶魔是被他自己的力量给欺骗和背叛了。“被背叛的撒旦”或“被愚弄的恶魔”这个主题在西方的神学与哲学中受到数个世纪的关注，可以一直追溯到俄利根（Origen）。[①] 现在，它在歌德《浮士德》的结尾处又明确地出现了。因此，当梅菲斯特说“从邪恶中可以生发出良善来”时，他至少说明了部分事实。

注释

[1] 根据马修·阿诺德的说法，欧洲处于它的“铁器时代”(iron age)，就是指 19 世纪早期的工业时代。

[2] *The Norton Anthology of English Literature*, vol, 2 (New York: Norton, 1976), p. 1343.

[3] Goethe, *Faust*, trans. Walter Arndt (New York: Norton, 1976), 1.

[4] 同上书，l. 337 页。

[5] 同上书，l. 1224 页。

[6] 同上书，ll.

[7] 同上书，ll. pp. 1570-1571. 在这个有很强心理分析意味的部分，浮士德不以为然地将许多人处理这一抑郁的现代方式弃之一旁，这些方式是指沉溺于金钱、药物或性。

> Accursed be Mammon, when his treasure
> to deeds of daring eggs us on, …
> Cursed be the balsam of the grape!
> Cursed, highest prize of lovers thrall!

[8] 同上书，l. 1635 页。

[9] 同上书，ll. 1698，1702 页。

[10] 同上书，ll，1756-1759 页。

[11] 同上书，ll. 4398 ff.

① 俄利根（Origen），早期基督教神父。——译者注

[12] 浮士德的姓。

[13] Goethe，*Faust*，ll. pp. 4543-4544.

[14] 同上书，ll. 4564，4598 页。

[15] 同上书，l. 4604 页。

[16] 同上书，l. 4611 页。

[17] 同上书，ll. 1607-1610 页。

[18] 这一关系代表着人类生活中最为重要的问题之一。形体与性之间的联结在女性的美中得到展现，这一说法神话性地服务于人类种群在进化过程中的生存，并且也与艺术以及两性之间的关系联结在一起，我们在下文将会看到这一点。

[19] Goethe，*Faust*，l. 6203.

[20] 同上书，ll. 6224-6225 页。

[21] 同上书，l. 6221 页。

[22] 同上书，l. 8878 页。

[23] 在第十二章讨论马洛的《浮士德》时我们提到过在海伦的象征意义与现代西方人关于美与性的观点之间的重大分离。喀戎（Chiron）在希腊的神话中是一个拥有特殊医药知识的人首马身的神，在歌德的《浮士德》中（ll. 7400，7405），他也支持我们的上述论点：

什么！女性的美何足称赏，不过是一副呆板的形象，

真正的美需要表达……

但是无法令人抗拒的是妩媚，就像海伦一样。

[24] Goethe，*Faust*，l. 6265.

[25] 同上书，l. 6282 页。

[26] 同上书，l. 6275 页。

[27] 同上书，l. 6302 页。

［28］同上书，l. 6367 页。

［29］见第十六章。

［30］Goethe，*Faust*，ll. pp. 10190-10195.

［31］同上书，l. 11225 页。

［32］同上书，ll. 10182-10184 页。

［33］同上书，ll. 11238，11342 页。

［34］同上书，l. 11362 页。

［35］同上书，l. 11373 页。

［36］同上书，l. 11552 页。

［37］我们在其他神话中也发现了“忧愁”，如《了不起的盖茨比》、《培尔·金特》等。我在《爱与意志》一书“忧愁的神话”这一标题下已经讨论过“忧愁”的含义。

［38］Goethe，*Faust*，l. p. 11498.

［39］同上书，l. 11573 页。

［40］同上书，l. 11613 页。

［41］同上书，l. 11700 页。

［42］同上书，l. 11724 页。

［43］同上书，l. 11748，11759 页。

［44］同上书，l. 11809-11810 页。

［45］同上书，l. 11936 页。

［46］同上书，l. 11989-11993 页。

［47］同上书，l. 11552 页。

第十四章 Chapter Fourteen

20 世纪的浮士德

德国……那时便在她那无节制胜利的顶点摇摇晃晃。……如今，她被魔鬼缠身，一只手遮住一只眼睛，另外一只则凝视着那些令人恐惧之物，从绝望走向绝望。她何时会到达这深渊的底部？何时，能摆脱这无尽的无望，作为一个超越信仰之力的奇迹，希望之光慢慢开始浮现？一个孤独的人只能合上他的手，闭上他的嘴，“上帝请对他贫乏的灵魂仁慈些，请对我的朋友们、对我的祖国仁慈些！”

——托马斯·曼，《浮士德博士》，1948

在 20 世纪上半叶伟大的小说家托马斯·曼那里，浮士德神话中所表现出来的毁坏性力量和绝望继续成为书写的主题。通过《布登勃洛克一家》（*Buddenbrooks*）这本书，曼将他所在的德国的资本主义文化载入了史册，这本书摘取过诺贝尔奖，它借助于作者特殊的敏感性，描写了现代西方社会所面临的挑战与困境。事实上，他早已在其 20 世纪 20 年代的作品《魔山》（*The Magic Mountain*）中描写过欧洲的种种病态。但是随着希特勒的出现和第二次世界大战的爆发，作为一个人道主义者的托马斯·曼经历了他的国家和整个西方世界的严重毁坏，因此受到了极大地震动。他在第二次世界大战的背景中发现了浮士德神话的终极形式，这个神话的存在表明，我们的西方世界对这一巨大无比的破坏性其实早已了然于胸。

我特别了解这类德国人内心中矛盾与悲痛情感的深度，因为我的挚友保罗·蒂利希也是一个与曼一样蜚声国际并且从希特勒统治时期的德国逃出来的人。在20世纪40年代前半期的一个晚上，那时第二次世界大战局大势已定，汉娜·蒂利希（Hannah Tillich）、保罗和我一起去电影院看一些我们已经遗忘了很久的电影。在电影放映之前播放了一段新闻影片，讲的是发生在曾经是德国最具创造力的城市德累斯顿（Dresden）[①] 的轰炸。这座城市中许多伟大的建筑和艺术博物馆在战火中毁于一旦。保罗和汉娜承受不住锥心的痛苦当场泣不成声，他们如此悲伤，我甚至以为他们会一直哭下去，在此之前我从未见过如此深刻的精神伤痛。

托马斯·曼经历了相似的痛苦。曼的妻子是犹太人，为此他和他的妻子先是逃亡到瑞士，最后来到美国并在普林斯顿高等研究所工作。虽然他可以在普林斯顿平静的生活中旁观发生在他祖国的这场大灾难，但是这却使得双方的对比更为强烈。他的祖国正在发生些什么？

这些德国人对美国的忠诚没有任何问题。蒂利希是希特勒统治下第一批被放逐的基督徒之一，而曼是20世纪上半叶欧洲最重要的小说家。但是，德国依然是他们的亲人所在的地方，德国在人文、音乐和艺术方面给了他们极好的教育。而现在，随着德累斯顿的轰炸，德国人文主义的伟大象征也灰飞烟灭了。

彻底的人文主义，是托马斯·曼从一个可能会给出些许答案的神话中拼命地想要抓住的东西，除了从悲伤中解脱，也有一些在人类自我毁灭的漫长历史中的共同体的意涵。希特勒主义不再

① 德累斯顿是德国萨克森邦的首府。——译者注

是一种简单的病态，它是德国精神中的一颗肿瘤。难道德国不是向恶魔出卖了它生来即有的权利、在希特勒主义中允许与欢迎所有文化的退步吗？由此，曼不可避免地走向了浮士德的神话。

任何一个打开曼的《浮士德博士》，读了几行的人，都会感受得到发生在作者灵魂中的大震荡。他重写的浮士德神话，强调的重点与马洛和歌德都有所不同，他着重关注的，是西方世界的文化覆灭。实际上，曼在描绘这颗灵魂中的毒瘤时有点过于投入，以至于在写作的过程中，他的身体支持不住，只能在芝加哥的医院中度过了一段时间。

这个故事或者说曼的《浮士德博士》中叙述的那个故事是关于艾德里安·莱韦尔金（Adrian Leverkuhn）的，他是一个天资聪颖的作曲家，发明了十二音量表（twelve-tone scale）[1]。这个故事的讲述者色勒努斯·蔡特布洛姆（Serenus Zeitblom）是艾德里安从小到大的朋友，或许也是他唯一的朋友，他是一个善良的德国人。蔡特布洛姆是一个正统的学者、大学教授，他的婚姻生活很幸福，他将他的妻子亲热地称作“我的好海伦”。当他的儿子支持希特勒时，他非常沮丧，而当被告知他必须教授纳粹的教材时，他毅然辞去了教授职务。

蔡特布洛姆告诉我们，艾德里安失去了唯一一个他真心爱着的人——他姐姐的孩子，一个天真可爱的5岁小孩，从此他那地狱般的折磨便开始了。这个小男孩死于脑膜炎，在他死去之后，艾德里安再也无法爱任何人，他过着避世的生活。

在20多岁的时候，艾德里安有一次遭人开玩笑，被弄进了一家妓院，为了解除自己所处的尴尬局面，他走向钢琴并弹了一曲韦伯（Weber）的《魔弹射手》（*Freischutz*）。尼采有过同样的经历，当他被带到一家妓院的时候，他也在钢琴上弹奏了这首曲子。在妓院里，艾德里安与一位名叫埃斯梅拉达（Esmeralda）的妓女一起经历了他人生中唯一的一次性体验。她警告他说自己已身染异病，但是艾德里安仍然与她发生了性关系，并因此染上了梅毒。这个故事和尼采的人生经历平行发展，尼采也是在他二十多岁的时候于一家妓院染上了梅毒。

托马斯·曼的一些学生，比如理查德·怀斯曼（Richard Wiseman）教授相信，曼的《浮士德博士》从始至终都是在讲尼采的故事。事情也许的确如此，尤其是当我们考虑到在与《上帝之死》（*Death of God*）类似的作品中，尼采是一位最彻底的否定者和哲学家，他清楚地表明，现代社会已经无路可走了。

曼似乎也感受到了这一点，如果欧洲的文化能从尼采那儿听取只言片语，它的崩溃或许能够避免，至少能够减轻。因为尼采曾经预言，如果欧洲继续在现在这条自相矛盾的道路上走下去，它的将来会是个什么样子。

与恶魔的交谈

在这本书最引人入胜的一章中，恶魔在艾德里安的前额上刻下了该隐（Cain）的记号，或者说我们社会的标志，这一章是艾德里安与恶魔的一段对话。①[2]艾德里安用鲜血达成的交易由撒旦在这一章的末尾作出陈述，然后，这个恶魔补充道：

> 我们正在成为时代的一部分，我的朋友是那些不会被他的心理状态蒙蔽的人……你的人生应该冷酷无情，并且你不应该爱任何人……爱只会蒙蔽你的心，因为它使你一直只感

① 本章中所有关于曼的《浮士德博士》的内容都由译者翻译。——译者注

到温暖，你的人生应该冷酷无情，你不应该爱任何一个人。[3]

曼的小说不太好读，但是当读到恶魔现身与艾德里安进行对话这一段时，我们感受到了这部小说的迷人魅力。在这个时候，艾德里安因为偏头痛发作身体状况十分糟糕，一天到晚恶心作呕。我们知道，偏头痛患者病发的时候往往会出现离身体验（out-of-body experience）和心理上的突破（breakthroughs）。冰冷的风在房间中吹过，艾德里安觉得寒冷异常，所有这些都为与恶魔进行对话创造了一种非常贴切的气氛。艾德里安在对话中说，恶魔只是说了些他早已知道的事情，但是我们要注意到，这个他，描述的是我们的潜意识向我们显现时的情景。因此，这些攻讦和痴迷都是艾德里安自己的前意识和潜意识中的观念的凸显造成的。

撒旦是一个令人惊异的谈话对象，但是事实上这个对话是单方面的，艾德里安尝试过让他的对手闭嘴，但是这些努力都归于徒劳，正如我们和撒旦对话时的情形那样。但是这位魔王总是在谈话的内容中加上他自己的讽刺和挖苦之辞。当艾德里安要求知道他的谈话对象是谁时，恶魔避开了这个问题，他只是说他“事实上就是德国，彻底的德国”。

恶魔十分瞧不起心理学这个专业，认为心理学处于“中立的好位置，而心理学家则是最爱真相的人”[4]。尽管曼一直尊称路德为马丁博士（Dr. Martinus），他却谈到路德向恶魔扔出了墨水瓶。他详细地谈到了奥斯瓦德·施本格勒和他的两卷本著作《西方的没落》（*The Decline of the West*），这本书在出版的时候备受资产阶级诟病，他们对书中对西方文化做出的悲观预言大加指责。[5]当他为德国正在发生的事情感到悲痛时，曼似乎在尼采和施本格勒那里寻找一些对这些事情能够作出预言的陈述。

整本小说都在谈论20世纪的疾病。这要求我们反思在一个正在衰落的文明中，“健康”的确切含义到底是什么，也让我们反思我们应该如何正确利用在机械方面的伟大进步。曼［和他之前的黑塞（Hesse）[①] 的《荒原狼》（*Steppenwolf*）］一直在谈论的这种疾病是一种精神疾病，关于这一点那位恶魔说了些精辟独到的话：

“疾病是什么？健康是什么？我的朋友，关于这一点我们一定不能让那些毫无教养的人做最终的结论。难道你忘记了你曾经在学校里面学过：上帝能够从邪恶中生出善？”用一种令人惊异的类似于《新约》（New Testament）的语言，他接着说道：“为了让其他人不再生病和疯狂，应该必须有一个人总是处于生病和疯狂的状态。而疯狂何时变成弊病，根本没有任何人知道。”[6] 现代人的野心在于通过控制药物进而创造健康的世界，但这一健康的概念在曼那里却被认为只会造成空虚而不是真正的健康——“不仅仅是所谓的健康这种微不足道的境况”。

恶魔在劝服艾德里安与他签订契约的过程中告诉他，真正的创造力来源于如恶魔这样的地方。在没有选择、没有补救、没有改善可能之处，一个天才的灵感，带着从头到脚因敬畏而产生的战栗、带着模糊了双眼的快乐的泪水，即时地、绝对地、无可置疑地、胡乱地出现了。它是从恶魔之处来的，恶魔才是这类狂喜的给予者。

但是，这章中最重要的是讨论现代艺术与音乐的那一部分，在这些段落中，艾德里安更加坚定了与恶魔做交易的决心。和保罗·蒂利希、奥斯瓦德·施本格勒以及其他我们时代伟大的学者一样，曼相信，衡量一个文化的精神健康或疾病最好的途径是艺

① 黑塞（1877—1962），德国作家，曾获1946年诺贝尔文学奖。——译者注

术。20世纪在曼的描述中是个绝望和崩解的时代，这个时代的主要症候是艺术的平庸化。我们记得，阿瑟·米勒曾经就当代“戏剧的平庸化”向我们提出过警告。这是恶魔产生影响的证据，现代文化的灵魂正在被不断地啃噬。

“今天，艺术到底是什么?”恶魔咬文嚼字地问。“是一场对豆子的朝圣（a pilgrimage on peas)。① 在这些时代中，比起一双红色的舞鞋来，跳舞受到更多的关注。”[7]他取消了“文体学家”(stylist）存在的必要性，因为他们所做的事情不过是劝服“他们自己和其他人，乏味的事情已经变得有趣，而有趣的事情也开始变得乏味”[8]。所有的艺术家都变得无足轻重，“这种病态普遍存在，即使是正直的人也表现出这种病态的症状……创作本身变得过于艰难，如恶魔般的艰难”。在此曼一定会说，十二音量表毫无和谐感可言（他曾经在某处说过，在十二音量表中，完全没考虑到和谐感)，音乐的艺术只是这些新的琐事的一部分，它们将过去那些如此重要的伟大艺术形式排除在外。贝多芬的《欢乐颂》(*Ode to Joy*）成为陪衬，艾德里安的新量表和新音乐将贝多芬的“欢乐”杀死了。“但是通过不知疲倦地实践他在支配性惯例上的特殊关注点，（新）音乐已经能够在那些自视甚高的知识分子的欺骗行为中扮演一个角色。”[9]

恶魔继续将他的注意力放在疾病与创造力的关系上：

> 我也是想表明，创造性是极富天赋的疾病，是傲视所有障碍、在酒醉般的大胆中迅速生长的疾病，比单调乏味的健康更加切近人生。我从未听过比“疾病中只能产生疾病”更为愚蠢的说法。（有创造力的人）接受疾病的意外后果，而

① 喻避重就轻。——译者注

一旦他接受它，它就变成了健康……健康在疯狂中生长。[10]

换言之，从有意识的患病状态中能够产生伟大的创造力，这就是为什么在历史上疾病与创造力之间存在如此紧密的联系的原因。

曼再一次主张，创造力因患病而得到极大的发展，疾病是一个有创造力的人改变形式的过程，他/她从无定形的状态中创造出新的形式。问题在于，我们的文化正处在这个过程的中间位置，我们还没有找到一次新的文艺复兴，我们还没有通过艺术的治愈性工作来找到我们自己创造健康的方式。

撒旦再次对艾德里安说，爱对他而言是被禁止的，他将过着冷酷无情的生活。“你将享受一个由事业成功带来的充实的人生”。当时间都已流逝，恶魔将会拥有“极大的力量，带领跟随我和我的意志的那些拥有好灵魂的人走向不朽，他们付出了生命、灵魂、血肉或是财产”。[11]

浮士德博士的哀叹

在曼阐释的这个神话接近结尾处，艾德里安将他的熟人和仰慕者邀请到他隐居的地方，为他们演奏他的最高成就——一首名为《浮士德博士的哀叹》（*The Lamentation of Dr. Faustus*）的交响曲。但是当大家都已聚集到一起，艾德里安却开始进行一场忏悔：“从我22岁那年开始，我就已经嫁给了撒旦。”他继续回顾他的一生，但是所有他说的话都近乎胡言乱语，这是梅毒已经使他病入膏肓的标志。一阵紧张而痛苦的寂静支配了整个房间。当看到艾德里安已经开始失去了清醒的神志时，观众们变得躁动不安。一位在场的医生在嘈杂的舞台上低语道，艾德里安的精神出了问题。观众中另外一些感到难堪的人则起身离去。艾德里安继续胡言乱语，最终在一阵麻痹性的抽搐中瘫倒在他的钢琴上。

为艾德里安照料房子的农妇推开他的客人将他抱起，对那些有声望的客人没有怜悯之心的行为大加指责。他被送往医院，稍后他忠实的朋友色勒努斯赶往医院去看望他，却发现他已经老得几乎认不出来了。

紧接着这一段的结尾是整本书最重要的段落，在其中曼讲述了德国的败落。在这个结尾中，曼大声疾呼，说出了读者们在这些年中的所见所感，指责希特勒和他的同僚们是“恐怖的国家异类……它最初的推动者已经被他们的医生毒害，他们已经被浇上了汽油并点了火……邪恶的人希望德国被推下地狱而毁灭”[12]。在这本令人饱受煎熬的书的结尾处，曼恳求上帝向他的人民、他的朋友和他的祖国施以仁慈。[13]“结束了，一个老人饱经磨难，他几乎被他所写的那个时代的恐怖和他的写作所背负的责任所摧毁”。[14]

我们被这个“哀叹”深深地抓住了。但是这个神话的问题马上出现了，艾德里安到底是为了什么罪恶而负疚呢？感到罪责的人所具有的浮士德式特征是什么呢？在曼的阐释中，这事关一个国家，也就是德国。马洛的浮士德和歌德的浮士德明显地有罪，前者试图篡夺上帝之位，而后者充满野心地试图将所有的权力和感官享受都据为己有。但是艾德里安并不是为任何显而易见的罪责而感到愧疚，显然不是为了他所爱的小男孩的夭折，也不是因为他毁灭了或是杀死了任何其他人。不仅如此，不管人们是否喜欢十二音量表，发明它都构不成一种过失。

最重要的是，曼所关注的罪孽是我们社会的罪孽，我们每一个人都承担着其中的一部分。这个神话所关注的是罪孽和邪恶的根本来源，也就是说，德国自身成为了浮士德，德国自身承担相应的惩罚。因此，“有罪的人”不是一个人而是一个民族，这个民族表现出所有西方民族中都具有的浮士德式邪恶。这是一次共谋性的犯罪，是所有人的集体犯罪。

注意到以下这一点意义重大：德国在艺术、哲学、音乐和科学等诸多领域都做出了巨大贡献。这些卓越成就使得在希特勒和纳粹出现的一个半世纪之前，哲学家黑格尔就有底气宣称，德国及其所有至高的文化，是人类在全部进化过程中所取得的成就的缩影。这样的德国，就像那个飞得离太阳太近的伊卡洛斯（Icarus），他最终跌入灰暗的死亡深渊，而德国也在纳粹主义中走向毁灭。

这个罪责也必须由所有的西方人承担，是他们让德国在《凡尔赛和约》下承担着令人难以想象的沉重的战争债务。但是德国自身才是现代的浮士德，它一头扎进使用武力的暴虐中，在德国的核心柏林，那些邪恶的人——那些领袖们——“被他们的医生毒害……希望德国被推下地狱而毁灭”。德累斯顿伟大艺术成就的崩毁、对 2 000 万俄罗斯人的大屠杀、对 600 万犹太人的折磨与杀戮……所有这些行径是如此邪恶，以至于在它们面前我们的想象力都显得如此贫乏。当想到“浮士德博士受诅咒的人生和应得的死亡”，我们发现，这些人提供了对浮士德神话最引人注意、最本真的描述。

因此，《浮士德博士》是一个向我们展示了间接性邪恶（vicarious evil）和净化性拯救（cathartic salvation）的意义的神话。曼按照他在那些恐怖的年岁中的所见来刻画人类。他提出了这样一个事实：我们每个人都是有罪的，尽管我们没有犯下特定的罪恶。我们被一种超越我们自身的美德拯救，也许我们的美德也会帮助其他人。生活从来不是一个对特定的罪恶进行累加的问题。一个小佃农的孩子或是非洲一个饥饿的孩子，他们本身没有犯下任何特定的罪恶，他们是因为另外一些人的错误而受苦，或是因为命运的错误而受苦。西方的过度个人主义（hyper-individualism）已经成为罪恶的一部分。上帝不是簿记员：无辜的人和有罪的人都在同一种罪恶和同一次拯救中命运与共。谈到的这三个浮士德——马洛的、歌德的和曼的——都有一些神学的意涵，它向我们表明，良善从来就离邪恶不远。

曼特别指出，艺术的平庸化是我们文明的基本缺陷。但是并没有特定的个体或群体需要对此负责，无论他们是否喜欢十二音量表。这本书实际上是在说，所有的德国人，事实上所有的西方人都犯了同样的罪。我们已经将灵魂出卖给了撒旦，现在我们所有人都在期盼拯救的恩宠的降临。生为一个人就意味着生存在一个悖论中，这个悖论的一个方面是梅菲斯特；另一个方面则是善良的天使。

浮士德式心理疗法

我们注意到，托马斯·曼在他的小说《浮士德博士》中频繁地批评心理学。举例来说，其中一个是恶魔的评论："心理学——上帝保佑，难道你仍旧认同它吗？这太糟糕了，平庸的19世纪。"[15]这当然不是因为曼在真实生活中反对心理学，事实上，他对心理学赞誉有加，在弗洛伊德80岁生日的庆祝会上，他还发表了一篇出色的赞辞。但是有很多证据表明，20世纪的西方是一种浮士德式的文化。它与心理学有怎样的联系呢？我们繁荣的股票市场、我们数量不断增长的百万富翁、我们的核军备竞赛以及星球大战——所有这些都使得我们的时代与马洛和歌德的时代相比，更像是一个浮士德主义神话的操练场。

在心理学的传播与西方文化的浮士德神话之间的关系十分奇异。是不是由于情感疾病的泛滥、对调试帮助的特殊需要、一个《等待戈多》（*Waiting for Godot*）的社会，抑或按照曼的说法，一个上帝平庸化的文化的出现？维也纳人智慧地评论道："精神分析实际上是一种疾病，而它的治疗方法声称能够治愈这些疾病。"这表达了这一类特定的疾病与其治疗方法之间的深层关系。

事实上，恶魔自己所使用的方法就带有精神分析的意味。"你没有感受到的东西，你就无法用艺术将其表现"，恶魔如是说，"除非它从你自己内在的源泉中喷涌而出"。恶魔再一次评论道："我们只是在释放而已。我们让不足和自我意识、踌躇和怀疑滚开。"[16]

我们在前文尤其是在讨论歌德和马洛的部分提到过，在陈述自己所面临的难题时，浮士德听起来很像一个寻求心理治疗的现代人。当歌德的浮士德抱怨道："每天早上我都在绝望中醒来……生存似乎是个令人憎恶的负担。"他确确实实像一个患者。[17]事实上，浮士德的神话如此深入地渗透在我们的文化中，它既是解决问题的努力也是问题本身，在我们正在讨论的这种情况中，它与心理治疗异曲同工。

前来寻求治疗的人之所以这么做是因为他们缺少权力，他们总是抱怨自己没有办法有所成就。他们应该将自己的灵魂出卖给魔鬼吗？在我们的时代中，这些魔鬼是海洛因、可卡因以及酒精等等。其中有一些人确实尝试了这些方法，尽管他们不期望这些方法能够治愈自己，但是至少他们可以从中暂时缓解自己的痛苦。

前来寻求治疗的人同样也想要得到感官的满足。无论是在电视上还是华而不实的杂志中，那些广告都在反复敲打我们，它们完全重复着这样的教条：如果你不富有、不性感、不是每天晚上喝香槟，你就没有过好你的生活。[18]患者们想要得到“不可思议的知识”，而不管治疗师如何正确地向他们解释：洞识不是魔法。当某种潜在的洞识突然为人所意识，他/她仍旧习惯性地将其当做某种像魔法般不可思议的东西。

在弗洛伊德疗法发展的早期阶段，人们相信压抑是极大的、极普遍的邪恶，一个人在所有的情况下都应该表达自己的想法(尽管这是对弗洛伊德的误读)，在这种信念之下，我们感受到一种特殊的浮士德式意涵。许多早期的治疗形式都在这样一种假设下运作：一个人需要清除障碍，如此一来，患者就能够获致所有可能的力量和感官上的满足。大声尖叫，尽可能多的性经验等等，一句话，不要让任何东西挡了你的路!

精神分析的使用本身是以浮士德式原则为基础的。埃利希·弗洛姆就将他的一本书命名为《他们便是神》(*Ye Shall Be as Gods*)。人们应该培养自由表达他们的情感和欲望的习惯，这些情感和欲望正是马洛的浮士德赖以存在的东西，也是导致他覆灭的东西。“从生命中得到越来越多的东西”这种永无止境的征战，正如在《我好，你也好》(*I'm O. K., You're O. K.*)这类流行的心理学书籍的热卖这种现象中表现出来的一样，本身就是浮士德主义的一种形式。

当然，心理治疗致力于解决我们今天面临的问题。如果人们在赚得盆满钵满时体验到负罪感，他们可以到治疗师那儿寻求帮助。在那里，他们再次确信，他们只不过是在运用自己的能力，他们不用对此感到负疚。当人们陷入极其危险的竞争中，他们也可以找一个治疗师，他们会学到，成功是他们价值的证明，但是失败说明不了什么问题。当一个人与一位恰如广告中那样光彩照人的美人共携连理，但是他的婚姻很快变质了，此时他可以去找一位治疗师，在治疗师的帮助之下他很快就能重获再次尝试婚姻生活的勇气。在交谈中，人们总是假设与他谈话的这个人参加过某种形式的心理治疗。一个人总是一次又一次地听到这样的说法：他的朋友很忙；他做了一个"不好的梦"，现在正急匆匆地去见他的心理治疗师以缓解他的焦虑。我和我的家人一般在新汉普郡消夏，在当地的报纸上出现了这样一则广告："支持性、过渡性咨询服务。"然后在这个标题的下面列出了这个人和这个过程能够为你做的事情："治疗压力、危机管理、目标选择、决策、生活方式定位、形象管理、婚前策略、社会网络和自我评价。"

这一则广告和其他类似的广告越来越频繁地出现在报纸和黄页上，就像治疗师在展示他们的货物一样。这些问题我们过去习惯于去教堂找牧师寻求在决策方面的指导、在制定目标方面的帮助、正确的生活方式等等。心理治疗的专业职责已经大幅度增长。在被称为"助人专业"（helping professions）的五个领域中这一点尤其明显，它们是：精神病学、心理学、社会工作、教育以及牧师顾问。所有这些专业领域现在都不是排他性地与宗教的永恒性象征有关，而也关涉到心理治疗的咨询服务。

毫无疑问，在20世纪晚期的心理学中，浮士德神话与我们的一切都有关系。生活在当下与生活在过去四个世纪中的任何时候都一样。它可能像浮士德的情况一样，表现在我们对关于过去的知识的厌倦中；表现在我们在制造核弹头的过程中与恶魔的结盟中；表现在我们对权力的需求中（可以用财富来界定）；表现在我们对满足所有感官欲望的疯狂追求中；还表现在我们的贪欲、我们的强迫性活动以及我们对进步的疯狂追求中。一言以蔽之，这就是我们对停下来反思的拒绝，那么，这场疯狂赛跑的目的是什么呢？

神话是一位看不见的向导，一位沉默的领袖，一种决定什么是可接受的、什么是不可接受的方式；它并不能容忍比马洛的《浮士德》中午夜钟声敲响时撒旦所提出的质问更多的问题。正如马洛的浮士德在灵光一闪时所说："你服侍的上帝不过是你自己的欲望。"

注释

[1] 十二音量表非常重要，因为他是"新艺术"的一个试验，在小说稍后的部分中，恶魔将会严惩这些"新艺术"。

[2] Thomas Mann, *Dr. Faustus* (New York: Knopf, 1948), chap. 12. 对那些不想通读全书的人，我建议他们将这一章作为整本书的核心。

[3] 同上书，249页。

[4] 同上书，229页。曼让撒旦对心理学发出这些攻击这个事实再次告诉我们，在心理学的传播和西方文化的衰落之间存在着某种奇异的联结。是不是情感疾病的泛滥以及对调试帮助的特殊需要等等是在文化衰落的过程中发生的？或者按照曼的逻辑，这本身就是一种病态的文化？无论这些对心理学的攻击出于何种理由，我们都知道，曼对弗洛伊德和现代深层心理学（depth-psychology）都持同情态度。

[5] 和《魔山》（*The magic Mountain*）同年出版。那个时候曼十分反对施本格勒的悲观主义，但是希特勒后来却向人们展示出人类可以有多残忍。

[6] Thomas Mann, Dr. *Faustus*, p. 235. 这让我们想到了里尔克，他发现，为了保持他的创造力，恶魔是必要的。还有威廉·布莱克，他在其关于上帝的画作中总是在上帝的脚上画蹄。还有其他一些艺术家和音乐家，他们都偷偷地相信，他们的创造力需要恶魔。曼在这里似乎是想说，如果我们治好了所有的疾病，那我们也就失去了我们全部的创造力。

[7] 同上书，238 页。在我们这个时代中的画家都是利益驱动的，例如，100 年前的梵高作品现在在拍卖会上能卖出 530 万美元的天价。这并不意味着对梵高作品的高度评价，而是一个人为了规避所得税而采取的对策。

[8] 同上。

[9] 同上书，241 页。

[10] 同上书，243 页。

[11] 同上书，249 页。

[12] 同上书，504 页。

[13] 同上书，501 页。

[14] 同上书，504 页。

[15] 同上书，249 页。

[16] 同上书，233 页。

[17] 同上书，236 页。

[18] 在歌德的浮士德决定是否像梅菲斯特出卖他的灵魂时，他所说的话与当下我们自我表现主义的咒语一模一样：

这个世界通过增长的方式为我们提供了些什么？
自制！它叫嚷道，你应该自制！
如此才能唱响永恒的歌，
每一种道德的造物都能听到，

时间呼啸而至，

每个早晨我都在绝望中醒来。

如果用一个词取代“自制”（abstain），我们也许会用“压制”（repress）这个词。我们很容易看出为什么浮士德发现这个过程如此不令人满意。

第十五章 Chapter Fifteen

魔鬼与创造力

为了增加人的自由以及他想证明自己的道德力量能战胜邪恶的意愿，上帝允许邪恶存在，并将其编织进世界的结构中。

——诺斯替教（Gnosticism）① 的哲学

现代人与魔鬼神话的关系确实令人惊异。在第一章中，我引用了一个在 20 世纪 70 年代做的研究，它的主题是对魔鬼和上帝的信仰，研究发现：对上帝的信仰正在下降，而对魔鬼的信仰正在增加。

这一现象向我们提出的警告在于，它表明，大量的现代人表现出对生活的幻灭感、对同伴的猜疑和对未来令人恐慌的不确定性。这个研究暗示，人们已经从信仰转向了宿命论。[1]

在我们这个世纪，大多数西方有教养和有经验的人都将“魔鬼”仅仅当做迷信。但是在最近几十年中，奇怪的事情层出不穷。到 20 世纪 50 年代为止，我们在希特勒主义的彻底破坏行径中已经见识到了如此多的残酷，我们见到了政府将集中营的使用当做一种可接受的治理技术。美国在广岛和长崎扔下了原子弹，

① 初期基督教的一派，尊重某种灵的直觉，含有西亚、东亚哲学，曾被视为邪教。——译者注

在短短两个小时之内将这两座城市全部化为灰烬。可以理解，这些事实促使许多有想法的人开始严肃地反思是否应该把“魔鬼”这个词重新纳入我们的日常词汇表，当然不是将它作为一个人，而是作为一个强大而有活力的神话。

我们也会回想起第二章中所提到的案例：对查尔斯治疗的关键在于他对撒旦的认同，因为撒旦作为查尔斯认同的一个神话而存在。魔鬼授权给他的灵魂。这些对于查尔斯而言并不仅仅是空谈，他强调，他的信仰并非某种形式的摩尼教信仰，因为撒旦是上帝真诚的信徒。通过魔鬼神话这种方式，这个男人才能够接受他自己的消极一面，因为按照这种逻辑，这个词现在突然变成了一个积极的词。“我是撒旦。”他不断地重复这句话，“撒旦是上帝的反叛者”。最终，他为自己与出色的天分绞结在一起的反叛行为找到了一个出口。用荣格式的话来说就是，他通过接受他自己的阴暗面——撒旦，获得了创造某种真正有价值的东西的自由。

当试图列举由我们时代公认的学者所写的关于撒旦的书时，我们发现这些资料浩如烟海。在这里我简单地列举几个：《路西法》（*Lucifer*）、《中世纪的魔鬼》（*The Devil in the Middle Ages*）、《制裁邪恶》（*Sanctions for Evil*），以及《黑暗中心的光》（*Light at the Core of Darkness*）等等。

哈佛大学的心理学家亨利·默里做了一个关于魔鬼的出色研究，他的论文名为《人格与撒旦的生涯》（The Personality and Career of Satan）。[2]默里首先提到了圣经中的以赛亚作为他对撒旦的描述：

> 你是如何从天堂堕落的，哦，白天的星星，黎明的儿子！你是如何被贬谪至地，摧毁了那些国家！你在自己的心

> 里说，我将会升至天国，我将升至比上帝的星辰还高的王位，我将在北方极北的地方稳坐在圣山之上，我将升至云端之上，我将会一直到达上帝所在的地方。

默里然后谈到了俄利根，这位神父：

> 使他的神学家同僚相信，这些句子与任何俗世的王都无关，而只与撒旦有关；如此一来，魔鬼变成了骄傲之王，在他的脸上能读到这样的话语：我将成为那上帝。如此来看，撒旦与那些试图登上奥林匹斯山取代宙斯的巨人是一个群体，这个群体中还有许多遭受挫败的自高自大的上升者、妄想落空的独裁者、弑神者、弑君者和弑亲者。[3]

我们这里的任务是，在不将其具体化的情况下，也就是说不考虑其在具体时空中的表现的情况下，来考察关于魔鬼的神话的本真意涵。当还是一个神学院学生的路德将他的墨水瓶扔向魔鬼时，他是在具体化这个概念。当把魔鬼作为一个有血有肉活生生的人来谈论时，20 世纪的我们可能会有一种非常奇怪的感觉。一个为邻居做饭的、年迈的黑人妇女向我们讲过这样一个故事：她的一个年轻朋友在与一小群人一起等车的时候，“魔鬼就在那向她说话了”！她的这个年轻朋友为了逃离魔鬼，绕着街区飞跑了好久。我不记得这个故事剩下的部分了，但是作为一个心理分析家，我推测这位年轻的朋友有可能是看见了人群中某个人做了一些关于性幻想或其他被禁内容的暗示，而对于做出这些举动的人，用魔鬼来形容他们最为贴切。

在对待撒旦或者说魔鬼的态度上还存在另外一个奇怪的矛盾，这个矛盾也是前文三个关于浮士德的阐释版本中都存在的悖论。魔鬼或者说撒旦的代表梅菲斯特试图劝服浮士德不要向路西法出卖他的灵魂。魔鬼们已经这么做了，但是他们在这之后对自己当初的决定懊悔万分。举例来说，在马洛的作品中梅菲斯特回答浮士德的问题时，说：

> 哦，浮士德，远离这些无谓的需要吧，
> 它们将恐惧带入了我不省人事的灵魂！

他还讲到，他是多么后悔失去了见到“上帝的脸和品味天堂永恒的欢乐”的机会。[4]

这些向我们表明，就算是在地狱中也存在内在的张力。以路西法这个领头为核心，这群魔鬼已经有了许多臭名昭著的称谓。这个神话可能采用的形式是无穷的，我们每个人带到治疗过程中的关于魔鬼的神话是独特的。但是这些个人性的神话只是经典神话核心要旨的不同变种，在撒旦这个例子中，它指涉的是每个人生活中的那些存在性危机。

地狱这块魔鬼的领地在我们正统的语汇表中已经成为一个常见的部分。在《神曲》的炼狱神话中，但丁和维吉尔一起在地狱中摸索。在奥德修斯回航的路上，当他不得不向其已故的父亲寻求返回伊萨卡岛（Ithaca）的指引时，我们看到，地狱也是这里的地下世界的一个组成部分。一目了然的是，在这些经典著作中，通过探访作为魔鬼居所的地下世界，人们能够学到很有价值的东西。

创造力的来源

魔鬼以一些奇怪的方式对创造力发挥着本质性影响。在陀思妥耶夫斯基（Dostoevsky）① 的小说《卡拉马佐夫兄弟》（*The*

① 陀思妥耶夫斯基（1821—1881），俄国著名小说家。——译者注

Brothers Karamazov）中，伊万（Ivan）和魔鬼有一个讨论。魔鬼说："不，你不是某个分离的人，你就是我自己。除了你和我之外，什么都没有。"

伊万回答说："你是我的化身，但只是我的一个方面……我的思想和感觉中最为污秽、最为愚蠢的一个方面。你就是我自己，只是有一张不一样的脸。你所说的便是我所想的，你并不能说出些什么对我而言是全新的东西来！"

这些描写引出了魔鬼的另外一种特性，即尽管创造性行为无法在没有他的时候发生，但是真正的新奇的创意及独特事物的创造本身就是对魔鬼的否定。他是我们的经验的否定性的一面。魔鬼的本质在于他对上帝法则的否定，而这一否定对于保持所有人类经验的活力而言都是必要的。魔鬼的存在依附于这样一个事实：他是上帝的反对者。从这里生长出人类创造的动力。里尔克（Rilke）在结束他唯一一段关于心理治疗的内容之后说："如果我心中的魔鬼被带走，我担心我心中的天使也会飞走。"在这一点上他是正确的。对于创造过程而言，魔鬼与天使之间的张力具有本质性意义。如果没有了魔鬼，剩下的将只是停滞而非创造性生产。当威廉·布莱克说《失乐园》中的弥尔顿是在"参加撒旦的宴会而不自知"时，他想表达的也正是上述观点。

我们的世界中存在着反对魔鬼的斗争，为了避免对这一事实的知觉，一种可能的方式就是立即否定它。这就是异教（cult）所采用的方式。从对来自印度和小亚细亚的宗教的新近了解中发现，这些异教开始复活，异教领袖的追随者们祛除对一切可能发生之事的恐惧，在冥想过程中仅仅专注于对其领袖的信仰。异教成员对在门外敲打的邪魔的叫嚣声充耳不闻。1980 年夏天，在圭亚那，980 名在营地现场的异教成员遵从他们的领袖吉姆·琼斯的命令集体自杀，这些人都是美国人。我们永远无法将这场集体自杀中体现出来的这种令人憎恶的异教逻辑从我们的记忆中抹除。那是所有否定善与恶之间冲突的异教将其行动逻辑贯彻到底的表现。

反过来，崇拜魔鬼也有可能犯下同样的错误。在过去20年中已经出现了太多“魔鬼崇拜”，尽管它们并不这样称呼，这种情况与当年在塞林（Salem）大肆对巫师处以火刑的情况很相似，那时也出现了为数众多的魔鬼崇拜。

托马斯·曼描写了魔鬼与浮士德博士的长篇对话，在这次对话中，魔鬼主要是在谈论艺术。由此我们知道，正是魔鬼与画家、音乐家及其他有创造力的人由和谐之物中取得的灵感之间的张力，将人们导向了创造性的活动。在贝多芬创作交响曲或塞尚（Cézanne）创作《圣维克多山》（Mount Sainte-Victoire）的过程中，他们为了唱出他们听到的音乐，画出他们看到的画面，努力地寻求全新的创意，这个过程是如此的紧张。如果艺术家胜利了，他/她依靠否定与创造之间的斗争完成了他们的创造性工作。创造赢得了对否定的胜利。

正如本章开头诺斯替教的主张告诉我们的：自由、道德力量以及创造性活动等这些问题都与邪恶紧密相关。“哦，天哪，现在的人们在怎样地指责神明”，荷马在《奥德赛》中呼喊道，“只因为他们说邪恶从我们中产生。但是他们由于自己的罪，承受着比命运给予他们的更多的苦痛。”也许，我们最深重的罪在于我们拒绝直视邪恶。

爱伦·坡的“渡鸦”

自从人类开始学着相互交流以来，魔鬼与上帝之间的冲突就已经被诗人们体验到了，它比想象中的离我们更近。美国诗人埃德加·爱伦·坡（Edgar Allan Poe）在《渡鸦》（The Raven）这首举世闻名的诗歌中证明了这一点，他用我们的观点来描写魔鬼或精灵：

"可怜鬼，"我泣道，"上帝遣天使们把你送来。"
…………
"预言家！"我说，"那恶之灵！——
无言的预言家，不管是鸟还是那魔！——
不管是诱人的魔龙送你来，还是风幕将你驱上岸，
孤独，却不屈不挠，在这荒瘠的魔法迷惑的岛上——
在这恐怖萦绕的家中……告诉我实话，
我求你——
在吉列德（Gilead）有香膏吗？——告诉我——告诉我，
我求你！"
渡鸦说，"再也不会。"
…………
渡鸦一动不动，依旧栖，栖在
我房门上苍白的派勒司（pallas）半身像上；
它的眼神俨然如梦中的魔鬼，
上方的灯光将它的影子投在地上；
我的魂灵将从那漫射在地上的影子
摄走——再也不会！[5]①

在这首诗中，爱伦·坡描述了在他自己心中反对魔鬼或预言家的斗争。爱伦·坡的心中"萦绕着恐惧"，他的灵魂在这种情

① 采用程前的译文：《渡鸦》，《名作欣赏》，1998年第3期，89-91页。——译者注

况下注定遭受厄运。除非爱伦·坡将他心中的苦痛转化成一首诗，这为整个创造性过程提供了清晰的线索。

时悲时喜是这个创造性过程的特点。但是，如果一个人想要体验喜悦，他必须也要愿意忍受被投入地狱的悲痛，对这个过程更为常见的描述是“长时间的百无聊赖之后突然的灵光一闪”。

约翰·斯坦贝克（John Steinbeck）① 在写作他的伟大作品《愤怒的葡萄》（*The Grapes of Wrath*）时，就描述过“绝望是如何降临到他身上的”。在写作这本书时，他为了自己的工作而差点在颤抖中窒息。他在日记中写道：“这只是一本乏味的书，可怕的是，我已经尽了自己全力……我总是写作得十分辛苦……从未习惯它们。”[6]

《疯狂的葡萄》是一本写给很多人的书。斯坦贝克在努力描述那些穷困潦倒的人们时，将关于乔德一家（Joads）的这些特定的主题普遍化了。今天，我们同样也可以将其运用到无家可归者和街头颓废派身上。斯坦贝克因这本书获得了诺贝尔奖，但是他在前进路上的每一步都不得不与他心中的魔鬼搏斗，这些魔鬼是疲累，是挫折，更是对他作为一个作家的能力的失望。

白鲸和亚哈船长的神话

《白鲸》是一个关于一艘捕鲸船上的魔鬼的神话故事，亚哈（Ahab）船长是这条船的货主。捕鲸船皮廓德号（*Pequod*）为了寻找一条大白鲸，于两年前开始了这次驶向极南海域的航行。作为一部经典之作，梅尔维尔（Melville）的这部小说被许多读者视

---

① 约翰·斯坦贝克（1902—1968），美国作家，曾获 1962 年诺贝尔文学奖。——译者注

为最伟大的美国小说。在船长亚哈的身上，梅尔维尔使我们看到了魔鬼的影子，这是堕落天使或在基督教世界里被称为魔鬼、路西法、撒旦或恶魔的半神们的具身化。

这是一个不可思议的关于在远海捕猎大鲸鱼的故事，不论是适合其主题的激情还是在亚哈船长这个人身上所显示出来的魔鬼般的吸引力，都能紧紧地抓住我们。①[7]带有圣经意味的名字“亚哈”取自一位古犹太国王，他给犹太预言家们找了很多麻烦，他尤其受到以利亚（Elijah）② 的攻讦。

与这个故事有关的年轻人用下面这个短语介绍他自己：“请叫我以赛玛利（Ishmael）。”这也是来自一个圣经故事，这是一个年约四五岁的小男孩的名字，他和他的母亲一起被亚伯拉罕的第一个妻子萨拉（Sarah）抛弃到了荒漠中。

在《白鲸》的开头，当时捕鲸船停靠在新贝德福德，船上的牧师带领大家做主日礼拜。牧师从绳梯爬上了讲坛，这个讲坛位于捕鲸船的船首，他在那里向即将远航的虔诚的信众们发表了一篇布道讲辞，讲了一个关于约拿（Jonah）的故事，约拿试图违背上帝的命令，结果被鲸鱼吞噬了。在海洋上，神圣戒条（Divine commandment）是一条绝对戒律，因此违背这一戒条的约拿最终被鲸鱼吃掉了。

尽管皮廓德号在圣诞节那天就从新贝德福德出发，开始了它向南部海域的航行，但是在几个月的时间中，水手们都没有见到亚哈船长。他们只是听到船长整夜在甲板上走来走去的声音——嗒—嗒—嗒。他在以前的一次航海中与那只大白鲸相遇，结果现

① 本章中关于《白鲸》的翻译转引自曹庸的译本：《白鲸》，上海译文出版社，1982。——译者注

② 以利亚，圣经中的希伯来先知。——译者注

在他的一条腿就成了木制假腿。但是亚哈船长的仇恨比失去一条腿的仇恨要深得多，瞬间就能使他怒不可遏。他对那个大怪物充满了魔鬼式的仇恨。他不顾一切地投入到一场类似于奥林匹斯山上的诸神之争那样的战斗，据说这场诸神之争使整个世界陷入了动荡之中，而古希腊人对此只能屏息以待。

复活节那天，亚哈船长现身了，他将水手们召集到甲板上举行了一场追思弥撒（Black Mass），试图将船员们的精神团结在一起，准备与大白鲸进行一场生死决斗。饮过烈酒的水手们大叫着团结在一起，和他们的船长一起参加了他的复仇之战。船员们将他们全部的精力都投入到这场激烈的斗争中，与找到和杀死大白鲸这件事情相比，其他所有的事情都是次要的。和几乎每一个其他的评论家一样，亨利·默里认为，白鲸就是一个关于上帝的神话。

亚哈心中充满了强烈的仇恨，他陷入这场生死追逐中不能自拔，因此拒绝了加入雷切尔号（*Rachel*）的邀请，雷切尔号当时正在搜寻其船长的儿子，他在无尽的海洋中迷失了方向。雷切尔号的船长只好向他喊道："愿上帝宽恕你！"

就梅尔维尔的灵魂来说，这位安静的新英格兰作家的心灵体验已经形成了一种特色，它代表着这次仇恨与复仇之旅中的邪恶精神。在这场对抗神灵的苦役中，亚哈船长将路西法、梅菲斯特以及魔鬼的精神全都灌注到了他一个人身上。"梅尔维尔根据他自己的意向，了解到了成为那喀索斯、俄瑞斯忒斯、俄狄浦斯、以赛玛利、阿波罗及路西法都意味着什么。在这个故事中，他从自己富有创造力的想象中总结出了撒旦的本质。"[8]

唯一一个没有参与对大白鲸复仇的人，是船上的大副斯塔巴克（Starbuck），他是一个贵格会（Quaker）[①] 教徒，他相信根据海上的法则他应该杀了亚哈，但是他始终没有这么做的勇气。最终，他慢慢地喜欢上了严厉的船长，和亚哈一起走向了毁灭。和任何其他冲突一样，魔鬼就存在于这种奇怪的邪恶力量中。亚哈就是魔鬼的化身。

一年半以后，他们终于看见了那条大白鲸。战斗持续了三天时间，被他们船长的精神鼓舞的船员们似乎吸取了地狱的力量，一次又一次地将手中的鱼叉投向那个硕大无朋的生物。在战斗中，亚哈的假肢被弄坏了，一个新的假肢很快做好了，但是它在对抗大白鲸的战斗中又被毁坏了。

第二天之后，大副斯塔巴克试图劝说亚哈停止这场战斗：

“天呀！你只需看一看你自己就够了。”斯塔巴克叫道，“老人家呀，你是永远永远也捉不到它的——老天在上，别再干啦，那可比恶魔发狂还要凶呢。追击了两天，崩碎了两只小艇，你这条腿又给攫掉了。你的厄运总算是过去了——所有善心的天使都围着你做警告啦——你还要些什么呢？——难道我们一定要追击这条凶残的鱼直到我们一个人都不剩吗？难道我们就得让它拖到海底里去吗？难道我们就得让它拖到地狱里去吗？哦，哦，再追击它，可就是不信神明，冒犯神明啦！”

但是亚哈回答道：

“斯塔巴克，自从我们俩那会儿对看了一下之后，我近来觉得非常非常想和你谈谈——你是知道彼此看来看去是有

① 贵格会，又称公谊会、教友会，基督教教派，反对暴力，宗教仪式简单且无神职人员。——译者注

什么意义的。……亚哈始终是亚哈，朋友。这整幕戏就是既定不移的天意。这是你我在海洋翻滚之前的无数年代就已经排练过的。傻瓜！我就是命运的副手，我是受命办事的。”

是的，他确实像歌德的《浮士德》中的梅菲斯特那样是受命办事的，梅菲斯特也是按照路西法的命令行事。稍后亚哈呼喊道：

“哦！上帝啊！刺穿我的那是什么，让我如此平静但是充满希望——在最高的颤抖中停下来吧！未来的事情在我的面前游来游去，像是只有空空的骨架；所有过去的事情都在变得晦暗不明。”[9]

第三天（这件事与基督受难的最后三天相互呼应），当船员们又一次一次地将鱼叉投向那大白鲸时：

“划起来呀！”亚哈对桨手们叫着，几只小艇都向前冲去攻击了，可是，大白鲸似乎让昨天插在它身上的新打出来的刀枪惹得发疯发狂了，又加上被天上下降的所有天使迷了心窍。

亚哈叫道：

“啊，孤寂的生孤寂的死！啊，现在我觉得我至高的伟大就寓在我至高的悲伤中。嗬，嗬！我整整一生所经历的勇敢的波涛啊，你现在尽管打四面排山倒海地来，在我垂死的浪潮上再加上一层吧！我要滚到你那边去了，你这杀人不眨眼又无法征服的大鲸，我要跟你扭斗到底。到了地狱，我还是要跟你拼一拼；为了泄恨，我要朝你啐最后一口唾沫。让所有的棺材和棺架都沉到一口大水塘里吧！既然什么都不可能是我的，那么我就把什么都拖得粉碎吧，虽然我被捆在了你的身上，我还是在追击你，你这该死的大鲸鱼！这样，我不使捕鲸枪了！”[10]

亚哈掷出他最后的鱼叉。他被复仇的激情冲昏了头脑，竟跳上了鲸鱼的身体，结果被自己的绳索缠到了鲸鱼的背上。最后，他沉入海水中，带着他的仇恨淹没在大海中。

但是这不是全部。被激怒的白鲸开始攻击船只。它将船首举到高空中然后将船打成了碎片。船员们哭喊道：“天哪，我们的船去哪了！”

接着，大白鲸狂暴地把小船和上面乘坐的人都甩入了海水中。然后，它袭击了船尾，将船尾竖了起来，于是它沉下去了。

于是，那只天鸟，带着一阵天使般的尖叫，把它那壮丽的喙往上一冲，它整个自投罗网的身体便给圈在亚哈的那面旗子里，跟亚哈的那艘船一起沉下去了，那艘船像撒旦一样，如果不等到拖着天上的一件活物跟它一起下去，并且用那生物来做它的头盔，是绝不肯沉到地狱里去的……

这时，一群小鸟尖声凄鸣着飞翔在那个还是大张着口的水塘上；一阵悲惨的白浪拍击着它那峻峭的四周；接着，一切都消失了，可是，那个大寿衣似的海洋，又像它500年前一般继续滔滔滚去。[11]

全书的尾声以《约伯书》中的一段话开始，这段话由以赛玛利说出，他因在一段浮木上漂着而得以获救：

“唯有我一人逃脱，来报信给你……

戏已收场。那么，这里怎么又会有人出来呢——因为还有一个幸免于难的人。

原来在那个袄教徒（parsee's）① 失踪后，当时遗下一个头桨手的空缺，我就被命运之神派去顶那个空缺。在最后一天，有三个人从那只颠簸的小艇里给摔到海里去，我却给摔在了艇尾。因此我就漂浮在随后的现场的外围，而且把事情看得一清二楚，等到那艘已告下沉但多少还有点浮力的大船漂到我身边时，我就被慢慢地拖曳到那个接近尾声的大涡流里去了。当我到了那个大涡流里时，它已经逐渐变成个奶酪似的水塘了。……我靠了那只棺材的浮力，差不多整整一天一夜地漂浮在那个轻声细气唱着挽歌似的大海上。那些并不伤人的鲨鱼，像是嘴上挂了大锁似的在我旁边闪来闪去；骇人的海鹰也掩着嘴喙飞来飞去。第二天，有一艘船驶了过来，越驶越近，终于把我救起。它原来就是那艘到处乱闯的雷切尔号，想不到它折回去寻他那失踪的孩子时，只找到另一个孤儿。"[12]

邪恶结构中的净化

和文学中所有其他的伟大神话一样，《白鲸》也为读者——实际上是子孙后代——提供了一条净化超负荷的焦虑与负疚感的途径。我们在参与一个极富创造力的经历的经验中感受到这一点。

亨利·默里写道，读《白鲸》给他以聆听贝多芬《英雄交响曲》(Eroica) 似的感受。阅读这个神话故事，我们就像经历了一场伟大的宗教体验、亚哈的毁灭与恶魔的具身化一样，感到被净

① 袄教，即琐罗斯德教，是流行于古代波斯（今伊朗）及中亚等地的宗教，中国史称袄教、火袄教、拜火教。——译者注

化了。即使莎士比亚的悲剧《麦克白》中那句“明日复明日，明日何其多”（tomorrow and tomorrow and tomorrow）也让我们感受到，世界和生命拥有一种深层的品质，这种品质能够直抵人的灵魂。在这些深度情感中，每一个人都会与爱、欢乐、死亡遭遇。

完成《白鲸》之后，在写给霍桑的一封信中，梅尔维尔写道：“我写了一本有害的书。”当他得知霍桑理解这本书的写作意图并且很喜欢这部作品时，他回信道：“我觉得自己像一个新生的婴儿!”他已经感受到了净化的力量——每一个创造了一些美好事物的人都能感受得到。这种感觉绝不仅仅是“战胜”了魔鬼抑或是扫除了邪恶，这些事情本身只能带来多愁善感的情绪。它毋宁说是一个人在与魔鬼的战斗中得到宣泄与净化的感觉，是一个人苦思冥想之后终于找到能够表达他心中所想的语句的感觉。这是对于魔鬼的极度不和谐的净化。

若非如此，恶魔还会再次回来。但是作者的收获远不止于此，从与原始生命力的斗争中他了解到，一个有创造力的人有可能会遭遇邪恶并从中找出一些令人愉悦的、美好的、能增进健康的东西。一个人从来不能一劳永逸地结束这场战斗，歌德在写出《浮士德》后半部分富有创造性的结尾之前，花了40年的时间。

梅尔维尔的《白鲸》是对清教主义狭隘、沉闷、黑暗和残酷的压制的一次进攻。在新英格兰的一些教派和教堂里，这种清教主义依然在腐烂变质。正是这同一种精神导致了早一些时候发生在塞林的火烧“巫师”的惨剧。那艘捕鲸船的名字——皮廓德，取自一个印第安部落，这个部落已经被新英格兰人灭绝了，而梅尔维尔所攻击的，正是这种新英格兰遗留下来的灭绝取向。

梅尔维尔的父亲沉闷冷漠，而他也极少感受到母亲的温柔，这些都成为他的超我（super-ego）及后来献身于那些神话般洞察力的原因所在。弗洛伊德认为，持续的攻击性是爱欲（eros）缺乏的标志，而这种缺失正是梅尔维尔所攻击的那种清教主义的特征。

每一个有创造力的艺术家都分享了这种神话性的净化力量。艺术家们在他们自己的心里感受到这种力量，这一点是毫不令人奇怪的，他们的职业命运让他们将这种力量传递给其他人，与其他人一起分享他们作品中的情感挣扎与爆发。通过《白鲸》这部作品，梅尔维尔成为了19世纪中后期伟大作家中的一员，这些伟大的名字还有克尔凯郭尔、叔本华、尼采以及几十年以后的弗洛伊德和施本格勒。他们所有人都看到，启蒙运动的错误在于，它的叙事中缺少一个魔鬼。

在《白鲸》中，上帝是最终的胜利者，撒旦的力量被抑制了，一切正如古代奥林匹斯山的神话所预示的那样。这场胜利的取得十分艰难，在《白鲸》中，这场生死之战的结局的代价在下面这句话中表达得很明白："只剩下我一个人来讲述这个故事。"这里神话中的魔鬼代表着对地震和喷出火焰与硫黄的火山的长时间忍受，但是无论如何，善与恶都将永远存在。

"一些人可能会好奇，"默里写道，"梅尔维尔这样一位非常善良、仁慈、高尚、理想主义及可敬的人，怎么会觉得自己被推动着去写一本有害的书。"[13]为什么他和之前拥有撒旦之力的作家如拜伦和雪莱（Shelley）一样，和尼采或当下他最激进的继承者一样，对西方的正统观念进行如此愤怒的猛烈攻击呢？这些是我们一直在问但是从没能够给出答案的问题。但是仅仅是在提出问题的过程中我们便得到了净化。

我将这部小说作为关于上帝与魔鬼之战的神话的一个表述，在俄狄浦斯刺瞎自己的眼睛之前、在普罗米修斯因他将自己的知识传授给原始人类而受罚之前、在《俄瑞斯忒斯》中的雅典娜遇到元神之前、在苏格拉底饮鸩身亡之前，撒旦这个角色便是对诸神之战的一种复述。这便是撒旦，这便是必不可少的诸神之战。这是一场永恒的战争。在乔治·萧伯纳的《圣女贞德》（*Saint Joan*）中，当被绑在火刑柱上焚烧时，贞德喊出了一个伟大的问题："还要多久，噢上帝，还要多久?"只要人们对上帝与撒旦之战有意识，他们就会听到这声呼喊，因为正是从这场战争中我们找到了人之所以为人的东西。从这些深刻的体验中产生了我们伟大的文学作品，它绝不会被抹去。只要我们还是人类，这个神话中所讲述的战斗就会继续下去，并带给我们最深刻和令人愉悦的体验。

注释

[1] 这一转向与20世纪后半叶全球范围内不断增长的原教旨主义相联系。《生活》(*Life*) 杂志在1989年夏天时出了一辑关于当前魔鬼信仰不断增加这一情况的特刊。这份杂志报告，在这个国家中有70%以上的人现在相信在宇宙中有一些邪恶的精灵，他们将其称作魔鬼，而少于40%的人依然保持着对上帝的信仰。

[2] In *Endeavors in Psychology: Selections from the Personology of Henry A. Murray*, ed. Edwin S. Shneidman (New York: Harper & Row, 1981).

[3] 同上书，520-521页。

[4] Marlowe, *Dr. Faustus*, p. 34.

[5] "The Raven," by Edgar Allan Poe, in *One Hundred and One Famous Poems* (Chicago: Cable, 1924).

[6] *New York Times Book Review*, April 9, 1989.

[7] 之后的亨利·默里博士经常引用这一段，我从他那里吸取了很多关于《白鲸》的洞见。对默里博士关于《白鲸》的文章感兴趣的读者可以去看他的作品集《心理学中的尝试》（*Endeavors in Psychology*）。

关于这部小说的引文来自 Melville，*Moby Dick*（Boston：Houghton-Mifflin，1956），《白鲸》首次出版于 1851 年。

[8] Murray，*Endeavors in Psychology*，p. 85.

[9] Melville，*Moby Dick*，p. 422.

[10] 同上书，430 页。

[11] 同上书，431 页。

[12] 同上书，431 页。

[13] Murray，*Endeavors in Psychology*，p. 90.

第四部分　为了生存的神话

第十六章 Chapter Sixteen

爱的伟大循环

使一个人能够从事这类工作（科学）的心智状态与宗教崇拜者或情侣的状态非常类似。

——阿尔伯特·爱因斯坦

妇女解放

她们就是——母亲们。

浮士德：（吃惊）母亲们！

梅菲斯特：你感到惊奇吗？

浮士德：母亲们！为什么听着这么离奇呢？

——歌德，《浮士德》

在前面的章节中我们已经看到沙文主义者培尔·金特为了找寻自己而游历世界。但是他变得越来越绝望，如此一直到死。最终，他因为索尔薇格的出现以及她温柔的爱，才找到了他真正的天分之所在。

同样，我们在布赖尔·罗斯的神话中看到，那些只知道展示自己男性力量、希望以此来找到一条穿过厚树篱的道路的不幸王子们，并没有让公主获得自由。但是，直到那个并不依靠蛮力，而是一直安静等待直到树篱和蒺藜自动让开了路的王子出现，他和公主才能真正地站在对方面前。

在其他的神话如歌德的浮士德中，神话中的争斗如果说没有被解决的话，至少也被呈现了出来，这些神话都关注两性之间的平等问题。

在所有这些神话中，不论是男性还是女性，只有当一方取得关于另一方的一个新的神话，从而形成一种新的重要心理联系时，他们的自由才成为可能。他们都将从之前空洞与孤独的存在中解放出来。无论男性还是女性，他们只有在向对方的完全敞开中才能找到真正的自己。他们发现自己在生理上、心理上和精神上都需要对方。

在宗教改革的过程中，西方世界中的很大一部分人都成为了新教徒，圣母在信仰生活中的重要性明显下降，正如新英格兰那些华美但空洞的教堂建筑风格的改变所表明的那样。天主教的圣母学（Mariology）和那些温暖柔和的艺术都到哪里去了呢？显而易见的是，在 15 与 16 世纪的欧洲和美国，出现了一股公开地反对这些国家中的女性的风潮，其具体的表现就是女巫审判。需要考虑的最根本的事情在于，理性主义与个人主义这两条原则以及现代社会建基其上的神话都主要是男性气质的、左脑的活动。

15 与 16 世纪是大发现的时代，这一时代同样也与男性的习性相符。男人们进入宇宙探险；女性则在家里照料家务。工业革命由沉重而强大的机器组成，而这再次迎合了男性的气质。想象一下，如果在那个时代一位女性开着歌德的那列火车从巴斯到利物浦，那是多么令人惊异的事情！我们生在资本主义繁荣发展的时代，到处是工厂和巨大的发动机，但是这些机器直到最近为止，仍然是由男人并且也只能由男人来操纵。这些条件将许多妇女变成了现代社会的继子女。在19世纪的末期，像写作《玩偶之家》（*A Doll's House*）的易卜生这样的作家显然是非常有必要的，因为他们向我们揭示出这个时代对人类的另一半——女性——到底犯下了怎样的罪行。

阿德勒从本世纪第一个10年每周三在弗洛伊德家里会面的群体中退出的主要原因之一，就在于他与弗洛伊德关于女性的观点有分歧。弗洛伊德对女性采取一种居高临下的态度，使用维多利亚式奉承人的方式来对待女性；他使用“妇道人家”和“温柔却没主见的人”来称呼女性，在这种基础上，我们可以理解他为什么无法为他的问题“女人到底想要什么”找到一个答案。相反，阿德勒用不同的方式多次说道：“只要我们中的另一半被认为低人一等，我们的文明社会就永远不会完整。”

与阿德勒一样，奥托·兰克也从弗洛伊德的内部圈子里退了出来，尽管这位大师对兰克和他的工作颇为赞许，并且有传言说他将成为弗洛伊德的接班人。兰克对弗洛伊德在讨论女性问题时广泛使用“阴茎妒羡情结”（penis envy）这一不敬的词汇的做法颇为不满。他相信，女性行为的动机在于，她们拥有“在一个没有为她们提供任何空间的男性气质的世界中表达其真实自我的情感和精神……渴求”。[1]兰克相信，精神分析的最终结果应该是患者自我的完满。在美国，兰克是首位使用“自我实现”（self-realization）一词的人。他还强调“认同混乱”（identity confusion）一词的使用，这比埃里克·埃里克森早二十多年，兰克还将性别主义（sexism）——对女性的偏见——视作一种“文化疾病”。

兰克对我们的文化为女性设置的艰难处境了解得很清楚。1939年他写道：

> （女性）必须生活在这个男性造就的世界上……与爱丽

> 丝的仙境一样，这是一个奇异的、令人不知所措的世界，因为她并没有参与对这个世界的创造……正如说两种不同的语言一样，男性和女性生活在两个不同的世界中，这两个世界像宗主国与殖民地那样联系在一起，这种联系非常牢固，足以保持着两个相互独立的实体之间的合作，这两个实体之间现在仍旧被未知的海洋分隔着。[2]

我们的现代文化所欠缺的东西，正是那些赋予女性重要性的神话和仪式，这些神话和仪式与她们和男性的关系无关，无论这些男性是她的父亲、兄弟还是丈夫。布鲁斯·林肯（Bruce Lincoln）在他的讨论中为我们讲述了纳瓦霍（Navajo）① 部落中的女性入会仪式："仪式能够做的事情，就是将原本长时间单调沉闷的苦役转变成一些丰富的、令人满意的及充满意义的事情。"我们已经说过，仪式是付诸行动的神话。在印第安部落中可以观察到，仪式通过身体的动作来表现神话。神话产生了仪式，仪式也产生了神话。在纳瓦霍部落的入会仪式上，女性的角色是年轻人的支撑，她们种植谷物，为生命的延续提供食物；仪式中的每一个动作都由神话赋予其重要意义。"每一次一位妇女被接纳进我们的群体，这个世界就被从无序中拯救出来，因为在她的存在中，具有基础性意义的创造性力量被更新了。"[3]纳瓦霍仪式和神话赋予了女性的工作以意义，并将它们提升至无聊、无知和绝望之上。布鲁斯·林肯继续道，在纳瓦霍人中间没有任何人要那些试图保持男性统治地位的机会主义花招。他们的神话形成了一种奉献的仪式和一个神圣化（apotheosis）的过程，这个过程将女性在生活中所做的工作的意义和重要性表现出来，否则这些都将只

① 纳瓦霍，一个印第安部落。——译者注

是生活中司空见惯的事情。这一类的仪式向我们表明，纳瓦霍的神话认为，是女性将世界从无序混沌中拯救了出来。

男性与女性的解放，意味着他们能够自由地按照自己内在的天性行事，以其在社会群体中的存在为基础来行动和生活。从人工的和文化的阻碍中解放出来的自由，是受自己的身体、自己的心智和精神指引的自由。解放包括轻轻敲出自己潜意识中的力量，这些力量一般而言与女性的能力如心灵感应（telepathy）和直觉等精神一致。[4]

男性将女性排除在解放的对象之外，由此付出了自身也被奴役的代价。拥有一个奴隶这件事情本身使你自己也身陷奴役之中，主人们役使他们的奴隶，与此同时他们也被自己的奴隶奴役。没有人能够在剥夺掉女性获得解放的权力之后自己还能享有它，对于女性来说事情同样如此。但是，绝对没有不负责任的自由，因此妇女的解放也意味着她们将要承担她们应尽的责任。

在我们当下的商业文化中，一些企业正在意识到，用女性的视角来看问题，包括使用更多的同情和感情细腻的理解等，这种做法可能有意想不到的益处；这一现象令人振奋。一些商界和政界中的女性，如玛格丽特·撒切尔（Margaret Thatcher）和珍妮·柯克帕特里克（Jeanne Kirkpatrick）① 的例子向我们表明，如果她们像男性一样坚韧不拔，她们也能够获得成功。但是，女性是否应该通过学习男性那些最令人不满的特质来迎合这个男性主导文化的弊病？这当然不是我们想要的答案。

我们回过头去看讨论布赖尔·罗斯时提及的那位年轻女性，在第十一章中我们描述过她在治疗过程中所做的梦，这些梦代表

---

① 里根政府时期常驻联合国代表。在为美国政府的立场作辩护的发言中，她常表现出词锋犀利、咄咄逼人的姿态。

着女性特殊的心灵感应，“女性比任何人认为的都要更加聪慧和能干，”我的病人总结道，“这一点往往在睡梦中得到体现。”

约翰·斯坦贝克在《愤怒的葡萄》一书中表达了他对乔德妈（Ma Joad）的极大尊敬，他以大地之母为原型塑造了这个人物。在小说中，乔德妈是将这个移民家族团结在一起的重要人物。在斯坦贝克的世界中，女性对不朽与永生的循环有着与生俱来的理解，拥有母性的女性作为一种特殊的基础性存在获得了认可。因此，那个爱抱怨的年轻女孩儿莎伦玫（Rose of Sharon）在小说中的令人印象深刻的结尾段落中加入到伟大母亲的行列。由于雨季的到来和长时间的失业，乔德一家陷入了困窘的境地，他们来到一个破旧的仓棚中寻求庇护，结果在那发现一个男孩儿和另外一个工人正处于饿死的边缘。莎伦玫的孩子最近刚刚夭折，因此她现在还有奶水，于是她似乎本能地和乔德妈悄悄地商量了一下：

> 忽然，这男孩哭喊起来：“他快死了！真的，他快饿死了！骗你不是人！”
>
> 乔德妈向莎伦玫的眼睛望了一眼，又向远处望去，随后又把视线回到莎伦玫的眼睛上。她俩心心相印地彼此望了一会儿。莎伦玫的呼吸急促起来了，她说：“行。”乔德妈微微一笑，“我估计你会同意的，我早料到了。”
>
> 莎伦玫低声说：“你们——你们都出去，好吗？”乔德妈弯下身子，理了理莎伦玫额前的乱发，在她额头上吻了一下。然后说：“都出去，到农具棚去待着。”大家一起走出去以后，她返身把那扇叽嘎响的门关上了。
>
> 莎伦玫呆呆地坐了一会儿，然后挺起困乏的身子，裹裹被子，慢慢走到角落里，低头看着那张憔悴的脸和那双鼓得很大的吃惊的眼睛。她在那人的身边躺下，那人慢慢地摇摇

头。莎伦玫解开被子的一角，露出她的乳房，说："你得吃一点才行。"她把那人的头拉过来，伸手托住了，说："吃吧，吃吧！"她的手指轻轻地搔着那人的头发。往上面看看，又往仓棚外看看，渐渐合拢嘴唇，神秘地微笑了。[5]

有限生命的魅力

大量的神话都指向死后的世界，例如耶稣复活、新柏拉图派（Neoplatonic）关于永恒的概念、许多印度教（Hindu）神话、伊斯兰教的苏菲派（Sufi）以及我们假设的关于未来生活的新形式，等等。我们不应该在这里处理这些关于永生的神话，相反，我们应该将我们的注意力转向有限生命的魅力。

在希腊神话中，有很多次那些重要人物明明有获得永生的机会，但是他们却选择了有限的生命，这个事实非常重要也令人感到惊奇。安菲特律翁（Amphytrian）的故事便是一个关于有限生命的魅力的神话。这个神话在当代社会被改编成了一部名为《安菲特律翁38》（*Amphytrian 38*）的戏剧，从那时起，大量的关于这个神话的其他版本也不断地被制造出来。[6]

这个故事是这样展开的：宙斯爱上了安菲特律翁的妻子，而安菲特律翁是希腊军队中一位年轻的将军。宙斯无可救药般地从她的窗户中望着她的影子。他在奥林匹斯山上懒散度日，因为自己受挫的激情他几乎无法自控。墨丘利（Mercury）同情宙斯的处境，于是给他出了个主意，让他安排一个挑起战争的机会，如此一来安菲特律翁就会被征召入伍，趁安菲特律翁不在之时，宙斯就可以乔装成他的样子与他的妻子尽享风月。宙斯将这个建议付诸实践，一切都按照计划进行。

但是当宙斯享完鱼水之欢，他与安菲特律翁的妻子进行了一场对话，而这场对话使这位诸神之神大为困扰。回到奥林匹斯山之后，他向墨丘利描述了与人类做爱是什么样子。宙斯确实陷入了困扰。

> “墨丘利，”她会说，“当我年轻的时候，当我年迈的时候，抑或是当我死去的时候。这些刺痛了我，墨丘利。我们好像缺了点什么，墨丘利。”
>
> “我们没有品尝过生命短暂的辛酸——追寻某种我们知道自己得不到的东西时心中那甜蜜的悲伤。”

这种对生命有限性的魅力的寻求值得我们停下来思考一下。我们对其他人的怜悯之心来源于这样一种意识：我们知道，我们自己也同样处在一辈子不停歇的追寻过程中，等时间过完了，我们就要向这个世界说再见。埃利希·弗洛姆过去常常主张这样一种观点：对死的恐惧来源于一个人不能活过自己当前生命的恐惧，这与上文的观点是一致的。有限的生命有其优点，因为唯有生死有时，我们才能体验到自己的孤独以及宙斯所说的“生命短暂的辛酸——追寻某种我们知道自己得不到的东西时心中那甜蜜的悲伤”。

生命的有限性由此拥有了一种奇特的魅力。亚伯拉罕·马斯洛[①]有一次在他严重的心脏病发作之后写信给我：“在我心脏病发作之后，我觉得我的河（查尔斯河，从他家后门廊边上流过）从未如此美丽。我很好奇，如果我们知道自己永远不会死，那么我们人类还会有热烈的爱吗?”这是生命有限的另外一个好处：我

---

① 马斯洛（1908—1970），美国社会心理学家、比较心理学家，人本主义心理学的主要创建者之一。——译者注

们学着去爱对方。因为我们会死，所以我们才会去热烈地爱。

我记得有一次和伟大的神学家和哲学家保罗·蒂利希一起散步，那时他已经将近八十岁，已经没有剩下多少时光了。

“保罗，”我问他，“你害怕死亡吗？”

他面不改色地回答道：“是的，每个人都是如此，没有人能够从死亡中回来告诉我们那是什么样子。”

我继续道：“ 你害怕死亡些什么呢？”

他回答道：“孤独。我知道我将再也见不到我的朋友和我的家人了。”

我们死后将会发生什么？如蒂利希所言，从来没有人能在死后回来，告诉我们那是种什么样的体验。我们只是从这样一个事实中得到刺激，即，我们知道自己只能在地球再活上几个有限的年头了。对生命有限性的意识促使我们用一种能够到达我们和我们所爱的人内心深处的方式来活过这有限的年岁。正如季洛杜（Giraudoux）告诉我们的那样，在必死性中，实际上存在着一种辛酸、一种生命性（aliveness）、一种生命的元气。

关于生命有限性最有名的例子当属奥德修斯的故事了，他在从特洛伊返航回家的漫长旅途中，由于乘坐的船只失事，他漂流到一个岛上并在那里与美丽的仙女卡吕普索（Calypso）度过了7年时光。她告诉奥德修斯，只要他愿意永远和她待在一起，她就能让他获得永生。但是他却常常因为想要回到在家乡的佩内洛普（Penelope）身边而哭泣。

照料奥德修斯家庭的女神雅典娜劝告宙斯，让他派赫尔墨斯（Hermes）去劝说卡吕普索放了奥德修斯。当赫尔墨斯飞到岛上进行劝说时，卡吕普索怒不可遏：

> “你们这些狠心的神祇，生灵中最能妒忌的天仙！你们

烦恨女神的作为，当她们和凡人睡躺，不拘掩饰，试望把他们招为同床的侣伴……

现在，你等神祇恼恨我的作为，留爱了一个凡人：是我救了他，在他骑跨船的龙骨，独身沉浮之际——宙斯扔出闪光的炸雷，粉碎了他的快船，在酒蓝色的洋面，侠勇的伙伴全都葬身海底，疾风和海浪推搡着他漂泊，把他冲到这边。我把他迎进家门，关心爱护，甚至出言说告，可以使他长生不老，享过永恒不灭的生活……”

言罢，强有力的神祇离她而去，女王般的水仙，听过宙斯的谕言，随即外出寻找，寻找心志豪莽的奥德修斯，只见他坐在海边，两眼泪水汪汪，从来不曾干过，生活的甜美伴随着思途还家的泪水枯竭；水仙的爱慕早已不能使他心欢。夜里，出于无奈，他陪伴女神睡觉，在宽敞的洞穴，违心背意，应付房侣炽烈的情爱，而白天，他却坐在海边的石岩，泪流满面，伤苦哀嚎，心痛欲裂，凝望着苍贫的大海，哭淌着成串的眼泪。丰美的女神走近他身边，说道：“可怜的人，不要哭了，在我的身边，枯萎你的命脉。现在，我将送你登程，心怀友善。”

但是卡吕普索仍旧无法理解，为什么奥德修斯宁愿放弃永生也要回到佩内洛普那里：

“莱耳忒斯（Laertes）之子，足智多谋的奥德修斯，和我在一起这么多年之后，你还在一心想着回家，返回你的故乡？好吧，即便如此，我祝你一路顺风……我想，我可以放心地声称，我不会比她逊色，无论是身段，还是体态——凡女岂是神的对手，赛比容貌，以体形争攀？”

足智多谋的奥德修斯回答道：

“女神，夫人，不要为此动怒。我心里一清二楚，你的话半点不错，谨慎的佩内洛普当然不可和你攀比，论容貌，比身型——她是个凡人，而你是永生不灭、长生不死的神仙。但即便如此，我所想要的，我所天天企盼的，是回返家居，眼见还乡的时光。倘若某位神明打算把我砸碎，在酒蓝色的大海，我将凭着心灵的顽实，忍受他的打击。我已遭受许多磨难，经受许多艰险，顶着大海的风浪，面对战场上的杀砍。让这次旅程为我再添一分愁灾。”他如此一番说道。其时，太阳西沉，黑夜将大地蒙罩；他俩退往深旷的岩洞深处，贴身睡躺，享受同床的愉悦。但是，当年轻的黎明，垂着玫瑰红的手指，重现天际，奥德修斯穿上衣衫，裹上披篷，而起身的女仙则穿上一件闪光的白袍，织工细巧，漂亮美观，围起一根绚美的金带，扎在腰间，披上一条头巾。①[7]

于是奥德修斯选择了有限的生命，尽管他知道这个选择对他而言意味着他得在海上的狂风暴雨中经受更多的磨难，意味着他在回到伊萨卡岛之后还得赶走那一帮竞争的追求者。

我们曾经说过，在那些不朽之物突然闯入时间的瞬间，我们找到了神话。神话在两个维度参与了进来：它存在于我们每天的日常经验中，并且它也延伸到我们的世俗存在之外。它给了我们过一种精神生活的能力。谁没有被雅典宙斯神庙的科林斯式（Corinthian）建筑的雄伟壮丽所感动呢？我们发现自己似乎再一次地听到了莫扎特的交响曲，“如果我能活一千年，我也不会忘记这个瞬间！”这样的瞬间即是永恒。

当然也没有必要去周游世界。在任何一片草地的日出中，都

① 本章中关于《奥德赛》的翻译转引自陈中梅的译本：《奥德赛》，译林出版社，2003。——译者注

有难以计数的青草叶，它们在太阳升起之前的那些瞬间中都挂着晶莹的露珠；在银色的背景下，每一滴露珠都闪耀着彩虹的颜色。那情景就像在每片草地上都闪动着无数的宝石！

这些小小的瞬间无论有多么简单也不管我们能活多少年，它们都能成为不朽的神话。即使是百无聊赖地坐在机场，回想到你曾经看到过、听到过或经历过的那些美好和迷人的事、物与人时，你也能感受到一些小小的快乐，而这些快乐使你的存在充满活力、美不胜收。我们全都比自己想象中富有得多！

星球主义①与人性

> 生活再也无法像从前那样。我们将会看到，地球静静地漂浮在天空中，生机勃勃、蔚蓝且美丽，一如它真实的样子……在这永恒的寂静中一起生活在这美丽星球之上，人类知道，现在他们是真正的兄弟姐妹。
>
> ——阿奇巴尔德·麦克利许

麦克利许这段陈述的最后一句话中“真正的兄弟姐妹”深深地打动了我们。[8]当然，我们也知道，恐怖主义还没有消退，人们依旧在非洲、在近东、在远东、也在美洲大陆上相互残杀。在一些没有强大军队的第三世界国家中，绑架人质已经成为一种公认的战争形式。我们知道，伟大的手足之情还没有在大部分的人性中消失。

但是，对宇宙的探索是一个与众不同的神话，我们可以从中形成一种全新的国际性伦理以及对人性存在的理由（raison

① 星球主义（planetism），一种环境保护主义。——译者注

d'être）形成一种全新的理解。尽管这些探索还没有改变我们，但是我们应该相信，它将会成为我们能从中获得一种新形式的国际性道德的新神话。

作为一名乘坐阿波罗 7 号升空的宇航员，拉塞尔·施威卡特（Russell Schweickart）向我们讲述了他对这些重大事件的感受，并且通过这一讲述，他为我们提供了一个不同寻常的故事和一个真实的新神话。[9]他首先将自己的经历与《创世纪》（*Genesis*）中的创世神话联系在一起，他谈到自己之前的一次飞行：

> 1968 年 12 月，弗兰克·伯曼（Frank Borman）、吉姆·罗威尔（Jim Lovell）和比尔·安德斯（Bill Anders）在圣诞前夜一起环绕月球航行，他们阅读了《创世记》与《圣经》中的其他一些段落，以此使这个经历圣礼化，并将向地球上的每一个人传达他们的感受。

拉塞尔尽力指出，宇航员不是英雄（尽管他们在新的神话中有可能成为英雄），他们只是我们的邻居，就住在我们的隔壁。通过这种方式，拉塞尔使他的神话成为我们共同体的一部分，不管这个共同体的其他成员做了在宇宙飞船中航行这样伟大的事还是只是待在家里而已。确实，他是这个星球圣礼化的一部分。

与典型的神话一样，当他谈到“你”（you）的时候，好像我们所有的人都以一种神话般的方式与他们一起待在他们的登月舱中。

> 你检查了一下生命支持系统，一切看起来都能正常工作，于是你把它绑在你的背上，然后把所有的胶皮管、连接处、电线、电缆、天线和所有其他的东西都连在你的身体上……在登月舱入口处的外面，你看到太阳从太平洋上升起，这是多么不可思议的画面啊，太美了，太美了！

宇航员们极端相互依赖，因为那两位预定要出舱的宇航员是否能够回来、登月舱是否能够与指挥舰再次成功对接这些问题，都要依赖于每个人都尽职尽责地做好他应做的工作。宇宙无边无际，这使得这种相互依赖成为关系生死的大问题。“大卫·斯科特（Dave Scott）便是你可信赖的邻居，他从未像此刻这般值得信赖。”拉塞尔这样来描述宇航员之间的关系。

在说过这些不可思议的经历之后，拉塞尔问了一个有道德意味的问题：“所有这些都意味着什么？”他的回答是：“我觉得我们在改变人的观念和生命的本性方面发挥了一定的作用。”这个回答超出了显而易见的事实，带有神话的色彩。

这个终极的问题和对它的回答给了这个神话极大的道德深度。考虑这些问题的时候，拉塞尔在太空中从一个宇航员的角度观察着地球，地球看起来是如此的脆弱。世界变得那么小，宇宙飞船能在一个半小时内绕它航行一周，并且：

> 你开始意识到，你的身份与所有这些东西有关……你从那儿往下看，不知道自己跨过了多少分界线，一次一次又一次地，你甚至都没有看到它们。你就会想，在中东成千上万的人正在为了一些想象出来的分界线互相厮杀，而你现在甚至无法意识到这些边界的存在……从你所在之处来看，事情都是一个整体（whole），在这样的时候它是如此的美丽。

拉塞尔对所有这些神话中的奥秘感到好奇。当他思索为什么是自己而不是其他人身处这高空时，他问道：“是不是我受到了上帝的眷顾才有了这些其他人没有的特殊经历？”最终他认为事情并非如此，他感到，任何人只要受过适当的训练，就能做他现在正在做的事情。这就是为什么他说“我使用‘你’这个词是因为，并不是我或者其他什么人在登月舱上，拥有这一经历的是作为生命的全体人类”。所有这些表述都构成了我们时代的一个新神话，正如哥伦布与麦哲伦对文艺复兴时代的神话所做的贡献一样。

离开其真实的历史，神话就真实地存在于我们的生活中。那些体验过神话的共同体与那些真实神话中的道德意涵都在于此。现在人类能够绕着地球飞翔，从这个视野出发，那些人们为之争斗不休的边界变成了致命的该受诅咒的错误，对于我们微小的、脆弱的但是美丽的地球而言，这些争斗是一种疯狂与残酷的毁灭行为。

弗雷德·霍伊尔爵士（Sir Fred Hoyle）在本世纪中期曾说过这样的话：“一旦我们有了一张从外部拍摄的地球全景照片……一个与历史上任何一种思想同样强而有力的新思想就会诞生。”[10]现在我们已经有了这张新照片，它由航天员们拍摄，并整个版面整个版面地出现在难以计数的报纸和杂志上。在这张照片上，我们看到了大西洋、太平洋、印度洋、非洲和南美洲大陆以及环绕地球表面的所有东方国家。这张照片确实在无数人心中留下了难以磨灭的印象：照片中深蓝色和金色的地球在它的轨道上静静地运行着，作为兄弟姐妹的人们居住在那里。

拉塞尔没有看到欧洲和中美洲各个国家之间的边界，在他的这种视野下这些边界根本就不存在。和我们一样，拉塞尔觉得这些国家的争斗有些不可理解甚至是悲剧性的，它们像公鸡一样好斗，为了维护那些从未存在过的边界而相互杀戮。与宇宙飞船一起度过的那些伟大日夜的意义在于，它们使那些国家维护边界的争斗成了不合时宜的事情。见到地球照片的瞬间预示着一个新时代的出现，在这个时代中，人们终于认识到在莫斯科发生的事情也发生在华盛顿，在伦敦发生的事情也会发生在孟买，尽管政客们可能是最后承认这一点的人。一个国家将不再向另一个国家举起它的剑，它们也不再研究如何在战争中取得胜利，这样的一个历史时刻已经到来。

如核爆炸的例子所显示的，我们面对的真正危险是，我们必须学习如何像兄弟姐妹一样生活在一个大家庭里，这些危险同时也是我们要遵守的戒条。1982 年年中，从多伦多的马歇尔·麦克卢汉（Marshall McLuhan）研究所传出了一个奇怪的言论。据称研究所的领头人说过这样的话："我因核爆炸感到高兴。"但是在我们对这种非人的言论表示反对之前，我们读到了接下来的话："为了把我们团结在一起，有一些事情是必要的。"的确，地球气候的破坏、海洋污染甚至我们探索宇宙时造成的污染，这些我们所有人都要面对的危险，无论我们的肤色如何，无论我们的国籍是什么，我们理应共同面对它们。

通过理解这个神话我们发现，我们现在有了共同的敌人。我们生产的这些破坏性力量可以成为摧毁敌人的技术，但是同时我们也被其绑架了。我们无法让时间倒转（我们也不想这样做），但是对核能的控制对于我们的团结而言是必要的。最近在三里岛（Three Mile Island）差点发生的悲剧和已经在切尔诺贝利（Chernobyl）核电站发生的灾难警示我们，我们是一个休戚相关的整体这个事实是无可辩驳的。在切尔诺贝利的意外发生之后，意大利成千上万吨生菜和其他绿色蔬菜不得不被销毁，成千上万只驯鹿也由于受到了辐射污染而不得不被屠宰，这几乎摧毁了瑞典北部拉普兰人（Laplanders）的全部生计。我们心中自知，我们再也不可能过着互相分隔的生活了。

意外发生之后，《纽约时报》刊载了一则题为《俄罗斯向西方科学家寻求帮助》的文章，我们很多人由此都有了一种奇怪的确信：这标志着世界的新开始，各个国家将不再为边界的问题感到困扰。关于星辰和前往其他星球旅行的新神话由此开始产生影响！

辐射当然不会受任何虚构的边界的限制。如果说保护这些只存在于想象中的界限还不是那么可悲的话，试图保持这些边界纯洁性的努力现在也变成了一个奇怪的笑话！在21世纪，对于大多数破坏性力量而言，这些事情都是不合时宜的。不仅仅是受到辐射的欧洲，对于所有生活在地球上的人而言都是如此。

正如拉塞尔·施威卡特已经向我们表明的，我们现在依然拥有神话的力量。“在登月舱入口处的外面，你看到太阳从太平洋上升起，这是多么不可思议的画面啊，太美了，太美了！”

“所有这些都意味着什么？”在这里拉塞尔自觉地在创造一个神话，就这个对于所有人至为重要的主题提出自己的看法：“我想（我们的所作所为）有一些其他更为重要的益处。”“我觉得我们在改变人的观念和生命的本性方面发挥了一定的作用。”

在沉睡了许多个世纪之后，我们醒来了，在一种新的无可辩驳意义上，我们试图在关于人类的神话中找到自己。我们发现自己身处一个全球性的共同体中，一荣皆荣，一损俱损。现在我们知道，我们是真正的兄弟姐妹，最终生活在同一个家庭里。

注释

［1］Otto Rank，*Beyond Psychology*（New York：Dover，1941），p. 267.

［2］同上书，257页。那些想更多地了解兰克治疗法的人，可以参考阿娜伊宁（Anais Nin）的日记，其中讲述了在巴黎时兰克对她进行精神分析的过程。

［3］Bruce Lincoln，*Emerging from the Chrysalis*（Cambridge：Harvard University Press，1981)，p. 107.

［4］同上书。

［5］Steinbeck，*The Grapes of Wrath*（New York：Viking Press，1939)，pp. 618-619.

［6］这部戏剧由让·季洛杜 1938 年采用现代形式写作并在纽约和巴黎的舞台上进行演出。

［7］Homer，*The Odyssey*，trans. Robert Fitzgerald（New York：Doubleday，1961)，pp. 87-88.

［8］阿奇巴尔德·麦克利许在阿波罗 7 号发射升空之后的第二天（1968 年 12 月 25 日）于《纽约时报杂志》上发表了自己对太空旅行的看法。

［9］所有的引用都来自与拉塞尔·施威卡特的个人谈话。

［10］Sir Fred Hoyle in 1948，cited in P. Hussell，*The Global Brain*（Los Angeles：J. P. Tarcher，1983)，p. 16.

译后记

在现代社会尤其是后现代社会，意义世界分裂与混战，造成了个体心灵生活的紊乱以及人类整体精神生活的相对主义困局，这成为现代精神分析学说生长的土壤。与行为主义取向的精神分析学派不同，以罗洛·梅为代表之一的存在主义精神分析学派直面现代与后现代社会精神生活的症结，从意义与存在等对个体生存具有本体性意义的范畴进入，试图廓清或者重建个体意义世界的稳定秩序。而具有原型意义的神话（无论其具体表现形式为民间传说、戏剧、文学作品甚至个人头脑中的主观建构），无论在过去还是现在，都是一股重要的秩序化力量，它关照人们内心深处最切近本真的诉求，不管这些诉求是善良的还是邪恶的，神话都为其提供了某种疏导的渠道和安置的可能性，从而提供了他们意义世界的支点与秩序。因此，神话的缺失必然会给个体的精神生活带来极大的混乱与不安，而这也正是“除魅”的现代社会所具有的重要特征。由此，“祈望神话”在梅看来也成为一个值得深入探讨的重要主题，黛博拉自己建立她立足其上的神话王国，存在主义学派的精神分析师们试图帮助他们的病人做到这一点，这便是本书可能的写作意图。

梅在 20 世纪 90 年代初完成这部著作，不久即辞世。阅读与翻译此书，就如同与一位对世界充满爱与洞察的长者对话，心里总会暖暖的。在现今这个无神论的国度大谈“神话”的种种观照和启示，似乎会让那些草草翻阅本书的人大惑不解。因为他们通过十几年的学习，已经掌握了理性这套利器，再谈什么神话抑或信仰，无疑被认为是非科学的或者是无用之功。但是，在翻译这本书的过程中，我们的体会是这里的神话并不仅仅是狭义之言，它囊括了个体在生活中坚持的信仰和原则，并且个体因这样的坚持拥有了生活的意义。

神话是个体的灵魂栖居的房子，现代社会神话的缺位会让个体成为孤魂野鬼。外在的现实压力已经让年轻的一代无从喘息，似乎时间都是他者为自己安排的，留一段时间给自己已然奢侈，更从何谈起要关注自己内心的微弱的声音。但是，梅通过讲述那些曾经迷茫的人们的故事告诉我们，找寻属于自己的神话，任何时间都不算晚。如培尔·金特那样迷失自我的男性，最终历尽种种经历，再次回到了爱人的身边，并且找回了真实的自我，其目光也从“我”延展为我与他人，对他人的关爱自然地萌生。如布莱尔·罗斯那样的女性，也可以在梅的笔下，甚至在当前的现实生活中，唤醒自我，实现多重选择，而不仅仅是被动接受。

无论这个社会如何发展，更加自由也好，更加发达也罢，爱之根本从不会改变。“在一个艰难且经常无意义的世界中，神话对于保持我们心灵的活力、给我们的生活以新意义是非常重要的。”（第一章）在内心神话的引导下，每一个人会接纳单调、克服艰辛、感受爱。

罗秋实　王　辉

2012年4月

图书在版编目（CIP）数据

祈望神话/（美）梅著；王辉，罗秋实，何博闻译．
—北京：中国人民大学出版社，2012.2
（罗洛·梅文集）
ISBN 978-7-300-14799-4

Ⅰ.①祈…　Ⅱ.①梅…　②王…　③罗…　④何…
Ⅲ.①心理学—研究　Ⅳ.①B84

中国版本图书馆 CIP 数据核字（2012）第 026523 号

罗洛·梅文集
郭本禹　杨韶刚　主编
祈望神话
［美］罗洛·梅　著
王辉　罗秋实　何博闻　译
Qiwang Shenhua

出版发行	中国人民大学出版社		
社　　址	北京中关村大街 31 号	**邮政编码**	100080
电　　话	010－62511242（总编室）		010－62511398（质管部）
	010－82501766（邮购部）		010－62514148（门市部）
	010－62515195（发行公司）		010－62515275（盗版举报）
网　　址	http://www.crup.com.cn		
	http://www.ttrnet.com(人大教研网)		
经　　销	新华书店		
印　　刷	涿州市星河印刷有限公司		
规　　格	155 mm×230 mm　16 开本	**版　　次**	2012 年 7 月第 1 版
印　　张	22.75 插页 3	**印　　次**	2012 年 7 月第 1 次印刷
字　　数	252 000	**定　　价**	58.00 元